# 轨道交通装备制造业职业技能鉴定指导丛书

# 镀　层　工

中国北车股份有限公司　编写

中国铁道出版社

2015年·北京

图书在版编目(CIP)数据

镀层工/中国北车股份有限公司编写 . —北京:
中国铁道出版社,2015.5
(轨道交通装备制造业职业技能鉴定指导丛书)
ISBN 978-7-113-20294-1

Ⅰ.①镀… Ⅱ.①中… Ⅲ.①镀层—职业技能—鉴定—
自学参考资料 Ⅳ.①TG174.44

中国版本图书馆 CIP 数据核字(2015)第 082301 号

书　　名:　轨道交通装备制造业职业技能鉴定指导丛书
　　　　　　　　镀　层　工
作　　者:中国北车股份有限公司

策　　划:江新锡　钱士明　徐　艳
责任编辑:陶赛赛　　　　　　　编辑部电话:010-51873193
编辑助理:袁希翀
封面设计:郑春鹏
责任校对:胡明锋
责任印制:郭向伟

出版发行:中国铁道出版社(100054,北京市西城区右安门西街 8 号)
网　　址:http://www.tdpress.com
印　　刷:北京华正印刷有限公司
版　　次:2015 年 5 月第 1 版　2015 年 5 月第 1 次印刷
开　　本:787 mm×1 092 mm　1/16　印张:14　字数:342 千
书　　号:ISBN 978-7-113-20294-1
定　　价:42.00 元

# 序

在党中央、国务院的正确决策和大力支持下,中国高铁事业迅猛发展。中国已成为全球高铁技术最全、集成能力最强、运营里程最长、运行速度最高的国家。高铁已成为中国外交的新名片,成为中国高端装备"走出国门"的排头兵。

中国北车作为高铁事业的积极参与者和主要推动者,在大力推动产品、技术创新的同时,始终站在人才队伍建设的重要战略高度,把高技能人才作为创新资源的重要组成部分,不断加大培养力度。广大技术工人立足本职岗位,用自己的聪明才智,为中国高铁事业的创新、发展做出了重要贡献,被李克强同志亲切地赞誉为"中国第一代高铁工人"。如今在这支近5万人的队伍中,持证率已超过96%,高技能人才占比已超过60%,3人荣获"中华技能大奖",24人荣获国务院"政府特殊津贴",44人荣获"全国技术能手"称号。

高技能人才队伍的发展,得益于国家的政策环境,得益于企业的发展,也得益于扎实的基础工作。自2002年起,中国北车作为国家首批职业技能鉴定试点企业,积极开展工作,编制鉴定教材,在构建企业技能人才评价体系、推动企业高技能人才队伍建设方面取得明显成效。为适应国家职业技能鉴定工作的不断深入,以及中国高端装备制造技术的快速发展,我们又组织修订、开发了覆盖所有职业(工种)的新教材。

在这次教材修订、开发中,编者们基于对多年鉴定工作规律的认识,提出了"核心技能要素"等概念,创造性地开发了《职业技能鉴定技能操作考核框架》。该《框架》作为技能人才评价的新标尺,填补了以往鉴定实操考试中缺乏命题水平评估标准的空白,很好地统一了不同鉴定机构的鉴定标准,大大提高了职业技能鉴定的公信力,具有广泛的适用性。

相信《轨道交通装备制造业职业技能鉴定指导丛书》的出版发行,对于促进我国职业技能鉴定工作的发展,对于推动高技能人才队伍的建设,对于振兴中国高端装备制造业,必将发挥积极的作用。

中国北车股份有限公司总裁:

2015.2.7

# 前　言

　　鉴定教材是职业技能鉴定工作的重要基础。2002年,经原劳动保障部批准,中国北车成为国家职业技能鉴定首批试点中央企业,开始全面开展职业技能鉴定工作。2003年,根据《国家职业标准》要求,并结合自身实际,组织开发了《职业技能鉴定指导丛书》,共涉及车工等52个职业(工种)的初、中、高3个等级。多年来,这些教材为不断提升技能人才素质、适应企业转型升级、实施"三步走"发展战略的需要发挥了重要作用。

　　随着企业的快速发展和国家职业技能鉴定工作的不断深入,特别是以高速动车组为代表的世界一流产品制造技术的快步发展,现有的职业技能鉴定教材在内容、标准等诸多方面,已明显不适应企业构建新型技能人才评价体系的要求。为此,公司决定修订、开发《轨道交通装备制造业职业技能鉴定指导丛书》(以下简称《丛书》)。

　　本《丛书》的修订、开发,始终围绕促进实现中国北车"三步走"发展战略、打造世界一流企业的目标,努力遵循"执行国家标准与体现企业实际需要相结合、继承和发展相结合、坚持质量第一、坚持岗位个性服从于职业共性"四项工作原则,以提高中国北车技术工人队伍整体素质为目的,以主要和关键技术职业为重点,依据《国家职业标准》对知识、技能的各项要求,力求通过自主开发、借鉴吸收、创新发展,进一步推动企业职业技能鉴定教材建设,确保职业技能鉴定工作更好地满足企业发展对高技能人才队伍建设工作的迫切需要。

　　本《丛书》修订、开发中,认真总结和梳理了过去12年企业鉴定工作的经验以及对鉴定工作规律的认识,本着"紧密结合企业工作实际,完整贯彻落实《国家职业标准》,切实提高职业技能鉴定工作质量"的基本理念,在技能操作考核方面提出了"核心技能要素"和"完整落实《国家职业标准》"两个概念,并探索、开发出了中国北车《职业技能鉴定技能操作考核框架》;对于暂无《国家职业标准》、又无相关行业职业标准的40个职业,按照国家有关《技术规程》开发了《中国北车职业标准》。经2014年技师、高级技师技能鉴定实作考试中27个职业的试用表明:该《框架》既完整反映了《国家职业标准》对理论和技能两方面的要求,又适应了企业生产和技术工人队伍建设的需要,突破了以往技能鉴定实作考核中试卷的难度与完整性评估的"瓶颈",统一了不同产品、不同技术含量企业的鉴定标准,提高了鉴定考核的技术含量,保证了职业技能鉴定的公平性,提高了职业技能鉴定工作质量和管理水平,将成为职业技能鉴定工作、进而成为生产操作者技能素质评价的新标尺。

　　本《丛书》共涉及 98 个职业（工种），覆盖了中国北车开展职业技能鉴定的所有职业（工种）。《丛书》中每一职业（工种）又分为初、中、高 3 个技能等级，并按职业技能鉴定理论、技能考试的内容和形式编写。其中：理论知识部分包括知识要求练习题与答案；技能操作部分包括《技能考核框架》和《样题与分析》。本《丛书》按职业（工种）分册，并计划第一批出版 74 个职业（工种）。

　　本《丛书》在修订、开发中，仍侧重于相关理论知识和技能要求的应知应会，若要更全面、系统地掌握《国家职业标准》规定的理论与技能要求，还可参考其他相关教材。

　　本《丛书》在修订、开发中得到了所属企业各级领导、技术专家、技能专家和培训、鉴定工作人员的大力支持；人力资源和社会保障部职业能力建设司和职业技能鉴定中心、中国铁道出版社等有关部门也给予了热情关怀和帮助，我们在此一并表示衷心感谢。

　　本《丛书》之《镀层工》由太原轨道交通装备有限责任公司《镀层工》项目组编写。主编王永安；主审孙勇，副主审许瑜；参编人员曹国蕾、陈露。

　　由于时间及水平所限，本《丛书》难免有错、漏之处，敬请读者批评指正。

中国北车职业技能鉴定教材修订、开发编审委员会

二〇一四年十二月二十二日

# 目　录

# 镀层工(职业道德)习题

## 一、填空题

1. 从业人员同用人单位建立劳动关系,应签订书面(　　)。
2. 劳动者可拒绝用人单位管理人员违章指挥、(　　),不视为违反劳动合同。
3. 安全生产管理,坚持安全第一、(　　)的方针。
4. 从业人员应遵守企业的各项规章制度,严格执行工艺文件、技术标准和操作规程,牢固树立(　　)的意识。
5. 职业病危害因素包括:职业活动中存在的各种有害的(　　)、物理、生物因素以及在作业过程中产生的其他职业有害因素。
6. 从业人员应具有环保意识,注意节能降耗,将(　　)集中处理,废水排入污水处理站。
7. 新工人入厂要实行工厂、车间、(　　)的三级安全教育,培训合格方能上岗。
8. 一个高效的团队不仅讲求团结合作,更讲求(　　),这需要通过有目的的培养、训练。
9. 学习型组织强调的是在个人学习的基础上,加强团队学习和组织学习,其目的就是将个人学习成果转化为(　　)。
10. 职业道德是指从事一定职业的人,在职业活动中必须(　　)的行为准则。
11. 职业纪律的最终目标是(　　)。
12. 诚实守信的具体要求是忠诚所需企业、维护企业信誉、(　　)。
13. 在职业活动中,主张个人利益高于他人利益、集体利益和国家利益的思想属于(　　)。
14. 一个团队是否有亲和力和战斗力,关键取决于领头人,特别是基层管理者(尤其是班组长),拥有一部分权力,应该成为团队(　　)的核心。
15. 诚实守信就是忠诚老实,(　　),是中华民族为人处事的一种美德。
16. 职业道德的最基本要求是(　　),为社会主义建设服务。
17. 加强职业道德是市场经济道德(　　)的内在要求。
18. 社会主义职业道德是以(　　)为指导的。

## 二、单项选择题

1. 关于职业道德,正确的说法是(　　)。
(A)职业道德有助于增强企业凝聚力,但无助于促进企业技术进步
(B)职业道德有助于提高劳动生产率,但无助于降低生产成本
(C)职业道德有利于提高员工职业技能,增强企业竞争力
(D)职业道德只是有助于提高产品质量,但无助于提高企业信誉和形象

2. 职业道德建设的核心是(　　　)。

(A)服务群众　　　(B)爱岗敬业　　　(C)办事公道　　　(D)奉献社会

3. 尊重、尊崇自己的职业和岗位,以恭敬和负责的态度对待自己的工作,做到工作专心,严肃认真,精益求精,尽职尽责,有强烈的职业责任感和职业义务感。以上描述的职业道德规范是(　　　)。

(A)敬业　　　(B)诚信　　　(C)奉献　　　(D)公道

4. 下列关于诚信的认识和判断中,表述正确的是(　　　)。

(A)诚信是企业集体和从业人员个体道德的底线

(B)诚信是一般的法律规范

(C)诚信既是法律规范又是道德底线

(D)诚信是基本的法律准则

5. 下列关于合作的重要性不正确的是(　　　)。

(A)合作是企业生产经营顺利实施的内在要求

(B)合作是一种重要的法律规范

(C)合作是从业人员汲取智慧和力量的重要手段

(D)合作是打造优秀团队的有效途径

6. 为了实现可持续发展,在加快发展的同时,要充分考虑环境、资源和生态的承受能力,因此必须把控制人口、节约资源、(　　　)放到重要位置。

(A)保护环境　　　(B)改革开放　　　(C)发展创新　　　(D)节省成本

7. 职业道德的最基本要求是(　　　),为社会主义建设服务。

(A)勤政爱民　　　(B)奉献社会　　　(C)忠于职守　　　(D)一心为公

8. 工作中人际关系都是以执行各项工作任务为载体,因此,应坚持以(　　　)来处理人际关系。

(A)工作方法为核心　　　　　　　　(B)领导的嗜好为核心

(C)工作计划的执行为核心　　　　　(D)工作目标的需要为核心

9. 为了促进企业的规范化发展,需要发挥企业文化的(　　　)功能。

(A)娱乐　　　(B)主导　　　(C)决策　　　(D)自律

10. 在企业的经营活动中,下列(　　　)不是职业道德功能的表现。

(A)激励作用　　　(B)决策能力　　　(C)规范行为　　　(D)遵纪守法

11. 职业道德对企业起到(　　　)的作用。

(A)增强员工独立意识　　　　　　　(B)模糊企业上级与员工关系

(C)使员工规矩做事情　　　　　　　(D)增强企业凝聚力

12. 职业道德是一种(　　　)的约束机制。

(A)强制性　　　(B)非强制性　　　(C)随意性　　　(D)自发性

13. 平等是构建(　　　)人际关系的基础,只有在平等的关系下,同事之间才能得到最大程度的交流。

(A)相互依靠　　　(B)相互尊重　　　(C)相互信任　　　(D)相互团结

14. "没有完美个人,只有完美团队",是说完美团队追求的不是(　　　)。

(A)个人角色突出和独树一帜　　　　(B)目标一致

(C)责任明确　　　　　　　　　　　(D)能力互补

15. 学习型组织强调学习工作化,把学习过程与工作联系起来,不断(　　)。

(A)提升工作能力和创新能力　　　(B)积累工作经验和工作能力

(C)提升组织能力和管理能力　　　(D)积累知识和提高能力

16. 所谓团队精神,是指团队内全体成员形成共识的思想、意识和信念,表现了团队中全体成员的(　　)

(A)向心力和凝聚力　　　　　　　(B)全局精神

(C)大局利益　　　　　　　　　　(D)全局利益

17. 下列关于爱岗敬业的说法中,正确的是(　　)。

(A)市场经济鼓励人才流动,再提倡爱岗敬业已不合时宜

(B)市场经济时代提倡"干一行、爱一行、专一行"

(C)要做到爱岗敬业就是一辈子在岗位上无私奉献

(D)提倡"爱岗敬业"与人们"自由择业"相互矛盾

18. 坚持办事公道,必须做到(　　)。

(A)坚持真理　　　(B)自我牺牲　　　(C)舍己为人　　　(D)拾金不昧

19. 党的十六大报告指出,认真贯彻公民道德建设实施纲要,弘扬爱国主义精神,以为人民服务为核心,以集体主义为原则,以(　　)为重点。

(A)无私奉献　　　(B)爱岗敬业　　　(C)诚实守信　　　(D)遵纪守法

20. 办事公道是指职业人员在进行职业活动时要做到(　　)。

(A)原则至上,不徇私情,举贤任能,不避亲疏

(B)奉献社会,襟怀坦荡,待人热情,勤俭持家

(C)支持真理,公私分明,公平公正,光明磊落

(D)牺牲自我,助人为乐,邻里和睦,正大光明

21. 以下关于诚实守信的认识和判断中,正确的是(　　)。

(A)诚实守信与经济发展相矛盾

(B)诚实守信是市场经济应有的法则

(C)是否诚实守信要视具体对象而定

(D)诚实守信应以追求利益最大化为准则

22. 要做到遵纪守法,对每个职工来说,必须做到(　　)。

(A)有法可依　　　　　　　　　　(B)反对"管"、"卡"、"压"

(C)反对自由主义　　　　　　　　(D)努力学法、知法、守法、用法

23. 下列关于创新的论述,正确的是(　　)。

(A)创新与继承根本对立　　　　　(B)创新就是独立自主

(C)创新是民族进步的灵魂　　　　(D)创新不需要引进国外新技术

24. 下列没有违反诚实守信要求的是(　　)。

(A)保守企业秘密　　　　　　　　(B)派人打进竞争对手内部,增强竞争优势

(C)根据服务对象来决定是否遵守承诺　(D)凡有利于企业利益的行为

25. 职业道德活动中,符合"仪表端庄"具体要求的是(　　)。

(A)着装华贵　　　(B)鞋袜搭配合理　　　(C)饰品俏丽　　　(D)发型突出个性

### 三、多项选择题

1. 劳动合同应当具备的条款为（　　）。

(A)用人单位的名称、住所和法定代表人或者主要负责人

(B)劳动合同期限

(C)劳动报酬

(D)工作内容和工作时间

2. 用人单位与劳动者订立劳动合同时,应当将工作过程中可能产生的（　　）等如实告知劳动者,并在劳动合同中写明,不得隐瞒或者欺骗。

(A)职业病危害　　　　　　　　(B)职业病防护措施

(C)职业病防护待遇　　　　　　(D)职业病后果

3. 零缺陷管理的组织机构可分为三个层次,即（　　）。

(A)执行层　　　　(B)操作层　　　　(C)规划层　　　　(D)管理层

4. 下列关于职业道德与职业技能关系的说法,正确的是（　　）。

(A)职业道德对职业技能具有统领作用

(B)职业道德对职业技能有重要的辅助作用

(C)职业道德对职业技能的发挥具有支撑作用

(D)职业道德对职业技能的提高具有促进作用

5. 企业职工与领导之间建立和谐关系,不合宜的观念和做法是（　　）。

(A)双方是相互补偿的关系,要以互助互利推动和谐关系的建立

(B)领导处于强势地位,职工处于被管制地位,各安其位才能建立和谐

(C)由于职工与领导在人格上不平等,只有认同不平等,才能维持和谐

(D)员工要坚持原则,敢于当面指陈领导的错误,以正义促和谐

6. 修养是指人们为了在（　　）方面达到一定的水平,所进行自我教育、自我提高的活动过程。

(A)理论　　　　(B)知识　　　　(C)艺术　　　　(D)思想道德

7. 和谐文化的核心价值取向,是（　　）为构建和谐社会打下坚实的思想基础。

(A)重在倡导和谐精神,培育和谐理念

(B)引导全社会树立建设中国特色社会主义的共同理想

(C)有利于丰富人们的精神文化生活,为和谐社会奠定精神文化基础

(D)通过共同的理想和观念,把全国人民凝聚起来,形成万众一心、共创和谐的强大力量

8. 加强职业纪律修养,（　　）。

(A)必须提高对遵守职业纪律重要性的认识,从而提高自我锻炼的自觉性

(B)要提高职业道德品质

(C)培养道德意志,增强自我克制能力

(D)要求对服务对象要谦虚和蔼

9. 下面关于"文明礼貌"的说法正确的是（　　）。

(A)是职业道德的重要规范

(B)是商业、服务业职工必须遵循的道德规范与其他职业没有关系

(C)是企业形象的重要内容

(D)只在自己的工作岗位上讲,其他场合不用讲

10. 职工个体形象和企业整体形象的关系是(　　)。

(A)企业的整体形象是由职工的个体形象组成的

(B)个体形象是整体形象的一部分

(C)职工个体形象与企业整体形象没有关系

(D)没有个体形象就没有整体形象

(E)整体形象要靠个体形象来维护

11. 在企业生产经营活动中,员工之间团结互助的要求包括(　　)。

(A)讲究合作,避免竞争　　　　　(B)平等交流,平等对话

(C)既合作,又竞争,竞争与合作相统一　(D)互相学习,共同提高

12. 镀层工作业就像一个庞大的机器,每个员工都是这个机器上的部件,每项工作都需要同事提供支持。要保持这台机器的正常运转,就必须提倡团队精神和大局意识,主要包括(　　)。

(A)相互尊重,团结友爱　　　　　(B)相互独立,各行其是

(C)相互关心,发扬风格　　　　　(D)钻研业务,提高技能

(E)互相支持,密切配合

13. 职业纪律的特点是具有(　　)。

(A)明确的规定性　　　　　　　　(B)一定的强制性

(C)一定的弹性　　　　　　　　　(D)一定的自我约束性

14. 关于诚实守信的说法,正确的是(　　)。

(A)诚实守信是市场经济法则　　　(B)诚实守信是企业的无形资产

(C)诚实守信是为人之本　　　　　(D)奉行诚实守信的原则在市场经济中必定难以立足

15. 无论你从事的工作有多么特殊,它总是离不开一定的(　　)的约束。

(A)岗位责任　　(B)家庭美德　　(C)规章制度　　(D)职业道德

## 四、判 断 题

1. 用人单位应当依法建立和完善劳动规章制度,保障劳动者享有劳动权利、旅行劳动义务。(　　)

2. 劳动合同分为固定期限劳动合同、无固定期限劳动合同。(　　)

3. 从业人员发现事故隐患或者其他不安全因素,应当立即向现场安全生产管理人员或本单位负责人报告;接到报告的人员应当及时予以处理。(　　)

4. 职业病危害,是指对职业活动的劳动者可能导致职业病的各种危害。(　　)

5. 工作就是不找任何借口的执行,接受任务就意味着做出了承诺。(　　)

6. 无条件的完成领导交办的各项工作任务,如果认为不妥应提出不同想法,若被否定应坚持自己的意见。(　　)

7. 安全是保障设备设施与作业环境处于安全状态,规范人的作业行为。目的:保障人身财产安全和生产活动的正常进行。(　　)

8. 安全生产中"三违"是指:违规指挥、违章作业、违反劳动纪律。（　　）

9. 先进文化的发展本身要求有和谐文化建设的发展,建设和谐文化,实际上就是培育人的和谐文化精神。（　　）

10. 职业道德认识比职业道德情感具有更大的稳定性,这种道德认识,不仅在诉诸人的理智,要有多方面的陶冶,而且往往需要在职业道德实践中,经历长期甚至痛苦的磨练。（　　）

11. 科技道德规范是调节人们所从事的科技活动与自然界、科技工作者与社会以及科技工作者之间相互关系的行为规范,是在科学活动中从思想到行为应当遵循的道德规范和准则的总和,是与在科学活动中从思想到行为应当遵循的。（　　）

12. 在社会分工越来细的今天,服务群众体现在职业道德上,最重要的是把行业对象服务好。（　　）

13. 道德属于经济基础范畴。（　　）

14. 社会主义职业道德是以最终谋求整个国家的经济利益为目标的。（　　）

15. 职业道德具有鲜明的专业性和对象的特定性。（　　）

16. 明礼是公民最基本的道德意识和义务底线。（　　）

17. 诚实守信是社会主义职业道德的主要内容和基本原则。诚实是守信的标准,守信是诚实的品质。（　　）

18. 实验性创新是创新自发,经验性创新是自觉创新。（　　）

19. 职业道德的原则与企业为保障其发展所制定的一系列规章制度的精神实质是不一致的。（　　）

20. 敬业就是热爱自己的本职工作,为做好工作尽心尽力。（　　）

# 镀层工(职业道德)答案

## 一、填 空 题

1. 劳动合同　　　2. 强令冒险作业　　　3. 预防为主　　　4. 质量第一
5. 化学　　　6. 固体废弃物　　　7. 班组　　　8. 工作成效
9. 组织财富　　　10. 遵循　　　11. 自律　　　12. 保守企业秘密
13. 极端个人主义　　　14. 团结友爱、齐心协力　　　15. 信守承诺
16. 奉献社会　　　17. 文化建设　　　18. 马克思主义

## 二、单项选择题

1. C　　2. A　　3. A　　4. A　　5. B　　6. A　　7. C　　8. D　　9. D
10. B　　11. C　　12. B　　13. B　　14. A　　15. A　　16. A　　17. B　　18. A
19. C　　20. C　　21. B　　22. D　　23. C　　24. A　　25. B

## 三、多项选择题

1. ABCD　　2. ABCD　　3. ABD　　4. ACD　　5. ABCD　　6. ABCD　　7. BD
8. ABC　　9. ACD　　10. ABDE　　11. BCD　　12. ACDE　　13. AB　　14. ABC
15. ACD

## 四、判 断 题

1. √　　2. ×　　3. √　　4. √　　5. √　　6. ×　　7. √　　8. √　　9. ×
10. ×　　11. √　　12. √　　13. ×　　14. ×　　15. √　　16. √　　17. √　　18. ×
19. ×　　20. ×

# 镀层工(初级工)习题

## 一、填 空 题

1. 电镀的基本工艺过程可分为镀前处理、（　　）、镀后处理。

2. 阳极性镀层是指在一定条件下，镀层电位（　　）基本金属电位的一种镀层，既有机械保护作用，又具有电化学保护作用。

3. 阴极性镀层对基本金属起（　　）保护作用，所以镀层应有足够的厚度，孔隙尽量少，镀层完整无缺。

4. 钢铁零件上镀镍是属于（　　）极性镀层。

5. 水加热到 100 ℃时会变成水蒸气，冷却到 0 ℃会结成冰。这种变化属于（　　）。

6. 原子在一定条件下（　　）电子变成阴离子。

7. 只有一种成分组成的物质是（　　）。

8. 盐按其组成的不同可分为正盐、（　　）和碱式盐三大类。

9. 物质的（　　），是指在一定温度下，一定量的溶剂里所能溶解溶质的量。

10. 1 mol/L 氢氧化钠溶液，是指在 1 L 溶液中，含有（　　）的氢氧化钠。

11. 同一周期元素具有（　　）的电子层数。

12. 原子半径越小，得（　　）越容易，非金属性越强。

13. 具有（　　）导电性的溶液是电解液。

14. 在浓硝酸和浓硫酸溶液中浸蚀通孔状工件时，应将通孔（　　）同时浸入，以防酸液从另一端喷出伤人。

15. 电镀操作时，工作前（　　）min，应打开抽风机。

16. 工件入槽出槽要（　　），以防工件掉入槽内而使溶液溅起灼伤人。

17. 镀层工工作前要穿戴好一切防护用具，下班后脱下放入衣箱内，（　　）家中，以免引发家中的食物被腐蚀。

18. 长发一定要盘放在（　　）内，高筒胶鞋、胶皮手套要尽量不被油污染。

19. 将固体碱类加入电解液中，应以吊篮或盛具盛装的方式加入，不容许将固体碱类加入（　　）℃以上的溶液中。

20. 碱溶液粘在皮肤上，应先用温水冲洗，继而用（　　）清洗，最后用冷水洗。

21. 配制混酸时，应先向水中加入密度较（　　）的酸，然后逐步依次加入。

22. 配制和添加氰化物时，要避免溶液外溅，氰化物的使用温度不容许超过（　　）℃。

23. 配制氰化物镀液一定要遵守（　　）操作规程，戴好防护用品，以防中毒。

24. 发现氰化物中毒时，可内服百分之一（　　）的溶液并立即送医院抢救。

25. 允许的尺寸变动量叫尺寸公差，简称（　　）。

26. 零件表面经机械加工而造成的微观（　　），称为表面粗糙度。

27. 零件的实际形状和位置相对于理想状态和位置容许的变动量,简称(　　)公差。

28. 图形比例是指图样零件尺寸与(　　)尺寸之比。

29. 图样上的电镀零件尺寸,若无特殊注明应为(　　)尺寸,即计入了镀层厚度。

30. 电镀对工件尺寸精度影响(　　),对于未标注公差代号及等级的工件,可不考虑电镀影响。

31. 计算大型薄板电镀件表面积时,可忽略(　　)引起的面积误差。

32. 金属镀层的表示方法由(　　)部分组成,每部分之间以圆点"·"相连接。

33. 化学及电化学处理的表示方法按下列顺序:基体材料/处理方法·(　　)·后处理。

34. Ep·Zn15·c2C 表示电镀锌 $15\mu m$ 后(　　)成彩虹色。

35. Cu/Ap·Ni3 表示铜及铜合金(　　)镀镍 $3\sim5\ \mu m$。

36. 由于硼酸较难溶解,配制时用(　　)溶解后再加入槽。

37. 通常情况下,电镀用(　　)可直接用钢板制作,槽体可不衬塑。

38. 常用挂具的结构一般由(　　)、提杆、主杆、支杆和挂钩五个部分组成。

39. 挂钩分为(　　)和夹紧式两种。

40. 挂具使用时,应注意轻装、轻放,尽量不要损坏(　　)。

41. 挂具的绝缘层出现(　　),要及时修复或重新绝缘处理。

42. 电镀溶液过滤设备主要分离(　　),有的还能吸附有机杂质。

43. 由于镀铬过程中有大量铬酸气体逸出,故镀铬槽必须安装有(　　)装置。

44. 过滤室中采用的过滤介质和管道材料,是由被过滤溶液的(　　)性决定的。

45. (　　)压滤机过滤量大,容纳过滤的杂质多,但过滤精度不高。

46. 电镀溶液过滤机在电镀生产中,应用最广泛的是(　　)。

47. (　　)是经加工的粒度均匀,性质坚硬,不可压缩的物料。

48. 最稳定的助滤剂能挡住小至 $0.5\sim1\ \mu m$ 的微粒,不太稳定的助滤剂也能挡住(　　)以上的微粒。

49. 使用助滤剂进行(　　)能提高过滤精度和进度。

50. 过滤机进出液管在不工作时,应防止可能出现的(　　)现象,而使电解液流失。

51. 用于电解液过滤的介质材料,可分为天然材料,无机材料和合成材料三种,其中(　　)应用最广。

52. 工件干燥的方式有压缩空气吹干、热水烫干、(　　)、离心干燥机甩干和自然风干。

53. 电镀槽上的导电杆应支撑在槽口上的(　　)上,用汇流排或软电缆连接在直流电源上。

54. 整流器不能超负荷工作,特别要防止短路和冲击电流,以免(　　)整流元件。

55. pH 试纸测量溶液 pH 值范围时,应将试纸浸入被测溶液中(　　)取出,与标准试纸对比。

56. 使用温度计测定溶液时,水银上升完全停止后,水银的高度所对应的温度读数就是该溶液的(　　)。

57. 测定溶液密度时,完全稳定后,从液体凹面(　　)的水平方向看密度计的读数。

58. 伏安计正确读数方法是:从仪表(　　)观测,使眼睛、指针和刻度三者位于同一水平线。

59. 阳极棒最好采用( )材料予以遮盖,以防镀件出槽时所带溶液浸蚀极棒和极棒溶解产物污染镀液。

60. 在电镀溶液中调整,补充光亮的一般原则是( )。

61. 对于大批量生产的小型零件以及难以磨光的零件表面的光亮加工,通常采用( )。

62. ( )就是采用刷子清除零件表面的毛刺、氧化物、残余油污和浸蚀泥渣等,并使零件具有一定的光泽。

63. 刷光一般分为机械刷光和( )刷光两种。

64. 抛光轮的转速选择与金属制品的硬度有关,即硬度越高,转速应( )。

65. 磨抛光机转速一定时,磨抛光轮的直径与切削速度成( )。

66. 为了避免工件在抛光后发生几何形状的变化,对( )部分要少抛和轻抛。

67. 金属工件表面粗糙度要求越小,磨料的黏度也应( )。

68. 磨光常用的磨料是( ),金属的硬度越高,磨光时所用的磨料黏度越大,而磨料的目数越小。

69. 工件磨抛光时,表面不容许存在磨痕、划痕、变形、( )等缺陷。

70. 磨光机的润滑部位要经常注加( ),并定期进行清理洗油。

71. 干喷砂常用的砂粒是石英砂和河砂,其中以( )质量最好。

72. 磨光机主轴的( )不好时,会降低工件加工精度,甚至造成人身事故。

73. ( )主要用于小型金属工件电镀前表面油污,腐蚀物的去除。

74. 对于铜、锌及其合金等中硬质金属抛光,抛光轮转速应在( )r/min 左右。

75. 压缩空气应经空气( )进行严格净化,以除去空气中的油和其他物质。

76. ( )是利用碱溶液对油脂的皂化作用除去皂化油,利用表面活性剂的乳化作用除去非皂化油。

77. 常用的除油方法有( )除油、化学除油、电化学除油、擦拭除油和滚筒除油等。

78. 常用的除锈方法有机械法、化学法、( )。

79. 电解除油常用的阳极材料为( )。

80. 化学除油液中,氢氧化钠的作用是对油类有较强的( )能力。

81. 化学浸蚀常用的酸是 HCl、( )、$H_2SO_4$ 等。

82. 钢铁件表面酸洗后发红是由于( )造成的。

83. 铸件浸蚀时,往往需要使用( )酸,它的浓度为 2%~5%。

84. 采用化学法活化时,一般使用体积分数为( )的硫酸或盐酸溶液。

85. 经过热处理的钢铁工件,除去这些氧化皮的工艺应是酸洗后经( )出光。

86. 为防止氢脆,高碳钢和弹簧材料不宜采用( )极电解除油。

87. 由于( )是铜与铜合金的强腐蚀剂,因此铜或黄铜工件的浸蚀液中少加或不加盐酸为宜。

88. 由于酸蚀、除油、或电镀过程中吸收氢离子,使镀层与金属基体变脆,形成( )现象。

89. 电镀夹具在电镀过程中主要起( )、支撑和固定零件的作用。

90. 阳极面积是按浸入电解液中阳极的( )表面来计算的。

91. ( )全面积的计算公式为:$S=6.28(r^2+rl)$,其中 $r$ 为半径,$l$ 为长度。

92. 镀槽中镀液的有效高度为 $h$,长度为 $a$,宽度为 $b$,其体积为 $V=$(    )。

93. 一般情况下,大型工件可直接装入钛筐,而小型工件则应先装入(    )再装入钛筐,进行工件前处理。

94. 工件与工件之间分布要(    ),相互之间不能重叠、遮盖。

95. 阳极面对工件的部分,阳极电流密度要(    )些。

96. 阳极背对工件的部分,阳极电流密度要(    )些。

97. 阴、阳极很近,(    )很容易到达阴极并还原为金属,离子移动速度快,那就使镀层结晶变得粗糙。

98. 在电镀过程中金属离子的消耗通常是靠(    )溶解来补充。

99. 涂敷在电极或挂具的某一部分,使表面不导电的涂层是(    )。

100. 挂具工件的电接触点位置尽量设置在非要求镀层表面或(    )位置。

101. 锌易溶于酸,也易溶于碱,故称为(    )金属。

102. 镀锌液可分为(    )和有氰两大类。

103. 在氰化镀锌电解液中,锌是以(    )离子形式存在,比游离锌离子放电电位要低,所以氰化镀锌的阴极极化作用大。

104. 在硫酸盐镀锌工艺配方中,缓冲剂是(    )。

105. 在氨三乙酸-氯化铵镀锌工艺中,以(    )为主络合剂,以氯化铵为导电盐兼辅助络合剂。

106. 在氯化钾镀锌电解液中,硼酸为(    )。

107. 氧化物镀锌工艺中氧化锌为主盐一般挂镀时浓度在(    )。

108. 配制锌酸盐镀锌液应将氧化锌用少量水调成(    ),在不断搅拌下加到热碱中,直到完全溶解。

109. 在氰化镀锌电解液中加入少量的硫化钠可以除去(    )并起光亮作用。

110. 镀锌钝化以后耐蚀性可提高(    )倍,因此钝化非常重要。

111. 配制硫酸铜溶液时,硫酸铜溶解后必经(    )和活性炭处理。

112. 工件进入氰化铜槽前必须认真清洗,严禁将(    )带入镀槽中。

113. 光亮硫酸盐镀铜溶液的(    )是获得合格光亮镀铜层的必备条件。

114. 工件进入光亮硫酸铜溶液时,必须(    )入槽,以防氰化镀铜层在光亮硫酸盐镀铜溶液中溶解。

115. 在镀镍电解液中,铬杂质常常是由(    )带入的。

116. 光亮镍和普通镍相比,可一次在电镀液中获得(    )的镍镀层,省略了繁重的抛光工序。

117. 铬镀层对钢铁基体来说属于阴极性镀层,只有当镀层厚度超过(    )时,才能起到机械保护作用。

118. 镀铬溶液的主要成分是铬酐,它的分子式为(    )。

119. 镀铬时,若提高电流密度,必须相应提高(    ),否则镀层发灰。

120. 一般镀铬电解液中,硫酸的含量为铬酐含量的(    )。

121. 铬雾抑制剂 F-53 会使镀铬电解液面形成(    ),对含铬气体起阻滞作用。

122. 镀硬铬时,采用四面挂阳极与长短阳极联合使用,可防止镀层产生(    )和锥度。

123. 常用的酸性镀锡工艺有硫酸亚锡、氟硼酸亚锡、氯化亚锡，其中使用最为广泛的是（　　　）镀锡。

124. 在碱性镀锡电解液中，主盐锡酸钠，可提供（　　　）价锡离子。

125. 银对于空气中的（　　　）的抗变色能力差。

126. 银除具有（　　　）、导热和反光性能外，还具有良好的耐蚀性和可焊性。

127. 对于银镀层的零件来讲，涂覆或浸一层透明的有机膜层，可以起到防止或延缓镀层（　　　）的作用。

128. 氰化镀银电解液中，主盐是（　　　），络合剂是氰化钾，导电盐是碳酸钾。

129. 对塑料工件表面的脱脂温度不宜高于（　　　）℃，脱脂时间不能太长。

130. 塑料工件在粗化时可用不与硫酸反应的重物压上，以免工件漂起影响粗化效果，粗化过程要抖动工件（　　　）次。

131. 经钯盐活化的工件，化学镀镍时，对溶液加热应采用（　　　）间接加热。

132. 经化学镀铜后的塑料件上挂具时，应与工件采用（　　　）接触。

133. 溶液过滤设备按工艺过程可分为（　　　）溶液过滤设备和电镀溶液设备两大类。

134. 由于硼酸的溶解度（　　　），所以镀镍电解液的含量为 40 g/L 范围左右。

135. 调整镀液的 pH 值时，应用（　　　）液逐步调整。

136. 对于弹簧零件，薄壁零件和力学性能要求高的钢铁零件，必须进行（　　　）处理。

137. 槽侧或槽子焊口处有（　　　）析出时，表明该处衬里或镀槽渗漏。

138. 镀后处理包括回收、清洗、去氢、（　　　）和干燥。

139. （　　　）工艺是镀后处理的重要工序，与产品质量、生产成本、环境保护等方面有关。

140. 清洗的方法一般为单级槽清洗、多级槽清洗、（　　　）、混合式清洗。

141. 多级逆流漂洗，通常采用（　　　）级，主要适用于自动生产线。

142. 多级逆流漂洗工艺可减少耗水量，使部分电解液（　　　），从而减少废水处理量。

143. 钝化的目的是为了提高镀层光亮，增加美观，提高镀层（　　　）性，延长零件的使用寿命。

144. 铬硬层除氢可在（　　　）热油中浸渍，或在相同温度的烘箱中处理 2～3 h。

145. 钢铁件氧化溶液中有少量的铁可促进生成紧密的氧化膜，故一般新配制的发蓝溶液中，可加入少量旧溶液或铁屑处理，使铁的正常含量为（　　　）。

146. 钢铁件氧化膜可致密度取决于（　　　）的形成速度和单个晶体长大之比。

147. 低温磷用于喷塑，油漆底层，而高温磷化用于（　　　）。

148. 钢铁发蓝通常使用挂具和挂筐，材料为（　　　）。

149. 钢铁件碱性氧化法的操作温度较高，一般在（　　　）℃以上。

150. 发蓝溶液的沸腾温度随着碱的浓度的增高而（　　　）。

151. 磷化溶液中（　　　）离子会导致工件表面发红，降低磷化膜的抗蚀能力。

152. 高温磷化所得膜层比中低温磷化所得膜层的耐蚀力、结合力、硬度、耐热性均较（　　　）。

153. 配制碱性发蓝溶液时，应将计量的苛性钠在搅拌下缓慢加入槽内，并伴有剧烈的（　　　）反应，要防止溅出。

154. 配制发蓝磷化液时，都需经除油锈的（　　　）处理，以增加溶液的亚铁离子。

155. 铝及合金硫酸阳极氧化时,当溶液温度升高时氧化膜的(　　)速度加快。

156. 铝及其合金件的草酸阳极氧化,能得到厚度较厚,耐电压(　　)V,表面光滑,绝缘性能好的氧化膜。

157. 铝及其合金的铬酸阳极氧化,随着氧化膜的厚度增加,膜的(　　)加大,在通电操作中必须调整电压。

158. 检查镀层外观,是在自然光线或无反射光的白色透明光线下,用(　　)直接观察。

159. 工艺规定的镀层厚度,是指零件主要表面上的镀层的(　　)厚度。

160. 镀层外观检查结果有三种,合格品、(　　)、废品。

161. 企业质量管理"三检"制是(　　)、互检、专检。

162. 质量管理"四不"内容是(　　)、零部件不合格不装配、产品不合格不出厂、上道工序不合格下道工序不加工。

163. 电镀生产过程中排放的有毒(　　)是环境的主要污染源。

164. 环境管理体系是企业管理的组成部分,开展(　　)认证,可提高清洁审查水平。

165. 清洁生产是在产品的整个生命周期的各个环节采取(　　)措施,实现经济的可持续发展。

## 二、单项选择题

1. 下列镀层属于阳极性镀层的是(　　)。
(A)在大气条件下,钢铁工件上的镀铜层
(B)在大气条件下,钢铁工件上的铜、镍镀层
(C)在大气条件下,钢铁工件上的铜、镍、铬镀层
(D)在大气条件下,钢铁工件上的锌镀层

2. 发生(　　)灼伤时先用大量水冲洗,然后用5%硫代硫酸钠溶液或1%的硫酸钠溶液湿敷。
(A)铬酸　　　　　　(B)氢氟酸　　　　　　(C)碱液　　　　　　(D)酸液

3. 强酸一旦溅在皮肤上,立即用(　　)冲洗干净。
(A)开水　　　　　　(B)温水　　　　　　(C)冷水　　　　　　(D)热水

4. 为防止酸雾带入抽风管道,槽液面不宜过高,一般应低于槽顶(　　)。
(A)50~100 mm　　(B)100~150 mm　　(C)200 mm　　　　(D)250 mm

5. 工业用电(　　)称为安全电压。
(A)380 V　　　　　(B)250 V　　　　　(C)36 V　　　　　(D)12 V

6. 大部分(　　)易着火,工作场地严禁吸烟。
(A)有机溶剂　　　　(B)酸液　　　　　　(C)碱液　　　　　　(D)氰化物

7. 绝对不允许把(　　)带入氰化物镀液中。
(A)酸性物质　　　　(B)碱性物质　　　　(C)水　　　　　　　(D)含氰化物溶液

8. 盛放过氰化物的容器和工具,必须用(　　)溶液进行消毒处理。
(A)盐酸　　　　　　(B)硼酸　　　　　　(C)硫酸铜　　　　　(D)硫酸亚铁

9. 配制混酸时,在水中依次加入正确顺序的是(　　)。
(A)盐酸、硝酸、硫酸　　　　　　　　　　(B)盐酸、硫酸、硝酸

(C)硫酸、硝酸、盐酸　　　　　　　　　　　(D)硝酸、硫酸、盐酸

10. 电镀中电流密度的单位是(　　)。

(A)安培　　　　　　(B)伏特　　　　　　(C)库仑　　　　　　(D)安培/平方分米

11. 法拉第常数等于(　　)C/mol。

(A)965　　　　　　(B)9 650　　　　　　(C)96 500　　　　　　(D)965 000

12. $H_2SO_4$ 中的原子团是(　　)。

(A)$H_2$　　　　　　(B)$O_4$　　　　　　(C)$SO_4$　　　　　　(D)S

13. 下面属于纯净物的是(　　)。

(A)水　　　　　　(B)盐酸　　　　　　(C)硫酸　　　　　　(D)糖水

14. 下面属于混合物的是(　　)。

(A)氮气　　　　　　(B)空气　　　　　　(C)碳　　　　　　(D)水

15. 下面属于单质的是(　　)。

(A)镍　　　　　　(B)氯化物　　　　　　(C)硫酸镍　　　　　　(D)盐酸

16. 下面属于化合物的是(　　)。

(A)镍　　　　　　(B)锌　　　　　　(C)锡　　　　　　(D)氯化镍

17. 下面不是氧化物的是(　　)。

(A)ZnO　　　　　　(B)$Fe_2O_3$　　　　　　(C)$CO_2$　　　　　　(D)HCHO

18. (　　)是酸。

(A)$H_2SO_4$　　　　　　(B)KCl　　　　　　(C)KOH　　　　　　(D)NaCN

19. (　　)是碱。

(A)NaCN　　　　　　(B)KOH　　　　　　(C)KCl　　　　　　(D)$H_2SO_4$

20. (　　)是盐。

(A)$HNO_3$　　　　　　(B)$Ba(OH)_2$　　　　　　(C)NaOH　　　　　　(D)$CuSO_4$

21. 在一杯糖水中,(　　)是溶剂。

(A)糖水　　　　　　(B)水　　　　　　(C)糖　　　　　　(D)水和糖

22. 食盐放在水里,形成盐水的过程是(　　)。

(A)结晶　　　　　　(B)溶解　　　　　　(C)风化　　　　　　(D)潮解

23. NaOH 溶液放在瓶子里,到了冬天会看到瓶口有 NaOH 晶体析出,这个过程是
(　　)。

(A)结晶　　　　　　(B)溶解　　　　　　(C)风化　　　　　　(D)潮解

24. 下列不属于结晶水合物的是(　　)。

(A)胆矾　　　　　　(B)绿矾　　　　　　(C)石膏　　　　　　(D)$H_3BO_3$

25. $Na_2CO_3 \cdot 10H_2O$ 在常温或干燥的空气中会失去部分结晶水,这种现象是(　　)。

(A)结晶　　　　　　(B)溶解　　　　　　(C)风化　　　　　　(D)潮解

26. NaOH 很容易吸收空气中的水蒸气,使晶体表面变的潮湿,这种现象是(　　)。

(A)结晶　　　　　　(B)溶解　　　　　　(C)风化　　　　　　(D)潮解

27. 300 g/L 铬酐溶液,叙述正确的是(　　)。

(A)有 300 L 铬酐溶液　　　　　　(B)有 300 g 铬酐溶液

(C)在 300 g 铬酐溶液中有 1 L 水　　　　(D)在 1 L 溶液中有 300 g 铬酐

28. 在 1 mol/L 氢氧化钾溶液,叙述正确的是(　　)。

(A)在 1 L 溶液中,含有 1 g 的氢氧化钾

(B)在 1 L 溶液中,含有 1 mol 的氢氧化钾

(C)在 1 mol 的溶液中,含有 1 g 的氢氧化钾

(D)在 1 L 溶液中,含有 56 mol 的氢氧化钾

29. 铝阳极氧化用的 19% 的硫酸氧化液,是指(　　)。

(A)100 g 水溶液中,含有 19 g 硫酸　　(B)19 g 硫酸,溶在 100 g 水里

(C)100 L 水溶液中,含有 19 g 硫酸　　(D)19 g 硫酸里,有 100 L 水

30. 下列是化合反应的是(　　)。

(A)$2KClO_3 \xrightarrow{MnO_2} 2KCl+3O_2\uparrow$　　(B)$2H_2O \xrightarrow{电解} O_2\uparrow+2H_2\uparrow$

(C)$Zn+2HCl == ZnCl_2+H_2\uparrow$　　(D)$2CO+O_2 == 2CO_2$

31. (　　)对挂具的要求比较严格,必须使用专用挂具。

(A)镀锌　　　　(B)镀银　　　　(C)镀铬　　　　(D)镀锡

32. 通常情况下,电镀用(　　)可直接用钢板制作,槽体可不衬塑。

(A)化学处理槽　　(B)酸槽　　　　(C)碱槽　　　　(D)水槽

33. 电镀用除(　　)外槽体衬软塑,还有硬取聚氯乙烯,玻璃钢等材料。

(A)电镀槽　　　　(B)化学处理槽　　(C)酸槽　　　　(D)水槽

34. 制作酸、酸浸蚀槽的材料宜用(　　)。

(A)钢板　　　　(B)水泥制品　　(C)不锈钢或钛板　　(D)钢板衬塑

35. 目前采用的新型直流电源设备,主要是指(　　)。

(A)直流发电机组　　　　　　　(B)硅整流器和晶闸管整流器

(C)接触整器　　　　　　　　　(D)锗整流器和硒整流器

36. 添加润湿剂或含有氧化物质的电解液,不宜采用(　　)搅拌方式。

(A)电解液循环　　(B)压缩空气　　(C)阴极移动　　(D)阴极旋转

37. 使用 pH 试纸,测量溶液 pH 值范围时,应将试纸浸入被测溶液(　　)取出。

(A)1 s　　　　　(B)0.1 s　　　　(C)0.5 s　　　　(D)5 s

38. 测定溶液密度时,应从(　　)水平方向看密度计上的读数。

(A)深凹面最低处　(B)刻度边缘　　(C)深凹面处　　(D)液面

39. 霍尔槽试验不能确定(　　)。

(A)添加剂的含量　(B)电流密度范围　(C)电流效率　　(D)主盐含量

40. (　　)主要用于小型金属工件镀前表面油污、腐蚀物的去除。

(A)磨光机　　　　(B)抛光机　　　(C)滚光机　　　(D)打砂机

41. 喷砂室是用(　　)控制压缩空气的通断调节的。

(A)手闸　　　　(B)电动开关　　(C)脚踏开关　　(D)其他

42. 磨平面时,工件的运动方向应与磨光的旋转方向(　　)。

(A)垂直　　　　(B)平行　　　　(C)倾斜　　　　(D)任意

43. 滚光时,滚筒转速通常在(　　)范围内。

(A)0~20 r/min　(B)20~40 r/min　(C)40~60 r/min　(D)60~80 r/min

44. 滚光操作时,滚光液通常加至滚筒容积的( )左右。
(A)95% (B)90% (C)85% (D)80%

45. 通常,钢铁、镍、铬等硬质金属抛光时,采用的圆周速度为( )。
(A)10～15 m/s (B)15～20 m/s (C)20～25 m/s (D)30～35 m/s

46. 喷砂过程中,喷嘴与被处理工件之间比较合适的距离是( )。
(A)100 mm (B)200 mm (C)300 mm (D)400 mm

47. 滚光时,滚筒转速通常在( )范围内。
(A)0～20 r/min (B)20～40 r/min (C)40～60 r/min (D)60～80 r/min

48. 对钢铁工件进行刷光操作时,最好选用( )。
(A)钢丝刷光轮 (B)铜丝刷光轮
(C)天然纤维刷光轮 (D)人造纤维刷光轮

49. 在使用硅砂进行喷砂时,压缩空气的压力一般情况下不超过( )。
(A)0.1 MPa (B)0.2 MPa (C)0.3 MPa (D)0.4 MPa

50. 下列各种物质属于非皂化油的是( )。
(A)猪油 (B)大豆油 (C)花生油 (D)润滑油

51. 滚光操作时,滚光液通常加至滚筒容积的( )左右。
(A)95% (B)90% (C)85% (D)80%

52. 对于铝、锡等软质金属抛光时,抛光轮转速应在( )左右。
(A)1 000 r/min (B)1 200 r/min (C)1 400 r/min (D)1 600 r/min

53. 粘结40目左右的金刚砂时,水与胶之比为( )。
(A)8∶2 (B)7∶3 (C)6∶4 (D)5∶5

54. 磨削钢制品时,磨轮圆周速度为( )左右。
(A)15 m/s (B)25 m/s (C)35 m/s (D)45 m/s

55. 工件镀铬前,为得到比较平滑的表面,常采用( )磨光轮进行磨光。
(A)12～20目 (B)50～80目 (C)100～150目 (D)180～240目

56. 抛光硬质合金、铬层、不锈钢时,以( )为宜。
(A)红抛光膏 (B)黄抛光膏 (C)绿抛光膏 (D)白抛光膏

57. 磨、抛光机主轴的同轴度不好时,会( )工件加工精度。
(A)提高 (B)降低 (C)影响 (D)不影响

58. 下列物质不具有乳化作用的是( )。
(A)硅酸钠 (B)氢氧化钠 (C)肥皂 (D)OP-10

59. 对于承受高负荷的零件、弹簧等,为了避免产生氢脆,应进行( )。
(A)阴极脱脂 (B)阳极脱脂
(C)先阴极后阳极联合脱脂 (D)先阳极后阴极脱脂

60. 采用阴极电化学脱脂时,不能使用( )作为阳极。
(A)不锈钢板 (B)镍板 (C)铁板 (D)上述三种均不行

61. 在化学除油过程中,起乳化作用的是( )。
(A)氢氧化钠 (B)碳酸钠 (C)碳酸氢钠 (D)磷酸三钠

62. 钢铁工件酸洗后表面发红是由于( )。

(A)铁锈附着物　　(B)析出置换铜　　(C)清洗不净　　(D)腐蚀

63. 零件脱脂时,搅拌采用(　　)方式,效果最好。

(A)压缩空气　　(B)阴极移动　　(C)溶液循环　　(D)超声波

64. 铸铁件浸蚀时,往往需要使用氢氟酸,它的浓度为(　　)。

(A)2％～5％　　(B)10％　　(C)15％　　(D)20％

65. 经过热处理钢铁工件,除去这些氧化皮的工艺应是酸洗后经(　　)出光。

(A)浓盐酸　　(B)浓硫酸　　(C)浓硝酸　　(D)稀硝酸

66. 若采用60％以上的硫酸作为金属浸蚀剂时,硫酸(　　)。

(A)具有极强的腐蚀性　　　　(B)提高基体金属光泽

(C)几乎不能溶解氧化铁　　　　(D)严重过腐蚀

67. 碱性除油溶液中,能改善水玻璃的水吸性的成分的是(　　)。

(A)碳酸钠　　(B)氢氧化钠　　(C)磷酸三钠　　(D)去油时生成的肥皂

68. 生产中用作强浸蚀时,一般使用的硫酸浓度是(　　)。

(A)10％左右　　(B)20％左右　　(C)30～40％左右　　(D)60％

69. 对于表面有薄铜层的弹簧,在进入碱性氢氧化钠电解液中处理前,必须在室温条件下预浸蚀,以退除铜层,浸蚀液为(　　)。

(A)硫酸-盐酸弱　　　　(B)盐酸-铬酸

(C)硫酸-铬酸　　　　(D)硫酸-硝酸

70. 长方板的长为 $L$,宽为 $b$,高为 $h$,全镀时,电镀面积为 $S=(　　)$。

(A)$2L \cdot b$　　　　(B)$2(L \cdot b+L \cdot h)$

(C)$2L(b+h)$　　　　(D)$2(L \cdot b+L \cdot h+b \cdot h)$

71. 电镀零件的形状为圆板,半径为 $r$,厚度为 $d$,全镀时,$S=(　　)$。

(A)$6.28r^2$　　(B)$6.28(r^2+rd)$　　(C)$3.14d^2$　　(D)$6.28(r^2+rL)$

72. 某电镀圆环,直径 $D=100$ mm,横截面直径 $d=10$ mm,其镀时面积为(　　)dm$^2$。

(A)$0.1\pi^2$　　(B)$0.1\pi$　　(C)$0.09\pi$　　(D)$0.09\pi^2$

73. 阳极电流密度是按阳极的(　　)面积平均计算。

(A)全部　　(B)面对阴极　　(C)2/3　　(D)1/2

74. 一般情况下,紫铜挂具的电流密度不宜超过(　　)。

(A)1 A/mm$^2$　　(B)2～2.5 A/mm$^2$　　(C)3 A/mm$^2$　　(D)1.6 A/mm$^2$

75. 一般情况下,通过(　　)挂钩上的电流密度不宜超过1A/ mm$^2$。

(A)钢质　　(B)黄铜　　(C)紫铜　　(D)锡

76. 对络合物镀液,一般要求阴、阳极面积比为(　　)。

(A)1∶2　　(B)1∶1.5　　(C)1∶1　　(D)1∶0.5

77. 对强酸性镀液,一般要求阴、阳极面积比为(　　)。

(A)1∶2　　(B)1∶1.5　　(C)1∶1　　(D)1∶0.5

78. 在使用电镀专用保护胶时,涂匀胶后在(　　)温度下烘干约10～15 min。

(A)50～60 ℃　　(B)65～70 ℃　　(C)70～80 ℃　　(D)40～50 ℃

79. 锌酸盐镀锌工艺中,阳极发生钝化的原因可能是(　　)。

(A)氢氧化的含量过高　　　　(B)阳极电流密度过高

(C)阴极电流密度过高　　　　　　　　　　(D)镀液温度过高

80. 氯化钾镀锌中,镀层起泡、结合力差是由于(　　)。

(A)添加剂过多　　(B)温度过高　　　　(C)pH 值偏高　　　(D)锌离子浓度高

81. 锌酸盐镀锌溶液中氧化锌是(　　)。

(A)主盐　　　　　　(B)铬合剂　　　　　(C)添加剂　　　　　(D)光亮剂

82. 正常镀锌液中锌离子补充靠(　　)。

(A)加氯化锌　　　　　　　　　　　　　(B)加锌粉

(C)锌阳极溶解　　　　　　　　　　　　(D)加锌合金

83. 氯化钾光亮镀锌溶液呈(　　)。

(A)酸性　　　　　　(B)中性　　　　　　(C)碱性　　　　　　(D)弱碱性

84. 镀锌采用压延的纯锌阳极主要原因是(　　)。

(A)溶解均匀,可减少阳极"泥"　　　　　(B)导电性好

(C)重金属杂质少　　　　　　　　　　　(D)价格低廉

85. 在氰化镀锌电解液中,加入少量甘油是为了(　　)。

(A)沉淀重金属杂质　(B)起光亮作用　　　(C)提高阴极极化　　(D)稳定溶液

86. 锌酸盐镀锌电解液中,氢氧化钠与金属锌的含量比是(　　)。

(A)5∶1　　　　　　(B)3∶1　　　　　　(C)10∶1～13∶1　　(D)20∶1

87. 在 DPE 型锌酸盐镀锌电解液中,三乙醇胺含量过高会造成(　　)。

(A)温度容易上升,阴极电流效率下降

(B)电流效率提高,但镀层变脆

(C)电解液分散能力降低

(D)提高镀层的光亮度和均匀性

88. 锌酸盐在 DE 型和 DPE 型锌酸盐镀锌电解液中,工艺要求(　　)。

(A)两类型都需加入光亮剂

(B)DE 型需加光亮剂,DPE 型不需加光亮剂

(C)两类型都不需加入光亮剂

(D)DE 型不需加光亮剂,DPE 型需加光亮剂

89. 在电镀锌中阳极与阴极之间的距离为(　　)。

(A)≤ 5 cm　　　　　(B)≤ 10 cm　　　　(C)20～25 cm　　　(D)≥ 30 cm

90. 在钾盐镀锌电解液中,pH 值应控制在(　　)。

(A)4.5～5.8　　　　(B)3～4　　　　　　(C)6～7　　　　　　(D)7～8

91. 在低氰镀锌电解液中,氰化钠的含量应为(　　)。

(A)80～90　　　　　(B)20～30　　　　　(C)10～15　　　　　(D)10 g/L 以下

92. 对外形简单的零件镀锌,具有成本低,电解液稳定,电流效率高,沉积速度快的是(　　)镀锌工艺。

(A)氰化　　　　　　(B)硫酸盐　　　　　(C)铵盐　　　　　　(D)锌酸盐

93. 镀锌电解液中对钢铁设备腐蚀性小、适合自动生产并且无毒的是(　　)。

(A)氰化镀锌　　　　　　　　　　　　　(B)氨三乙酸—氯化铵镀锌

(C)硫酸锌镀锌　　　　　　　　　　　　(D)锌酸盐镀锌

94. 镀层起皮的主要原因是由于（　　）。

(A)电解液过稀 　　　　　　　　　(B)镀液温度过高

(C)镀前处理不良 　　　　　　　　(D)电流密度太小

95. 氰化镀铜前（　　）必须打开抽风机,以保持工作场地空气清洁。

(A)1～3 min 　　(B)5～10 min 　　(C)30 min 以上 　　(D)3～5 min

96. 氰化镀铜前的阳极溶解快呈光亮结晶状态且阳极上大量析氢是因为（　　）。

(A)游离氰化物太高 　　　　　　　(B)游离氰化物太低

(C)阳极溶解正常 　　　　　　　　(D)含铅杂质

97. 氰化镀铜的阳极有黑色膜,是因为（　　）。

(A)碳酸盐过多 　　　　　　　　　(B)含铅杂质

(C)游离氰化物太低 　　　　　　　(D)正常

98. 氰化镀铜的阳极有绿色膜且阳极附近溶液呈浅蓝色说明（　　）。

(A)含铅杂质 　　　　　　　　　　(B)游离氰化物太低

(C)碳酸盐过多 　　　　　　　　　(D)正常

99. 光亮硫酸盐镀铜的阳极中磷的质量分数为（　　）。

(A)0.1%～0.3% 　　(B)0.5%～1% 　　(C)1%～3% 　　(D)0.3%～0.5%

100. 在低铬化中,铬酐含量一致为（　　）。

(A)2 g/L 左右 　　(B)4～5 g/L 　　(C)10～15 g/L 　　(D)15～20 g/L

101. 为防止钢铁工件不需要渗碳的部位渗碳,可以镀（　　）。

(A)锡 　　　　(B)铜 　　　　(C)锌 　　　　(D)铬

102. 酸性光亮镀铜溶液中硫酸铜是（　　）。

(A)铬合剂 　　　　(B)主盐 　　　　(C)光亮剂 　　　　(D)添加剂

103. 酸性镀铜中,铜层与基体结合不良是由于（　　）。

(A)阳极材料不当 　　　　　　　　(B)温度过高

(C)电流密度过大 　　　　　　　　(D)预镀层不当

104. 铜及其合金钝化处理后生成的膜的颜色是（　　）。

(A)蓝色或深蓝色 　　　　　　　　(B)褐色或深褐色

(C)彩虹色或古铜色 　　　　　　　(D)黑色

105. 在复杂大型零件的角、棱、边处,虽有轻微粗糙,但不影响装配质量和结合力的铜镀层属于（　　）。

(A)正常外观 　　　　　　　　　　(B)允许缺陷

(C)不允许缺陷 　　　　　　　　　(D)其他

106. 光亮酸性铜电解液的阳极材料应采用（　　）。

(A)不锈钢 　　　　(B)紫铜 　　　　(C)铜镍合金 　　(D)含少量磷的铜

107. 按镀铜电解液的 pH 值区分可分为两大类（　　）。

(A)氰化和无氰 　　　　　　　　　(B)碱性和酸性

(C)焦磷酸和硫酸盐 　　　　　　　(D)普通和光亮

108. 硼酸在镀镍电解液中的主要作用是（　　）。

(A)提高导电性 　　　　　　　　　(B)调节 pH 值

(C)铬合剂 (D)光亮剂

109. 普通镀镍层结晶粗时,主要原因是( )。
(A)pH 值过高 (B)镍盐浓度高
(C)电流密度小 (D)氯化物含量低

110. 在光亮镍溶液中,沉积镀层针孔多是由于( )。
(A)光亮剂偏低 (B)温度低
(C)主盐过多 (D)十二烷基硫酸钠少

111. 镀镍溶液中硼酸起缓冲作用,它的含量不应低于( )。
(A)3 g/L (B)10 g/L (C)20 g/L (D)30 g/L

112. 镀镍溶液中氯化镍起活化阳极作用,它的含量应接近于( )。
(A)20 g/L (B)30 g/L (C)40 g/L (D)50 g/L

113. 镍镀层的孔隙率较高,只有镀层超过( )时才无孔。
(A)10 $\mu$m (B)20 $\mu$m (C)25 $\mu$m (D)30 $\mu$m

114. 镀光亮镍时,镀液 pH 值对镀层质量影响较大,需要控制 pH 值为( )。
(A)3.2～3.8 (B)4～4.5 (C)5～5.5 (D)3.8～4.0

115. 普通镀铬电解液中阳极材料是( )。
(A)铬板 (B)不锈钢板 (C)铬锑合金板 (D)钛板

116. 标准镀铬溶液中铬酐的含量为( )。
(A)50～60 g/L (B)100～150 g/L (C)200～250 g/L (D)300～350 g/L

117. 镀铬层的沉积是靠( )在阴极上放电形成。
(A)六价铬 (B)三价铬 (C)硫酸根 (D)铬

118. 普通镀铬溶液的电流效率为( )。
(A)95％～98％ (B)90％～95％ (C)60％～80％ (D)10％～13％

119. 镀铬溶液中铬离子的补充是靠( )。
(A)加铬酐 (B)阳极溶解 (C)加氢氧化铬 (D)加铬酸钠

120. 镀铬的阳极材料是( )。
(A)铬 (B)铜锑合金或铅 (C)不锈钢 (D)石墨

121. 镀铬电解液中硫酸含量过高时,除去的方法是加( )。
(A)碳酸钙 (B)硝酸钙 (C)碳酸钡 (D)氯化钡

122. 酸性镀锡电解液的温度应采用( )。
(A)室温 (B)40～50 ℃ (C)70～85 ℃ (D)90～105 ℃

123. 酸性镀锡溶液的阳极采用 99.9％以上的高纯锡,阴阳极面积比为( )。
(A)2：1 (B)1.5：1 (C)1：1 (D)0.5：1

124. 酸性镀锡时,为了避免产生二价锡,要保持阳极在生产过程中呈( )。
(A)灰白色 (B)黑色 (C)金黄色 (D)棕黑色

125. 银镀层与大气中硫化物作用发生变色,主要影响镀层( )。
(A)外观 (B)后光
(C)耐蚀性 (D)外光、反光、导电和可焊性

126. 氰化镀银电解液调整,一般氰化钾含量与银含量之比为( )。

(A)2∶1　　　　　(B)4∶1　　　　　(C)6∶1　　　　　(D)8∶1

127. 在氰化镀银电解液中,为了增加导电性,碳酸钾的作用与提高银盐含量的作用相比( )。

(A)要小得多　　　(B)要大得多　　　(C)相差不大　　　(D)无作用

128. 银镀层易溶于( )。

(A)盐酸　　　　　(B)冷的稀硫酸　　(C)稀硝酸　　　　(D)浓硫酸

129. 造成银镀层变色的主要原因是( )。

(A)银镀层是阴极性镀层　　　　　　　(B)镀银工艺有问题

(C)银镀层与硫化物反应　　　　　　　(D)未进行钝化处理

130. 在汞齐化处理过程中处理时间为( )。

(A)3～5 s　　　　(B)10～15 s　　　(C)33 s 以上　　　(D)5～10 s

131. 在氰化镀银溶液中,镀液中的主盐是( ),主要供给金属银离子。

(A)氰化钾　　　　(B)碳酸钾　　　　(C)氰化银钾　　　(D)游离氰化钾

132. 使氰化镀银层表面出现变暗、条纹的杂质是( )。

(A)铁　　　　　　(B)铜　　　　　　(C)有机杂质　　　(D)锌

133. 浓硫酸 19 份和浓硝酸 1 份的配方常用于退除( )。

(A)锌镀层　　　　(B)镍镀层　　　　(C)银镀层　　　　(D)铬镀层

134. 目前国内对银的回收采用最多的方法是( )。

(A)电解法　　　　(B)沉积法和电解法　(C)置换法　　　　(D)离子交换法

135. 电镀"仿金"时,电流密度一般不大于( )。

(A)0.3 A/dm$^2$　　(B)0.5 A/dm$^2$　 (C)1 A/dm$^2$　　　(D)0.1 A/dm$^2$

136. 电镀"仿金"层色泽偏红是因为 pH 值( )。

(A)过高　　　　　(B)过低　　　　　(C)适中　　　　　(D)稍低

137. 电镀"仿金"层色泽偏白是因为 pH 值( )。

(A)过高　　　　　(B)过低　　　　　(C)适中　　　　　(D)稍高

138. 在塑料电镀之前,为了消除应力,可以将工件放在( )下保温 2～3h 去除应力。

(A)45～55 ℃　　　(B)60～75 ℃　　　(C)80～90 ℃　　　(D)30～45 ℃

139. 塑料工件经银盐活化后,应在室温条件下在质量比为( )的甲醛溶液中浸泡 0.5～1 min。

(A)1∶5　　　　　(B)1∶9　　　　　(C)1∶10　　　　　(D)1∶7

140. 经胶体钯活化后的工件,解胶可在盐酸溶液中进行,温度为( ),浸泡时间为 1 min。

(A)15～25 ℃　　　(B)25～35 ℃　　　(C)40～45 ℃　　　(D)35～40 ℃

141. 为排除电解液中,微量金属杂质,采用瓦楞板电解处理的电流密度一般为( )。

(A)0.1 A/dm$^2$　　　　　　　　　　　(B)0.2～0.5 A/dm$^2$

(C)0.5～1 A/dm$^2$　　　　　　　　　　(D)1～2 A/dm$^2$

142. ( )是镀层的真正质量特征。

(A)孔隙率　　　　(B)厚度　　　　　(C)光亮美观　　　(D)硬度

143. 工件镀锌后驱氢处理的温度是( )。

(A)60～80 ℃　　　(B)120～160 ℃　　(C)200～250 ℃　　(D)280～300 ℃

144. 采用三价铬钝化时,一般要求镀层厚度大于( )以上,以防止钝化时漏镀。

(A)3 μm　　　　(B)5 μm　　　　(C)8 μm　　　　(D)10 μm

145. 对于有反冲的预涂助滤剂过滤机,只要开启反冲泵,就能自动把(　　)冲洗掉。

(A)原预涂层　　　　　　　　(B)固体大颗粒

(C)固体小颗粒　　　　　　　(D)溶解性杂质

146. 在生产中发现硫酸盐镀铜电解液中有少量铜粉时,最简便的消除方法是(　　)。

(A)电解处理　　　(B)加双氧水　　　(C)加活性炭处理　　　(D)过滤

147. 过滤电解液时使用助滤剂,至少能挡住(　　)以上的微料,以达到提高过滤精度的目的。

(A)0.1 μm　　　(B)1 μm　　　(C)5 μm　　　(D)25 μm

148. 镀锌后出光处理一般使用(　　)溶液。

(A)硫酸和硝酸　　　(B)硝酸　　　(C)硫酸　　　(D)盐酸

149. 在防银变色法中,(　　)方法存在着显著降低银镀层导电性的缺点。

(A)电泳　　　(B)化学钝化　　　(C)涂覆有机保护膜　　　(D)电解钝化

150. 铝及其含金的阳极氧化膜对基体的结合力要比镀层的结合力(　　)。

(A)高　　　(B)低　　　(C)相同　　　(D)差不多

151. 在阳极氧化条件相同的条件下,铝合金氧化膜要比纯铝氧化膜的硬度(　　)。

(A)高　　　(B)低　　　(C)一样　　　(D)差不多

152. 镀锌经铬酸盐钝化处理后,其耐蚀性可提高(　　)。

(A)2 倍　　　(B)4 倍　　　(C)10 倍　　　(D)6～8 倍

153. (　　)工件不能用碱性氧化溶液进行发蓝。

(A)经锡焊、锡铅焊、镀锌的钢铁　　　(B)铸钢、铸铁

(C)合金钢　　　　　　　　　　(D)低碳钢

154. 钢铁件经过碱性发蓝后(　　)。

(A)没有氢脆影响且不影响工件精度　　　(B)有氢脆影响,但不影响工件精度

(C)没有氢脆影响,但影响工件精度　　　(D)影响氢脆和零件精度

155. 碱性发蓝溶液的液面颜色呈现紫红色,说明溶液中(　　)含量太高。

(A)氢氧化钠　　　(B)亚硝酸钠　　　(C)铁杂质　　　(D)铜杂质

156. 碱性发蓝时,零件在槽中摆放合理,却仍不生成氧化膜或膜层颜色浅,其原因是(　　)。

(A)氢氧化钠含量过高,但未超过 1 100 g/L

(B)氢氧化钠含量过低

(C)亚硝酸钠含量过高

(D)铁含量过高

157. 发蓝溶液中的亚硝酸钠是(　　)。

(A)氧化剂　　　(B)还原剂　　　(C)增光剂　　　(D)活化剂

158. 一般低温磷化膜与中高温磷化膜比较,它的(　　)。

(A)膜层耐蚀性较差　　　　　(B)膜层耐蚀性较好

(C)成本高　　　　　　　　　(D)溶液稳定性差

159. 磷化膜层能避免或减少钢铁表面在冷变形加工过程中产生拉伤裂纹的原因是(　　)。

(A)膜层有良好的润滑性能　　　(B)膜层硬度高

(C)膜层延长性好　　　　　　　　　　(D)膜层耐蚀性好

160. 钢铁件在发蓝溶液中要获得致密的氧化膜,只有在( )条件下才能形成。
(A)晶胞形成速度大于单个晶体长大速度
(B)晶胞形成速度等于单个晶体长大速度
(C)晶胞形成速度小于单个晶体长大速度
(D)与晶胞形成速度和单个晶体长大速度无关

161. 钢铁件发蓝后,用肥皂液进行填充处理时,其处理液中的肥皂的质量分数为( )。
(A)0.05%~0.1%　(B)0.03%~0.05%　(C)1%~1.5%　　(D)1.5%~2.0%

162. 在碱性发蓝时,工件放入很久,温度已超过工艺范围的上限,仍不生成氧化膜,其原因是( )。
(A)氢氧化钠含量过低　　　　　　　　(B)亚硝酸钠含量过低
(C)氢氧化钠含量超过 1100g/L　　　　(D)铁含量太低

163. 碱性发蓝时,由于脱脂不彻底或亚硝酸盐过少,将造成( )。
(A)工件局部不生成氧化膜　　　　　　(B)工件表面有红色挂灰
(C)氧化膜的附着能力差或局部脱落　　(D)氧化时间短

164. 排除钢铁件表面预处理的因素,磷化膜不均匀、发花的原因是( )。
(A)操作温度过高　　　　　　　　　　(B)操作温度过低
(C)总酸度偏低　　　　　　　　　　　(D)工件表面有过腐蚀

165. 高强度钢磷化后,应进行( )处理。
(A)浸油　　　　　(B)除氢　　　　　(C)皂化　　　　　(D)重铬酸盐处理

166. 铝及其合金工件的阳极氧化膜,靠近基体金属的膜层硬度比表面层的膜层硬度要( )。
(A)低　　　　　　(B)相同　　　　　(C)高　　　　　　(D)略低

167. 铝及其铝合金工件氧化处理后的膜层( )。
(A)导电性能增加　　　　　　　　　　(B)不能承受较大的压力和变形
(C)耐蚀能力降低　　　　　　　　　　(D)耐磨性增加

168. 铝及其合金工件的阳极氧化法中,氧化溶液不稳定并伴有一定毒性的方法是( )阳极氧化。
(A)硫酸　　　　　(B)铬酸　　　　　(C)草酸　　　　　(D)混酸法

169. 铝及其铝合金工件能得到较厚的氧化膜,且能满足无线电工业的高绝缘性和稳定性的是( )阳极氧化。
(A)硫酸　　　　　(B)铬酸　　　　　(C)草酸　　　　　(D)瓷质氧化法

170. 最适合铝件染色的阳极氧化方法是( )阳极氧化法。
(A)硫酸　　　　　(B)铬酸　　　　　(C)草酸　　　　　(D)瓷质氧化法

171. 铝及其合金工件硫酸阳极氧化,当其他条件不变时,提高硫酸浓度,则氧化膜的成长速度( )。
(A)加快　　　　　(B)正常　　　　　(C)减慢　　　　　(D)不生成氧化膜

172. 铝及其合金工件硫酸阳极氧化,当电流密度和温度恒定时,氧化膜平均增厚速度为( )μm/min。

(A)0.05～0.1　　　(B)0.2～0.3　　　(C)0.4～0.5　　　(D)0.6～0.7

173. 当铝及其合金制成的精密工件阳极氧化膜不合格时,可采用(　　)溶液退除效果最好。

(A)磷酸、铬酐　　　　　　　　(B)硫酸、氟化钾

(C)硫酸、氟化氢　　　　　　　(D)氢氧化钠、碳酸钠

174. 磷化膜常用作油漆底层是由于(　　)。

(A)防护性能好　　(B)绝缘性能好　　(C)吸附性能好　　(D)减磨性能好

175. 铝氧化膜疏松容易擦掉是由于(　　)。

(A)温度太高　　(B)电流密度太大　　(C)断电　　(D)氧化时间长

176. 在碱性发蓝溶液中,当氢氧化钠浓度超过1 100 g/L时,将出现(　　)。

(A)零件挂红　　(B)氧化膜发花　　(C)氧化膜疏松　　(D)无氧化膜

177. 发蓝时,零件的进槽温度与出槽温度应取(　　)的工艺规范。

(A)前者上限,后者下限　　　　(B)前者和后者都取中限

(C)前者下限,后者上限　　　　(D)规范温度内任意

178. 钢铁零件的氧化和磷化处理,应采用(　　)制作挂具或挂篮。

(A)塑料　　(B)铜及其合金　　(C)钢铁　　(D)铝及其合金

179. 新配制的发蓝溶液中缺少铁会造成工件(　　)。

(A)出现白霜　　　　　　　　(B)出现红色挂灰

(C)氧化膜结合力不牢　　　　(D)氧化速度慢

180. 图纸上标准轴的尺寸为$\phi 30^{0}_{+0.04}$,其公差为(　　)。

(A)0.04 mm　　(B)0.02 mm　　(C)0.01 mm　　(D)0.03 mm

181. 图纸上标准轴的尺寸为$\phi 20^{-0.01}_{-0.05}$,电镀后(　　)为不合格品。

(A)19.99 mm　　(B)19.98 mm　　(C)19.95 mm　　(D)20 mm

182. 电镀图纸上GR表示(　　)工序。

(A)铸造　　(B)冷轧　　(C)磨光　　(D)冲压变形

183. 电镀图纸上MP表示(　　)工序。

(A)磨光　　(B)机械抛光　　(C)腐蚀　　(D)铸造

184. 工件图样识图步骤,一般第一步先看(　　)。

(A)标题栏　　(B)图形　　(C)尺寸　　(D)技术要求

185. 锌镀层钝化后,其老化温度一般为(　　)。

(A)60～70 ℃　　(B)120～160 ℃　　(C)200～250 ℃　　(D)280～300 ℃

186. 一般来说,凡有公差要求的工件,在电镀前处理时,能采用(　　)的处理方法。

(A)喷砂　　(B)磨光　　(C)强腐蚀　　(D)弱腐蚀

187. 看图样的(　　)是根据各视图的投影关系,构想工件的整体结构、形状、大小等。

(A)标题栏　　(B)图形　　(C)尺寸　　(D)技术要求

188.(　　)与极杆应有较大接触面,良好的导电性及足够的强度。

(A)主杆　　(B)支杆　　(C)吊钩　　(D)挂钩

189. 下列镀层符号表示电化学氧化后铬酸盐封闭的是(　　)。

(A)D·U1Y　　(B)H·DY　　(C)D·Y·GF　　(D)H·D

190. 严格工艺纪律、减少电镀件废品,就是把( )切实有效地控制起来。

(A)不合格品　　　　(B)操作方法　　　　(C)五大因素　　　　(D)生产设备

191. 产品质量是否合格是以( )来判断的。

(A)检验员　　　　(B)用户　　　　(C)技术标准　　　　(D)工艺条件

192. 产品质量好与差,最终要以( )来衡量。

(A)价格低廉　　　　(B)符合标准　　　　(C)工作质量　　　　(D)使用效果

193. 开展 QC 小组活动,是推动( )的基础。

(A)全员管理　　　　(B)劳动竞赛　　　　(C)提高质量　　　　(D)减少次品

194. 推动 PDCA 循环的关键在于( )阶段。

(A)P　　　　(B)D　　　　(C)C　　　　(D)A

## 三、多项选择题

1. 电镀工的基本职业道德是( )。

(A)爱岗敬业　　　　(B)遵规守纪　　　　(C)质量观念　　　　(D)环保意识

2. 为达到装饰性、耐蚀性的目的,对镀层的基本要求有( )。

(A)结合力好　　　　(B)孔隙率小　　　　(C)厚度均匀　　　　(D)良好的理化性能

3. 电路一般由( )等组成。

(A)电源　　　　(B)负载　　　　(C)开关　　　　(D)导线

4. 电镀车间的电气设备,主要包括( )等。

(A)电源　　　　(B)电加热器　　　　(C)过滤泵　　　　(D)抽风机

5. 抛光时,应( )以防止工件伤人。

(A)拿稳工件　　　　(B)用力适当　　　　(C)安装托架　　　　(D)用手抓轴强迫停车

6. 电镀用剧毒化学药品应该( ),以免发生药品流失,导致中毒事故发生。

(A)专库储存　　　　(B)专柜储存　　　　(C)专人管理　　　　(D)标识清晰

7. 当发现有机溶剂中毒时,应立即采取下列措施,将中毒者( )。

(A)移至通风处　　　　(B)将头部放低　　　　(C)横卧或仰卧　　　　(D)保持体温

8. 配制有毒溶液时,应( ),人体不得直接接触有毒物品。

(A)专人负责　　　　(B)他人配合　　　　(C)规定地点　　　　(D)通风良好

9. 工作完毕后,应切断( ),抽风机继续运转 5～10min 后才可关闭。

(A)电源　　　　(B)水源　　　　(C)气源　　　　(D)盖好镀槽

10. 下列物质中表现出来的性质为化学性质的是( )。

(A)水的沸点　　　　(B)铁的硬度　　　　(C)铬酐的酸性　　　　(D)氢氧化钠的碱性

11. 下面属于混合物的是( )。

(A)水　　　　(B)盐酸　　　　(C)硫酸　　　　(D)糖水

12. 下面属于化合物的是( )。

(A)镍　　　　(B)氯化物　　　　(C)硫酸镍　　　　(D)氯化氢

13. 下面是氧化物的是( )。

(A)$ZnO$　　　　(B)$Fe_2O_3$　　　　(C)$CO_2$　　　　(D)$HCHO$

14. 下面化学物质是碱的是( )。

(A)$H_2SO_4$　　　　(B)KCl　　　　　(C)KOH　　　　　(D)NaOH

15. 下面化学物质是酸的是(　　)。

(A)NaCN　　　　(B)KOH　　　　　(C)HCl　　　　　(D)$H_2SO_4$

16. NaOH 很容易吸收空气中的水蒸气,使晶体表面变的潮湿,这种现象不是(　　)。

(A)结晶　　　　(B)溶解　　　　　(C)风化　　　　　(D)潮解

17. 下列属于结晶水合物的是(　　)。

(A)胆矾　　　　(B)绿矾　　　　　(C)石膏　　　　　(D)$H_3BO_3$

18. 在电镀溶液中常用(　　)等浓度表示方法。

(A)体积分数　　　(B)质量浓度　　　(C)质量分数　　　(D)摩尔浓度

19. 在电镀溶液中常用的(　　)是水性表面活性剂。

(A)十二烷基酸纳　(B)OP 乳化剂　　(C)洗涤剂　　　　(D)氯化钠

20. 不能与过氧化氢共同存放的是(　　)。

(A)铜　　　　　(B)铬　　　　　　(C)铁　　　　　　(D)可燃物

21. 下列反应属于复分解反应的是(　　)。

(A)$H_2SO_4 + 2NaOH \Longrightarrow Na_2SO_4 + 2H_2O$　　(B)$H_2SO_4 + BaCl_2 \Longrightarrow BaSO_4 \downarrow + 2HCl$

(C)$2Al + 6HCl \Longrightarrow 2AlCl_3 + 3H_2 \uparrow$　　(D)$BaCl_2 + Na_2SO_4 \Longrightarrow BaSO_4 \downarrow + 2NaCl$

22. 下列叙述正确的是(　　)。

(A)中子不带电荷　　　　　　　　(B)原子核是由质子和中子组成

(C)电子不带电荷　　　　　　　　(D)原子是由质子和中子组成

23. 元素性质的周期性变化,主要表现在(　　)。

(A)元素的属性(失电子能力),从强到弱,非金属性(得电子能力)从弱到强的周期性
　　变化。

(B)元素的最高正价从+1 依次变至+7 和 0,非金属元素的负价从-4 依次变至-1 和 0
　　的周期性变化。

(C)元素的最高氧化物及其水化物的碱性从强到弱,酸性从弱到强,气态氢化物的稳定
　　性,从小到大的周期性变化

(D)原子的半径从大到小(稀有气体除外)的周期性变化

24. 元素周期表与原子结构关系有(　　)。

(A)原子序数=核电核数　　　　　(B)周期序数=核外电子数

(C)主族序数=最外层电子数　　　(D)0 族元素最外层电子数为 8

25. 在元素周期表中,同一周期元素,从左到右的递变规律是(　　)。

(A)原子半径减小　　　　　　　　(B)金属性增强

(C)非金属性增强　　　　　　　　(D)最高正价相同

26. 容量瓶的使用方法及注意事项是(　　)。

(A)容量瓶可以直接加热　　　　　(B)容量瓶可以保存溶液

(C)容量瓶的瓶塞不可调换　　　　(D)容量瓶不能用作反应容器

27. 移液管的使用方法及注意事项有(　　)。

(A)移液管在放液时应紧贴着瓶壁,应慢慢放

(B)移液管在放液时不用紧贴瓶壁,把液放干净为止

(C)移液管在往瓶内移液时,最后残留的液滴要吹干净

(D)移液管在往瓶内移液时,最后残留的液滴应用嘴吹干净

28. 酒精灯在使用时,应注意(　　)。

(A)灯内的酒精量不少于容量的 1/4,不超过 2/3

(B)在点燃酒精灯时,不能用另一酒精灯点燃

(C)停用酒精灯时,要用灯帽盖熄

(D)停用酒精灯时,可用嘴吹熄

29. 下列属于第一类导体的有(　　)。

(A)导线　　　　　(B)汇流排　　　　　(C)阳极板　　　　　(D)电解质溶液

30. 下列属于第二类导体的有(　　)。

(A)电解质溶液　　(B)固体电解质　　　(C)汇流排　　　　　(D)导线

31. 下列各种物质属于皂化油的是(　　)。

(A)石蜡　　　　　(B)凡士林　　　　　(C)动物油　　　　　(D)植物油

32. 常用的有机溶剂有(　　)。

(A)汽油　　　　　(B)润滑油　　　　　(C)丙酮　　　　　　(D)苯

33. 化学脱脂过程中,常用的脱脂剂有(　　)。

(A)硅酸钠　　　　(B)碳酸钠　　　　　(C)氢氧化钠　　　　(D)磷酸钠

34. 浸蚀过程中,常用的浸蚀剂有(　　)。

(A)盐酸　　　　　(B)硫酸　　　　　　(C)硝酸　　　　　　(D)醋酸

35. 通常,钢铁、镍、铬等硬质金属抛光时,一般不采用的圆周速度为(　　)。

(A)10～15 m/s　　(B)15～20 m/s　　　(C)20～25 m/s　　　(D)30～35 m/s

36. 喷砂过程中,喷嘴与被处理工件之间不合适的距离是(　　)。

(A)100 mm　　　　(B)200 mm　　　　　(C)300 mm　　　　　(D)400 mm

37. 滚光操作时,滚光液加至滚筒容积的(　　)左右为不合理。

(A)95%　　　　　(B)90%　　　　　　(C)85%　　　　　　(D)80%

38. 常用的磨料有(　　)。

(A)天然金刚砂　　(B)人造金刚砂　　　(C)人造刚玉　　　　(D)硅砂

39. 机械抛光常用的抛光膏有(　　)抛光膏。

(A)白色　　　　　(B)红色　　　　　　(C)黄色　　　　　　(D)绿色

40. 手工刷光主要用于电镀前除去工件表面的(　　)等。

(A)污物　　　　　(B)油污　　　　　　(C)氧化皮　　　　　(D)毛刺

41. 喷砂常用的砂粒一般是(　　)等。

(A)硅砂　　　　　(B)金刚砂　　　　　(C)铁屑　　　　　　(D)钢丸

42. 黏结 40 目左右的金刚砂时,水与胶之比不应为(　　)。

(A)8∶2　　　　　(B)7∶3　　　　　　(C)6∶4　　　　　　(D)5∶5

43. 对于铝、锡等软质金属抛光时,抛光轮转速不应在(　　)左右。

(A)1 000 r/min　　(B)1 200 r/min　　　(C)1 400 r/min　　　(D)1 600 r/min

44. 抛光操作时,白色抛光膏可用于(　　)。

(A)铝　　　　　　(B)不锈钢　　　　　(C)有机玻璃　　　　(D)铜

45. 磨光操作时,当磨轮圆周速度为 16 m/s 左右时,适用于磨削(　　)。
(A)铜　　　　　　(B)铬　　　　　　(C)锡　　　　　　(D)锌

46. 抛光操作时,抛光轮转速在 2 300 r/min 左右,适用于抛光(　　)。
(A)铝　　　　　　(B)铬　　　　　　(C)钢铁　　　　　　(D)铜

47. 下列说法正确的是(　　)。
(A)一般情况下,磨光轮的圆周速度越高,磨光的精度越低
(B)磨光轮的直径越大、转速越高,则其圆周速度就越大
(C)选择磨光轮的圆周速度的大小应与被处理工件的硬度成正比
(D)被磨金属工件的硬度越高,磨光时采用的磨料粒度应越大,即金刚砂的目数应越小

48. 与化学抛光相比,电化学抛光特点是(　　)。
(A)抛光后的工件表面更光亮　　　　　　(B)抛光溶液使用寿命更长
(C)不产生 $NO_2$(黄烟)等有害气体　　　　　　(D)可以抛光形状更复杂的工件

49. 对于承受高负荷的零件、弹簧等,为了避免产生氢脆,不应进行(　　)。
(A)阴极脱脂　　　　　　(B)阳极脱脂
(C)先阴极后阳极联合脱脂　　　　　　(D)先阳极后阴极联合脱脂

50. 对强酸性镀液,阴阳极面积比(　　)不合适。
(A)1∶2　　　　(B)1∶1.5　　　　(C)1∶1　　　　(D)1∶0.5

51. 通常在电镀操作前(　　)开启抽风机为不合理。
(A)1～3 min　　　(B)5～10 min　　　(C)30 min 以上　　　(D)3～5 min

52. 下列物质不能使用强碱性溶液进行脱脂处理的有(　　)。
(A)不锈钢　　　　(B)铜　　　　(C)锌及其合金　　　　(D)铝及其合金

53. 识别工件图样时,一般要看(　　)。
(A)标题栏　　　　(B)图形　　　　(C)尺寸　　　　(D)技术要求

54. 图纸上标准轴的尺寸为 $\phi 20^{-0.01}_{-0.05}$,电镀后(　　)为合格品。
(A)19.99 mm　　(B)19.98 mm　　(C)19.95 mm　　(D)20 mm

55. 为确保良好的导电性及足够的强度,(　　)与极杆应有较大接触面。
(A)主杆　　　　(B)支杆　　　　(C)吊钩　　　　(D)极杆座

56. 某些特殊工件的某一部位不需要电镀,常见的绝缘方法有(　　)。
(A)涂敷绝缘材料　　(B)捆扎塑料布　　(C)橡胶塞　　(D)塑料套

57. 一般情况下,通过(　　)挂钩上的电流密度可超过 1A/ mm$^2$。
(A)钢质　　　　(B)黄铜　　　　(C)紫铜　　　　(D)锡

58. 测定溶液密度时,待液体完全稳定后,从水平方向看密度计,不正确的读数方法为
(　　)。
(A)深凹面最低处　　(B)刻度边缘　　(C)深凹面处　　(D)液面

59. 添加润湿剂或含有氧化物质的电解液,一般采用(　　)搅拌方式。
(A)电解液循环　　(B)压缩空气　　(C)阴极移动　　(D)阴极旋转

60. 霍尔槽试验能确定(　　)。
(A)添加剂的含量　　(B)电流密度范围　　(C)电流效率　　(D)主盐含量

61. 被镀工件在加工、处理、运输过程中,难免黏附油脂,常用脱脂方法为(　　)。

(A)有机溶剂脱脂　　(B)化学脱脂　　　　(C)电化学脱脂　　　　(D)超声波脱脂

62. 脱脂后的工件,表面应(　　)。

(A)无油污　　　　　(B)无抛光膏　　　　(C)水膜连续　　　　　(D)水膜不连续

63. 在化学除油液配方中,常用的是(　　)。

(A)氢氧化钠　　　　(B)碳酸钠　　　　　(C)硅酸钠　　　　　　(D)磷酸钠

64. 常用浸蚀剂配方中,常用的是(　　)。

(A)盐酸　　　　　　(B)硫酸　　　　　　(C)硝酸　　　　　　　(D)硼酸

65. 配制混酸时,在水中依次加入顺序不正确的是(　　)。

(A)盐酸、硝酸、硫酸　　　　　　　　　　(B)盐酸、硫酸、硝酸

(C)硫酸、硝酸、盐酸　　　　　　　　　　(D)硝酸、硫酸、盐酸

66. 浸蚀后的工件要认真清洗干净,进行(　　)以防止工件受到腐蚀。

(A)一道热水洗　　　(B)两道冷水洗　　　(C)三道冷水洗　　　　(D)两道热水洗

67. 经化学或电化学抛光后的工件,其表面应(　　)以防止工件受到腐蚀。

(A)无油　　　　　　(B)无锈迹　　　　　(C)无毛刺　　　　　　(D)轻微变形

68. 被镀工件在经过(　　)等工序后,表面会形成一层极薄氧化膜,需进行活化处理。

(A)机械整平　　　　(B)水洗　　　　　　(C)脱脂　　　　　　　(D)浸蚀

69. 在大气环境下,下列镀层属于阴极性镀层的是(　　)。

(A)钢铁基体镀铜层　　　　　　　　　　　(B)钢铁基体铜、镍镀层

(C)钢铁基体铜、镍、铬镀层　　　　　　　(D)钢铁基体锌镀层

70. 在电镀锌中阳极与阴极之间的距离不应为(　　)。

(A)≤5 cm　　　　　(B)≤10 cm　　　　 (C)20~25 cm　　　　 (D)≥30 cm

71. 滚镀锌时装载量要根据实际情况,一般是滚筒的(　　)为宜。

(A)1/2　　　　　　 (B)1/3　　　　　　 (C)1/4　　　　　　　(D)1/3~1/4

72. 镀锌中(　　)工艺的电流密度范围较宽。

(A)硫酸盐镀锌　　　(B)钾盐镀锌　　　　(C)氰化镀锌　　　　　(D)碱性锌酸盐镀锌

73. 锌镀层容许缺陷有(　　)。

(A)轻微水迹　　　　(B)夹具印　　　　　(C)麻点　　　　　　　(D)黑斑

74. 对于(　　)等重要结构件镀锌后一定要进行驱氢处理。

(A)弹簧　　　　　　(B)弹簧垫圈　　　　(C)螺钉　　　　　　　(D)弹簧片

75. 电镀中,开始进入镀槽需采用较大电流密度闪镀有(　　)为宜。

(A)镀锌　　　　　　(B)光亮铜　　　　　(C)镀铬　　　　　　　(D)镀锡

76. 在氰化镀铜工艺中,可观察阳极颜色呈现(　　)判断溶液不正常。

(A)暗红色　　　　　(B)灰色膜　　　　　(C)黑色膜　　　　　　(D)绿色膜

77. 铜镀层不容许出现的缺陷有(　　)。

(A)黑点　　　　　　(B)树枝状　　　　　(C)条纹状　　　　　　(D)不均颜色

78. 镍镀层的孔隙率较高,镀层在(　　)时才无孔。

(A)10 $\mu$　　　　　 (B)20 $\mu$　　　　　(C)25 $\mu$　　　　　　 (D)30 $\mu$

79. 镀光亮镍时,镀液 pH 值对镀层质量影响较大,pH 值在(　　)为不合理。

(A)3.2~3.8　　　　 (B)4~4.5　　　　　 (C)5~5.5　　　　　　(D)3.8~4.0

80. 镍镀层为稍带淡黄的银白色,不容许缺陷有(　　)。

(A)盐类痕迹　　　(B)树枝状　　　　(C)斑点　　　　　(D)轻微不均

81. 镀铬采用不溶性的铅和铅合金作为阳极,其阴阳极面积比为(　　)。

(A)1∶2　　　　　(B)2∶1　　　　　(C)3∶2　　　　　(D)1∶1

82. 普通镀铬溶液的电流效率达不到(　　)。

(A)85%～98%　　(B)90%～95%　　(C)60%～80%　　(D)10%～13%

83. 镀层中常见的可作为打底层的有(　　)层。

(A)镀锌　　　　　(B)镀铜　　　　　(C)镀镍　　　　　(D)镀银

84. 常见的酸性镀锡工艺有(　　)。

(A)硫酸盐镀锡　　(B)氟硼酸盐镀锡　(C)卤化物镀锡　　(D)磺酸盐镀锡

85. 对于(　　)基体镀锡后需要焊接件,应预镀铜层打底。

(A)铜　　　　　　(B)铜合金　　　　(C)黄铜　　　　　(D)钢铁

86. 造成银镀层变色的非主要原因是(　　)。

(A)银镀层是阴极性镀层　　　　　　(B)镀银工艺有问题

(C)银镀层与硫化物反应　　　　　　(D)没钝化处理

87. 在汞齐化处理过程中处理时间为(　　)均不合理。

(A)3～5 s　　　　(B)10～15 s　　　(C)20 s 以上　　　(D)5～10 s

88. 氰化镀银层表面出现变暗、条纹的杂质主要不是(　　)。

(A)铁　　　　　　(B)铜　　　　　　(C)有机杂质　　　(D)锌

89. 在防银变色法中,(　　)方法不会影响银镀层导电性的缺点。

(A)电泳　　　　　(B)化学钝化　　　(C)涂覆有机保护膜(D)电解钝化

90. 银镀层难溶于(　　)。

(A)盐酸　　　　　(B)冷的稀硫酸　　(C)稀硝酸　　　　(D)浓硫酸

91. 合金电镀通常按合金中含量最高的元素来分,常见的有(　　)。

(A)铜基合金　　　(B)锌基合金　　　(C)镍基合金　　　(D)锡基合金

92. 各种工程塑料通过镀覆(　　)层,改变其原有性能。

(A)导电　　　　　(B)耐磨　　　　　(C)装饰性　　　　(D)导热

93. 清洗是电镀过程和镀后处理的重要工序,常用方法有(　　)。

(A)单级清洗　　　(B)喷淋清洗　　　(C)多级清洗　　　(D)热水洗

94. 干燥是所有镀层镀后处理的最后一道工序,目的有(　　)。

(A)增强抗蚀力　　(B)提高光亮度　　(C)防止水迹　　　(D)烘干工件

95. 钢铁零件的氧化和磷化处理,一般不采用(　　)制作挂具或挂篮。

(A)塑料　　　　　(B)铜及其合金　　(C)钢铁　　　　　(D)铝及其合金

96. (　　)工件能用碱性氧化溶液进行发蓝。

(A)经锡焊、锡铅焊、镀锌的钢铁　　　(B)铸钢、铸铁

(C)合金钢　　　　　　　　　　　　(D)低碳钢

97. 钢铁件经过碱性发蓝后,以下描述不正确的是(　　)。

(A)没有氢脆影响且不影响工件精度

(B)有氢脆影响,但不影响工件精度

(C)没有氢脆影响，但影响工件精度

(D)影响氢脆和零件精度

98.铝阳极氧化伴随着氧化膜的生成与溶解，其比例大小决定于（　　　）。

(A)溶液浓度　　　　(B)电流密度　　　　(C)温度　　　　(D)时间

99.草酸铝阳极氧化在不含铜的铝合金上，可获得（　　　）的装饰性膜层。

(A)白色　　　　(B)黄铜色　　　　(C)黄褐色　　　　(D)黑色

100.清洁生产的内容，主要包括（　　　）。

(A)清洁的能源　　　(B)清洁的产品　　　(C)清洁的生产　　　(D)工艺技术

101.电镀生产过程中排放的（　　　）是环境的主要污染源。

(A)废品　　　　(B)废水　　　　(C)废气　　　　(D)废渣

102.电镀废水的主要来源有生产过程中（　　　）等。

(A)镀件清洗　　　(B)溶液带出　　　(C)溶液过滤　　　(D)溶液废弃

103.电镀废水处理的基本方法，通常分为（　　　）。

(A)物理法　　　(B)化学法　　　(C)物理化学法　　　(D)生物法

## 四、判 断 题

1.在大气条件下，钢铁工件上的锌镀层属于阴极性镀层。（　　　）

2.在大气条件下，钢铁工件上的锌镀层属于阳极性镀层。（　　　）

3.配置酸性溶液时，应先加酸后加水。（　　　）

4.用浓硫酸配制稀硫酸，操作方法是在搅拌情况下将浓硫酸缓慢往水中倒。（　　　）

5.锡与其他金属相比，具有无毒特征，因此被广泛地用于食用器具的表面镀锡。（　　　）

6.在电镀工作区内，只要洗净手、脸，是可以吸烟的。（　　　）

7.手或脚潮温、带水时，不应接触电器设备。（　　　）

8.工业毒物与劳动者年龄、性别和身体状况无关，只与接触时间、湿度、劳动强度有关系。（　　　）

9.含氰化物溶液和酸性溶液不能共同使用一个抽风机。（　　　）

10.铁块在空气中暴露着，过一段时间表面就有一层铁锈生成，这属于物理变化。（　　　）

11.食物的腐烂、木柴的燃烧及炸药的爆炸，这些都属于化学变化。（　　　）

12.分子是保持物质化学性质的一种微小粒子。（　　　）

13.水分子是由两个氢原子和一个氧原子组成的。（　　　）

14.原子不是化学变化中最小的粒子。（　　　）

15.带正电荷的离子称为阳离子，带负电荷的离子称为阴离子。（　　　）

16.核电核数是8的原子统称为氧元素，核电核数为13的原子统称为铝元素。（　　　）

17.由同一种元素组成的纯净物是单质，如镍、锌、铜。（　　　）

18.金属单质有光泽，容易导电、传热、有可塑性、延展性。（　　　）

19.酸是指在水溶液中电离出的阳离子全部都是氢氧根的一类化合物。（　　　）

20.由一种或由更多种物质分散到另一种物质里的混合物叫溶液。（　　　）

21.食盐放在水里形成盐水的过程是溶解。（　　　）

22.有些结晶水合物在干燥空气中失去结晶水，这种现象是潮解。（　　　）

23.300 g/L铬酐溶液，就是指在1 L溶液中含有铬酐300 g。（　　　）

24. 1kg 溶液中含有 2 mg 溶质,其质量分数就是 $2 \times 10^{-6}$。(　　)

25. $H_2CO_3 \rightleftharpoons CO_2 + H_2O$ 是可逆反应。(　　)

26. 同种元素的原子都有相同的质子数,也有相同的中子数。(　　)

27. 最外层电子数越多,失去电子越容易,金属性越强。(　　)

28. 用托盘天平称量药品时,药品放在左盘。(　　)

29. 磷化是指钢铁工件在含有磷酸盐的溶液中进行化学处理。(　　)

30. 电化学是研究化学能和电能相互转变及此过程有关的现象的科学。(　　)

31. 在电流作用下,阳极溶解过程中产生的不溶性残渣,称为阳极泥。(　　)

32. 利用挂具吊挂镀件进行电镀是挂镀。(　　)

33. 用脉冲电源代替直流电源的电镀是脉冲电镀。(　　)

34. 电解液中有机杂质可以用过滤机直接分离除去。(　　)

35. pH 试纸在阳光下,空气中不发生变化,只有在酸、碱溶液中才反应。(　　)

36. 使用伏安计时,不能把仪表接入超过面板刻度所示最大电流或最高电压的电路中。(　　)

37. 被磨金属的硬度越高,磨粒应越大,金刚砂的目数就越大。(　　)

38. 一般情况下,黏结不同粒度的磨料时,目数越高,含胶量越低。(　　)

39. 选择磨光轮时,应依据工件形状、大小、表面粗糙度等选择。(　　)

40. 粘接 120 目左右的金刚砂时,水与胶的体积比为 6：4。(　　)

41. 磨削铝及其合金时,磨轮圆周速度为 12 m/s 左右。(　　)

42. 磨光轮的直径越大,转速越高,则磨光轮的圆周速度越大。(　　)

43. 红色抛光膏适用于钢铁工件的抛光,也可用于细磨。(　　)

44. 一般情况下,在滚光时,被处理工件和磨料占滚筒容积的 90%。(　　)

45. 喷砂时,砂流与被处理工件表面之间的喷射角度为 90° 时效果最好。(　　)

46. 当使用钢丸进行喷丸操作时,最大空气压力可以达到 1 MPa。(　　)

47. 化学除油是利用热碱溶液对油脂的皂化和乳化作用除去零件表面油污的过程。(　　)

48. 金属工件表面的油污主要来自机械加工润滑、冷却、储存中的防锈油及人手沾污以及抛光膏的沾污。(　　)

49. 铜及其合金零件进行电化学除油时,一般采用阴极除油。(　　)

50. 黑色金属的化学除油液中的烧碱浓度一般在 30~50 g/L 左右。(　　)

51. 铝及其合金浸蚀,既可采用碱液,又可采用酸液。(　　)

52. 黄铜工件除油后表面发红的原因是除油液中氢氯化钠含量太高,造成工件表面脱锌。(　　)

53. 阳极除油加速了青铜中锡的不均匀溶解而导致表面发花。(　　)

54. 将工件浸入冷水中取出,如零件表面被水完全润湿,而水膜不破裂,说明零件表面油已除净。(　　)

55. 为了提高脱脂效率,任何金属工件都应选用碱性强的脱脂溶液。(　　)

56. 对弹簧件进行电化学脱脂操作时,为了避免氢脆,应进行阳极脱脂处理。(　　)

57. 铜件和钢铁件可以使用同一个浸蚀溶液。(　　)

58. 因为浸蚀溶液中添加了缓蚀剂,所以可以随意延长浸蚀时间。(　　)

59. 对于形状复杂或几何尺寸要求严格的工件,可采用先阳极浸蚀、后阴极浸蚀的联合电

化学浸蚀法。(　　)

60. 为了保证生产正常进行,掉入浸蚀溶液中的工件可以等到下班后一起捞出来。(　　)

61. 若采用浓酸进行浸蚀处理有色金属时,工件必须在干燥情况下进行浸蚀。(　　)

62. 采用电化学法进行活化时,一般是采用阳极浸蚀。(　　)

63. 钢铁工件镀硬铬时,可使用阳极电化学活化,并可直接在镀铬槽中进行。(　　)

64. 采用焦磷酸盐镀铜时,工件可在焦磷酸钾溶液中进行阳极活化处理。(　　)

65. 采用氰化物镀液进行电镀时,可使用体积分数为 $3\%\sim5\%$ 的稀硫酸溶液进行活化处理,并可直接入槽进行电镀。(　　)

66. 对于容易溶解的金属(如锡焊工件等),应采用阴极电化学脱脂进行处理。(　　)

67. 电化学抛光可以消除工件表面的宏观凹凸不平和微观粗糙。(　　)

68. 在电化学抛光操作之前,不必进行脱脂处理。(　　)

69. 经化学抛光处理后的工件,可以直接进行电镀。(　　)

70. 锌的质量分数超过 $30\%$ 的黄铜及含硅量多的铝合金工件,一般不适于进行电化学抛光。(　　)

71. 钢铁基体工件和铜基体工件不能使用一种活化溶液。(　　)

72. 经过有机溶剂脱脂后的工件,就可以直接进行电镀了。(　　)

73. 工件悬挂时,要求镀层表面要面向阳极。(　　)

74. 阴、阳极很远,阳离子到达阴极很困难,镀层形成慢,结晶很细。(　　)

75. 无论管状、平面工件,计算面积时应为整个件所有表面积。(　　)

76. 计算长管状工件的面积时,只算外表面积即可。(　　)

77. 电流密度小时,一般采用自由悬挂法,将挂钩挂在工件孔内或适当位置,不脱落即可。(　　)

78. 工件的电镀面积是指受镀部分面积,即图纸要求镀涂层区域所指面积。(　　)

79. 阳极面积是指浸入电解液中的阳极全面积。(　　)

80. 图纸上标注一轴的尺寸为 $\phi30^{-0.01}_{+0.09}$ 电镀后测得轴的尺寸为 30.01 mm 为合格品。(　　)

81. 电镀对公差有要求时,工件必须用特殊电镀工艺来保证。(　　)

82. 根据图样上工件表面粗糙度要求,确定基体或镀层表面磨光、抛光方法。(　　)

83. 使用电镀专用保护胶,不应强力搅拌溶液,以免干燥后表面有气泡。(　　)

84. 绝缘胶、挂具漆涂覆后,只作短暂时间的电解脱脂、清洗,立即进行电镀。(　　)

85. 在电镀形状复杂的工作时,尤其是尖端或伸出离主要表面较远的枝杈部分时,应选用电流密度下限值。(　　)

86. 小型工件密挂电镀时,选用电流密度上限值。(　　)

87. 工件出槽后,应在镀槽上方停留一段时间,以减少溶液带出消耗。(　　)

88. 镀前准备好的工件经稀硫酸活化后可直接带电进入镀锡槽。(　　)

89. 锌是一种银白色金属,易溶于酸,也溶于碱,故称为两性金属。(　　)

90. 在钾盐镀锌电解液中,氯化锌是主盐,氯化钾是导电盐和络合剂,硼酸是缓冲剂。(　　)

91. 在氰化镀锌电解液中,适量的氰化钠能稳定电解液,因此氰化钠含量越高越好。(　　)

92. 锌酸盐镀锌的阳极要采用高纯度锌锭或压延纯锌板,其原因是为了减少锌板溶解,避

免污染电解液。（　　）

93. 锌酸盐镀锌时,镀层发脆是由于光亮剂过多或杂质过多造成的。（　　）

94. 在氯化钾镀锌溶液中,硼酸是缓冲剂,以稳定溶液的 pH 值。（　　）

95. 硫酸盐镀锌适用于外形简单的零件,并对钢铁设备有腐蚀作用。（　　）

96. 氯化钾镀锌溶液中,铜杂质可用锌粉置换(或)低电流密度电解除去。（　　）

97. 由于碱性锌酸盐镀锌电解液中含有强烈去油成分的氢氧化钠,所以它镀前处理要求比其他镀锌工艺的镀前处理要求低。（　　）

98. 在镀锌电解液中,当铜、铅、铁等杂质累积较多时,应增加电解液中光亮剂的含量。（　　）

99. 锌与铬的化学性质相似,锌镀层的氢脆较小,故广泛地应用在高强度机械零件和弹性零件上。（　　）

100. 氰化镀铜的主盐、氰化亚铜和络合剂氰化钠都是剧毒品,电镀时又有剧毒气体产生逸出,所以操作时,必须戴好口罩、橡胶手套、防护眼镜并穿好胶鞋,严防中毒。（　　）

101. 光亮酸性镀铜一般是作为钢铁件多层电镀的过渡层,作为前处理和普通电镀前处理相同外,还需要预镀一层氰化铜,作为打底铜。（　　）

102. 光亮酸性镀铜前的准备工作,包括镀前处理和启动镀铜的电流,开启溶液的搅拌装置,检查溶液的温度是否在工艺范围之内。（　　）

103. 光亮硫酸盐镀铜作为中间镀层时,需要去膜处理,以保证与后续镀层之间形成良好的结合力。（　　）

104. 镀铜后需镀镍的工件,一定要带电入槽,防止双性电极现象,影响镀层结合力。（　　）

105. 为保证铜镀层的防渗碳功能,所以保证镀层厚度在 $30\sim50\ \mu m$ 之间。（　　）

106. 酸性光亮镀铜电解液中的硫酸有提高电解液的导电性,防止硫酸铜水解的作用。（　　）

107. 普通酸性镀铜槽壁上和阳极上有结晶铜盐,是由于硫酸含量太少。（　　）

108. 光亮镍镀层起泡和脱落主要是由于镀液中表面活性剂太高。（　　）

109. 预镀镍时,电流密度不要过大,应控制在 $0.5\ A/dm^2$ 以内,电镀时间为 $3\sim5\ min$,这样得到的预镀层才光滑细致,有利于后续镀层的电镀。（　　）

110. 预镀镍后转入光亮硫酸盐镀铜时,最好采用较大电流密度闪镀 $1\sim2\ min$,然后降至正常电流密度继续电镀,这样有利于光亮铜层电镀。（　　）

111. 工件镀镍层镀好后,应先断电后出槽。（　　）

112. 金属上一般不采用单层镀镍,而采用多层镀镍的主要原因是为了提高镍镀层的光亮镀。（　　）

113. 金属镍表面与空气作用易迅速生成一层极薄的钝化保护膜,因而在基体上镀上一层极薄的镍镀层,就能起保护基体作用。（　　）

114. 普通镀镍电解液的主盐,采用硫酸镍而不用氯化镍的原因是硫酸镍成本低,不增加镀层的内应力,对设备腐蚀少。（　　）

115. 铬采用不溶性的铅合金作为阳极,这是镀铬过程的特殊性决定的,阳极与阴极面积之比为 $2:1$ 或 $3:2$。（　　）

116. 光亮镍层上镀装饰铬时,工件镀镍后应马上镀铬,如果停留时间过长,必须经稀硫酸活化。（　　）

117. 镀装饰铬的挂具与普通电镀挂具不同,它必须能适应大电流通过。（　　）

118. 镀装饰铬时采用大电流密度冲击镀一段时间后,然后恢复正常电流密度施镀。(    )

119. 镀硬铬时,只要阳极面积足够大,就可以避免产生椭圆度与锥度。(    )

120. 镀硬铬的挂具必须与工件紧紧连接,绝不允许有松动,才能保证电镀质量。(    )

121. 在镀硬铬时只要溶液成分符合工作范围,就不需要象形阳极。(    )

122. 镀硬铬时应根据不同的材质选择不同的镀硬铬操作方法。(    )

123. 镀铬操作时,圆柱状工件应横挂在镀液中。(    )

124. 铬酐内一般含有0.4%的硫酸根,因此,配制镀铬溶液加硫酸时,应适当减少所需量。(    )

125. 在镀铬工艺中,不用金属铬做阳极的主要原因是金属铬太脆,不易加工。(    )

126. 低铬白色钝化时,由于溶液中硫酸和硝酸的含量较低,所以工件在钝化液中的停留时间要长一些。(    )

127. 镀锌后的高铬钝化液与低铬钝化液的区别只是铬酐含量的不同。高铬钝化液与低铬钝化液钝化膜的形成是相同的。(    )

128. 镀锌后的高铬钝化液与低铬钝化液的铬酐含量不同,高铬钝化液是气相成膜,低铬钝化液是液相成膜。(    )

129. 锡与其它金属相比,具有无毒特征,因此被广泛地用于食用器具的表面镀锡。(    )

130. 光亮镀锡时,工件装挂不能相互遮挡屏蔽。(    )

131. 锡在碱性电解液中,化合价为四价,而在酸性电解液中则为二价。(    )

132. 银对于水、大气中的氧、硫及硫化物以及大多数酸碱盐,都具有良好的化学稳定性。(    )

133. 在氰化镀银电解液中,主盐是氰化银,银盐含量高,可增加电解液的导电性和提高镀液的沉积速度。(    )

134. 为了保证汞齐化处理的质量,汞齐化层越厚越好。(    )

135. 为了使银镀层结合力更好,无论是钢铁件还是镍合金工件,都可以直接进行汞齐化处理然后镀银。(    )

136. 为了保证氰化镀银电解液的工艺稳定性,工作条件要求室温而不需要升温。(    )

137. 银镀层极易和硫化物起作用生成硫化银,使银镀层变色,不仅对银镀层的导电性有影响,而且还在不同程度上影响其焊接和反光等性能。(    )

138. 氰化镀银电解液中,银盐含量过低时,沉积速度降低,镀层颜色变深,但不易变色。(    )

139. 为了使氰化镀银电解液中银含量增加,可以采用一些不溶性阳极如镍、不锈钢,与银阳极配合使用。(    )

140. 采用比正常电流密度大1~2倍的方法电镀锡铅合金,可以解决低电流区发雾、不亮的问题,同时保证合金比例不变。(    )

141. 采用高于正常温度范围的方法,可以提高锡铅合金电镀的产量,同时保证合金成分不变。(    )

142. 对塑料工件表面的脱脂温度不宜高于40~50 ℃,脱脂时间不能太长。(    )

143. 塑料工件在粗化后和粗化前表面的光泽度、颜色没有任何变化。(    )

144. 塑料工件在粗化时可用不与硫酸反应的重物压上,以免工件漂起影响粗化效果,粗化过程要抖动工件2~3次。(    )

145. 塑料工件敏化后应反复清洗,以保证敏化后的质量要求。(    )

146. 塑料工件活化出槽时,要迅速与水洗连接,防止活化后的工件表面氧化。(    )

147. 塑料工件活化出槽时,要尽量滴尽活化液。(　　)

148. 经钯盐活化的工件,化学镀镍时,对溶液加热应采用水浴间接加热。(　　)

149. 经化学镀铜后的塑料件,上挂具时为了保证工件的导电性,最好采用面接触。(　　)

150. 经化学镀铜后的塑料件,电镀铜上挂具时应与工件采用多点接触。(　　)

151. 不合格的镀镍层在退镀时,一般根据基体材料不同选择不同的退镀方法,方法选好后,将工件放入退镀液中,退净为止。(　　)

152. 活性炭—双氧水联合处理只需应用于旧电解液,而新配制的电解液无需这样处理。(　　)

153. 镀后清洗的唯一目的是为了把工件附着的电镀液清洗干净。(　　)

154. 工件出槽后,应在镀槽上方停留 1~2 min,以使带出的溶液回流槽中。(　　)

155. 逆流清洗时,零件的运动方向与水流方向是相反的。(　　)

156. 为了加快电解液的澄清速度,使用筒式过滤机时,应选择致密的滤芯。(　　)

157. 根据槽液性质要求,确定采用定期过滤,还是连续过滤。(　　)

158. 工件镀铜出槽后,经清洗立即钝化,否则钝化的效果差。(　　)

159. 工件镀铜出槽后,可以放置一段时间再钝化,不影响钝化效果。(　　)

160. 碱性发蓝液的沸点是随着亚硝酸钠在溶液中的浓度增加上升的。(　　)

161. 钢铁发蓝,挂具具有较高的机械强度,通常使用挂具和挂篮。(　　)

162. 无论是发蓝还是磷化,其溶液中必须保证一定量的亚铁离子,但含量不能太高。(　　)

163. 钢铁件发蓝时,对零件的精度几乎没有影响,但氧化膜在空气中的耐蚀性能却很低。(　　)

164. 复杂钢铁件发蓝时,内孔应注意向上,否则将产生气袋使零件局部无法生成氧化膜。(　　)

165. 在碱性发蓝溶液中,严禁带入油类、碳酸盐及氯化物,但带入酸类无妨,因为酸能被溶液中的碱中和。(　　)

166. 在碱性发蓝溶液中只要有四氧化三铁生成,就能在钢铁件表面生成四氧化三铁氧化膜。(　　)

167. 钢铁件生成氧化膜的致密程度取决于工艺范围,实质上是晶胞的形成速度和单个晶体的长大速度之比决定的。(　　)

168. 钢铁件磷化时,溶液中硝酸盐的作用是催化剂。(　　)

169. 钢铁件酸洗过度时,会造成磷化膜结晶粗糙多孔,但不影响膜的耐蚀能力。(　　)

170. 铝及其合金表面,在大气中自动形成的氧化膜要比阳极氧化膜薄得多,而且耐蚀性和耐磨性也低得多。(　　)

171. 铝及其合金的阳极氧化膜,只有在其表面无松孔时,才具有良好的耐磨性。(　　)

172. 铝及合金氧化,在其他条件不变时,随硫酸浓度的增加,氧化膜生长加快。(　　)

173. 铝阳极氧化挂具,采用纯铝或耐酸碱铝合金,挂具必须有弹性。(　　)

174. 铸铝及铝合金工件进行阳极氧化前,必须先进行喷砂处理,以清除表面的砂粒和硬壳。(　　)

175. 铝及其合金工件进行硬质阳极氧化时,为了满足工艺要求的低温条件,通常采用制冷降温和强烈搅拌的办法。(　　)

176. 不论是硬度还是耐蚀性能,纯铝的氧化膜都比铝合金的要好。(　　)

177. 由于铝及其合金的阳极氧化膜具有多孔性,故阳极氧化后的工件不能承受较大的压力和变形。(　　)

178. 对于表面要求很光亮的铝及其合金零件,在其阳极氧化前,应进行化学或电化学抛光。（    ）

179. 铝及其合金进行电化学抛光,一般只采用酸性溶液而不用碱性溶液。（    ）

180. 铝及其合金零件采用硫酸阳极氧化时,提高温度与提高电流密度同样能加速氧化膜的生长,有利于膜的厚度增加。（    ）

181. 铝件上阳极氧化膜的染色,采用有机染料要比无机染料要好。（    ）

182. 发生短路过热烧坏的工件视为废品。（    ）

183. 需退除不合格镀层而重新电镀的工件属于可再加工品。（    ）

184. 合格品不一定是高质量的产品。（    ）

185. 电镀产品的质量是现场严格把关出来的。（    ）

186. 清洁生产的实质是预防污染。（    ）

187. 清洁生产的内容包括清洁的能源、清洁的生产过程、清洁的产品。（    ）

## 五、简 答 题

1. 什么是电镀?

2. 电镀的整个基本工艺过程可分为哪几个阶段?

3. 电镀时,应注意哪些安全事项?

4. 简述镀层起皮、起泡、桔皮、麻点的缺点特征。

5. 什么是溶液、溶质、溶剂? 他们之间有什么关系?

6. 什么是电解池?

7. 什么是饱和溶液、什么是不饱和溶液? 他们之间有什么关系?

8. 什么是电流密度? 常用什么作单位?

9. 什么是电流效率?

10. 什么是法拉第第一定律?

11. 什么是法拉第第二定律?

12. 使用碱时有哪些安全事项?

13. 使用酸时有哪些安全事项?

14. 什么是表面粗糙度?

15. 什么是公差?

16. 镀槽大致可分几个类型?

17. 电镀槽主要由哪些部件组成?

18. 试述使用安培计或伏特计的操作注意事项。

19. 如何正确使用温度计?

20. 如何正确使用密度计?

21. 什么叫磨光?

22. 什么叫抛光?

23. 抛光操作应注意哪些事项?

24. 各种不同材料的工件在磨光时所采用的磨料粒度与其硬度、磨光粗糙度之间有何关系?

25. 工件滚光后的质量要求有哪些?

26. 对碱性化学脱脂溶液有哪些要求?

27. 常用的脱脂方法有哪几种?

28. 与机械抛光相比,电化学抛光有哪些优点?

29. 什么叫滚桶除油?

30. 简述化学除油常用的材料、各成分的作用。

31. 如何鉴别工件表面油是否除尽?

32. 阳极除油的优缺点是什么?

33. 阴极除油的优缺点是什么?

34. 电镀常用浸蚀剂有哪些?

35. 使用含缓蚀剂的浸蚀液处理工件时为什么要加强清洗?

36. 工件经浸蚀处理后的质量要求有哪些?

37. 与化学浸蚀相比,电化学浸蚀的优点和缺点是什么?

38. 缓蚀剂在浸蚀溶液中的作用有哪些?

39. 在酸洗溶液中,加入缓蚀剂,为什么能防止金属的过腐蚀和氢脆,但不影响浸蚀的进行?

40. 为什么用混酸浸蚀黄铜时要注意盐酸与硫酸比例?

41. 如何计算一般工件的电镀面积?

42. 如何计算电镀阳极面积和阳极电流密度?

43. 工件悬挂方式如何考虑?

44. 电解液温度对镀层质量有何影响?

45. 电镀溶液中浓度对电解液,有何影响?

46. 将长钢管轴线与水平角成 20°镀锌槽,为何仍有 30% 左右的管内壁上端仍无镀层? 如何解决?

47. 镀锌有哪些工艺类型?

48. 氯化物镀锌中温度多高为宜? 为什么?

49. 氯化钾镀锌中,镀层起泡、结合力差是由什么原因引起的?

50. 如何退除不合格的锌镀层?

51. 镀镍液的温度在多大范围内为宜,过高过低有何影响?

52. 镀铬工件边缘烧焦是什么原因引起的?

53. 镀层外观检查合格品要求是什么?

54. 镀层应达到的基本要求是什么?

55. 简述镀后干燥处理的目的。

56. 电解过滤时,可采用哪些材料作为过滤介质?

57. 溶液过滤设备按工艺过程分为哪两类? 其功能如何?

58. 为使镀后工件能彻底清洗,操作中应注意哪些问题?

59. 电镀后工件可以直接用流动水清洗吗?

60. 如何清除氢脆的影响?

61. 什么是封闭?

62. 常用镀锌钝化液有哪些？

63. 镀锌层钝化时间和温度对钝化膜有何影响？

64. 钢铁氧化处理的配方和工作条件是什么？

65. 什么叫钢铁氧化？它有什么性质和用途？

66. 磷化工艺可分为哪几种类型？各有何特点？

67. 钢铁件氧化膜的质量要求如何？

68. 钢铁件发蓝后，为什么必须对氧化膜进行填充处理和浸油处理？

69. 什么是铝阳极氧化？

70. 铝及其合金阳极氧化膜的高温封闭方法有哪几种？

71. 镀铬，铝的阳极氧化，钢铁发蓝挂具各有何特点？

72. 工件图样识读分哪几步骤？

73. 零件图中金属镀层和化学处理如何表示？

74. 什么是清洁生产？

75. 简述清洁生产的内容。

## 六、综 合 题

1. 镀锡后的工件采用 12 g/L 磷酸三钠溶液中和，现在需要配置 50 L 的中和溶液，需要多少磷酸三钠？

2. 配置铝阳极氧化液，需要将 20 kg 的硫酸，溶在 100 kg 的水中，求该溶液中硫酸的质量分数是多少？

3. 解释图样上标注 Ep·Ni7-10，Ep·Zn15·c2C，Ep·YCr20 的含义。

4. 图纸上标注一轴的尺寸为 $\phi 20^{-0.01}_{-0.05}$，电镀后测得实际尺寸为 $\phi 19.98$、$\phi 19.95$、$\phi 19.94$、$\phi 20$、$\phi 20.01$，其中哪个是合格品？哪个可继续镀？哪个镀层超厚？

5. 图纸上标注一轴镀铬尺寸为 $\phi 20^{-0.01}_{-0.05}$，电镀前测得轴为 19.92 mm，问需电镀层厚度应在何范围？

6. 有一抛光轮直径 $\phi_1 = 50$ cm，转速 $n_1 = 1\,500$ r/min，若拟用直径 $\phi_2 = 25$ cm 的抛光轮替代，此抛光机轴转速为多少时两轮的圆周速度相等？

7. 某正方体工件的边长为 40 mm，若采用的电流密度 2A/dm² 进行电镀，整流器的额定输出电流为 100 A，每槽最多可镀多少件？

8. 某镀锌槽长宽高为 1 200×800×900 mm，槽底距槽沿 100 mm，若按 KCl 溶液浓度 200 g/L，$ZnCl_2$ 溶液浓度 70 g/L，$H_3BO_3$ 溶液浓度 30 g/L 配制镀液，问各种原料各需多少千克？

9. 某酸洗槽有效尺寸为 1 100 mm×800 mm×900 mm，若需配置浓度为 20% 硫酸，则需要密度为 1.84 g/cm³，质量分数为 96% 的浓硫酸多少千克？

10. 有一 800 L 光亮酸性硫酸铜镀槽，若按氯离子浓度 50 mg/L 配制，应加多少盐酸？（盐酸密度：1.19、HCl 分子量：36.5、Cl 原子量：35.5）

11. 写出装饰铬配方和操作条件。

12. 简述电镀生产中的工作原理。

13. 电镀生产中应注意哪些安全问题？

14. 如何管理电镀生产中的化学药品？

15. 书写化学方程式时需要注意哪几点？

16. 怎样对镀槽进行日常维护？

17. 阳极袋的作用是什么？使用时应注意哪些事项？

18. 如何使用与维护好磨光轮？

19. 如何进行抛光操作？抛光时需要注意什么？

20. 脱脂后的质量检验方法有哪些？并具体说明。

21. 磨光轮粘接磨料时如何进行操作？

22. 电解除油的速度和效果主要与哪些因素有关？

23. 为什么铜与黄铜工件在盐酸溶液中会产生腐蚀？而钢铁工件在此槽中酸洗不腐蚀？

24. 工件悬挂方式如何考虑？

25. 氯化物镀锌电解成份对镀层有何影响？

26. 如何配置氯化钾镀锌电解液？

27. 如何配制碱性锌酸盐镀锌电解液？

28. 滚镀锌操作时如何控制装料？

29. 如何防止氯化钾镀锌电解液中铁杂质影响？

30. 酸性氯化钾镀锌槽底混渣是如何产生？

31. 对镀锌层质量有何要求？

32. 一般工件镀锌入槽和出槽操作包括哪些内容？

33. 弹性工件在氰化镀锌后为什么要进行驱氢处理？

34. 对光亮铜镀层质量有何要求？

35. 如何配制普通镀镍电解液？

36. 镀镍层产生雾状的原因是什么？

37. 如何配制镀铬电解液？

38. 对镀铬层质量要求如何？

39. 用化学净化处理镀镍电解液时，为什么要加入双氧水和活性炭？

40. 如何控制镀锌钝化膜的颜色？

41. 锌镀层钝化处理的目的是什么？常用的钝化液有几种？

42. 锌镀层常用的防变色处理方法有哪些？怎样进行操作？

43. 镀银时阳极发黑的原因是什么？

44. 试述镀银后变色的主要原因有哪些。

45. 说明黑色金属在发蓝溶液中氧化膜生成的机理。

46. 对硫酸阳极氧化膜的质量要求有哪些？

47. 制作铝件阳极氧化挂具时有哪些要求？工件装夹时有哪些注意事项？

48. 如何配制氧化溶液？

49. 磷化膜质量有何要求？

50. 电镀"三废"的危害性有哪些？

# 镀层工(初级工)答案

## 一、填空题

| | | | |
|---|---|---|---|
| 1. 电镀 | 2. 负于 | 3. 机械 | 4. 阴 |
| 5. 物理变化 | 6. 得到 | 7. 纯净物 | 8. 酸式盐 |
| 9. 溶解度 | 10. 1 mol | 11. 相同 | 12. 电子 |
| 13. 离子 | 14. 两端 | 15. 10~15 | 16. 缓慢 |
| 17. 严禁带回 | 18. 工作帽 | 19. 100 | 20. 稀醋酸 |
| 21. 小 | 22. 60 | 23. 使用毒物安全 | 24. 硫代硫酸钠 |
| 25. 公差 | 26. 不平度 | 27. 形位 | 28. 实际 |
| 29. 镀后 | 30. 不大 | 31. 厚度 | 32. 三 |
| 33. 处理名称或特征 | 34. 钝化 | 35. 化学 | 36. 沸水 |
| 37. 碱槽 | 38. 吊钩 | 39. 悬挂式 | 40. 绝缘层 |
| 41. 裂纹 | 42. 固体悬浮物 | 43. 抽风 | 44. 酸碱 |
| 45. 板框式 | 46. 筒式过滤机 | 47. 助滤剂 | 48. 1 $\mu$m |
| 49. 过滤 | 50. 虹吸 | 51. 合成材料 | 52. 自然烘干 |
| 53. 绝缘座 | 54. 击穿 | 55. 0.5 s | 56. 温度值 |
| 57. 最低处 | 58. 正面 | 59. 耐蚀 | 60. 少加、勤加 |
| 61. 滚光 | 62. 刷光 | 63. 手工 | 64. 越高 |
| 65. 正比 | 66. 棱边 | 67. 越小 | 68. 金刚砂 |
| 69. 过热烧焦 | 70. 润滑油 | 71. 石英砂 | 72. 同轴度 |
| 73. 滚光机 | 74. 1 800 | 75. 过滤器 | 76. 化学除油 |
| 77. 有机溶剂 | 78. 电化学法 | 79. 钢板 | 80. 皂化 |
| 81. $HNO_3$ | 82. 析出置换铜 | 83. 氢氟 | 84. 3%~5% |
| 85. 浓硝酸 | 86. 阴 | 87. 三氯化铁 | 88. 氢脆 |
| 89. 导电 | 90. 全部 | 91. 圆柱体 | 92. $abh$ |
| 93. 钛筒 | 94. 均匀 | 95. 高 | 96. 低 |
| 97. 阳离子 | 98. 阳极 | 99. 绝缘层 | 100. 工艺孔 |
| 101. 两性 | 102. 无氰 | 103. 络合 | 104. 硫酸铝或硫酸铝钾 |
| 105. 氨三乙酸 | 106. 缓冲剂 | 107. 55~75 g/L | 108. 糊状 |
| 109. 金属杂质 | 110. 6~8 | 111. 双氧水 | 112. 酸 |
| 113. 搅拌 | 114. 带电 | 115. 残留在挂具上的电解液 | |
| 116. 镀层光亮 | 117. 20 $\mu$m | 118. $CrO_3$ | 119. 温度 |
| 120. 100∶1 | 121. 泡沫 | 122. 椭圆度 | 123. 硫酸亚锡 |

| | | | |
|---|---|---|---|
| 124. 四 | 125. 硫化物 | 126. 导电 | 127. 变色 |
| 128. 氰化银 | 129. 40～50 | 130. 2～3 | 131. 水浴 |
| 132. 多点 | 133. 镀前处理 | 134. 低 | 135. 稀碱或稀酸 |
| 136. 驱氢 | 137. 溶液结晶 | 138. 钝化 | 139. 清洗 |
| 140. 逆流和喷淋 | 141. 三 | 142. 回用 | 143. 耐蚀 |
| 144. 180～200 ℃ | 145. 2～5 g/L | 146. 晶胞 | 147. 防腐 |
| 148. 普通碳钢 | 149. 130 | 150. 升高 | 151. 铜 |
| 152. 高 | 153. 放热 | 154. 铁屑 | 155. 溶解 |
| 156. 600 | 157. 电阻 | 158. 目力 | 159. 平均 |
| 160. 有缺陷但可再加工 | | 161. 自检 | 162. 原材料不合格不投产 |
| 163. 废气、废水、废渣 | 164. ISO14000 | 165. 预防 | |

## 二、单项选择题

| | | | | | | | | |
|---|---|---|---|---|---|---|---|---|
| 1. D | 2. A | 3. C | 4. B | 5. C | 6. A | 7. A | 8. D | 9. A |
| 10. D | 11. C | 12. C | 13. A | 14. B | 15. A | 16. D | 17. D | 18. A |
| 19. B | 20. D | 21. B | 22. B | 23. A | 24. D | 25. C | 26. D | 27. D |
| 28. B | 29. A | 30. D | 31. C | 32. C | 33. D | 34. D | 35. B | 36. B |
| 37. C | 38. A | 39. C | 40. C | 41. C | 42. A | 43. C | 44. A | 45. D |
| 46. B | 47. C | 48. A | 49. C | 50. D | 51. A | 52. B | 53. D | 54. B |
| 55. D | 56. C | 57. B | 58. B | 59. B | 60. C | 61. D | 62. B | 63. B |
| 64. A | 65. C | 66. C | 67. C | 68. B | 69. C | 70. D | 71. B | 72. A |
| 73. A | 74. C | 75. A | 76. A | 77. C | 78. B | 79. B | 80. A | 81. B |
| 82. C | 83. A | 84. A | 85. C | 86. C | 87. A | 88. B | 89. C | 90. A |
| 91. C | 92. B | 93. D | 94. C | 95. B | 96. A | 97. B | 98. B | 99. A |
| 100. B | 101. B | 102. B | 103. D | 104. C | 105. B | 106. D | 107. B | 108. B |
| 109. B | 110. D | 111. D | 112. C | 113. C | 114. B | 115. C | 116. D | 117. A |
| 118. D | 119. A | 120. B | 121. C | 122. A | 123. C | 124. D | 125. C | 126. D |
| 127. B | 128. C | 129. C | 130. A | 131. C | 132. C | 133. C | 134. B | 135. B |
| 136. B | 137. A | 138. B | 139. B | 140. C | 141. C | 142. C | 143. C | 144. B |
| 145. A | 146. B | 147. B | 148. B | 149. A | 150. A | 151. B | 152. D | 153. A |
| 154. A | 155. C | 156. C | 157. A | 158. A | 159. B | 160. B | 161. B | 162. C |
| 163. C | 164. B | 165. B | 166. C | 167. B | 168. C | 169. A | 170. A | 171. C |
| 172. B | 173. A | 174. A | 175. D | 176. D | 177. C | 178. C | 179. C | 180. A |
| 181. D | 182. C | 183. D | 184. A | 185. A | 186. D | 187. B | 188. C | 189. C |
| 190. C | 191. C | 192. D | 193. A | 194. A | | | | |

## 三、多项选择题

| | | | | | | |
|---|---|---|---|---|---|---|
| 1. ABCD | 2. ABCD | 3. ABCD | 4. ABCD | 5. ABC | 6. ABCD | 7. ABCD |
| 8. ABCD | 9. ABCD | 10. CD | 11. BCD | 12. BCD | 13. ABC | 14. CD |

| | | | | | |
|---|---|---|---|---|---|
| 15. CD | 16. ABC | 17. ABC | 18. ABCD | 19. ABC | 20. ABCD | 21. ABD |
| 22. AB | 23. ABCD | 24. ABC | 25. AC | 26. CD | 27. AC | 28. ABC |
| 29. ABC | 30. AB | 31. CD | 32. ACD | 33. ABCD | 34. ABC | 35. ABC |
| 36. ACD | 37. BCD | 38. ABCD | 39. ABD | 40. ABC | 41. ABCD | 42. ABC |
| 43. ACD | 44. ACD | 45. AD | 46. BC | 47. ABCD | 48. ABC | 49. ACD |
| 50. ABD | 51. BC | 52. CD | 53. ABCD | 54. ABC | 55. CD | 56. ABCD |
| 57. BCD | 58. BCD | 59. ACD | 60. ABD | 61. ABCD | 62. ABC | 63. ABCD |
| 64. ABC | 65. BCD | 66. BC | 67. ABC | 68. ACD | 69. ABC | 70. ABD |
| 71. BCD | 72. BCD | 73. AB | 74. ABD | 75. BC | 76. BCD | 77. ABC |
| 78. CD | 79. ACD | 80. ABC | 81. BC | 82. ABC | 83. BC | 84. BC |
| 85. BC | 86. ABD | 87. BCD | 88. ABD | 89. BCD | 90. ABD | 91. ABCD |
| 92. ABC | 93. ABCD | 94. ABC | 95. ABD | 96. BCD | 97. BCD | 98. ABCD |
| 99. ABC | 100. ABC | 101. BCD | 102. ABCD | 103. ABCD | | |

## 四、判 断 题

| | | | | | | | | |
|---|---|---|---|---|---|---|---|---|
| 1. × | 2. √ | 3. × | 4. √ | 5. √ | 6. × | 7. √ | 8. × | 9. √ |
| 10. × | 11. √ | 12. √ | 13. √ | 14. × | 15. √ | 16. √ | 17. √ | 18. √ |
| 19. × | 20. × | 21. √ | 22. × | 23. √ | 24. √ | 25. √ | 26. × | 27. × |
| 28. √ | 29. √ | 30. √ | 31. √ | 32. √ | 33. √ | 34. × | 35. × | 36. √ |
| 37. × | 38. √ | 39. √ | 40. × | 41. √ | 42. √ | 43. √ | 44. × | 45. × |
| 46. × | 47. √ | 48. √ | 49. √ | 50. √ | 51. √ | 52. √ | 53. √ | 54. √ |
| 55. × | 56. √ | 57. × | 58. √ | 59. × | 60. × | 61. √ | 62. √ | 63. √ |
| 64. × | 65. × | 66. √ | 67. × | 68. × | 69. × | 70. √ | 71. √ | 72. × |
| 73. √ | 74. × | 75. × | 76. √ | 77. × | 78. × | 79. √ | 80. √ | 81. √ |
| 82. √ | 83. √ | 84. √ | 85. √ | 86. × | 87. √ | 88. √ | 89. √ | 90. √ |
| 91. × | 92. √ | 93. √ | 94. √ | 95. √ | 96. √ | 97. √ | 98. √ | 99. × |
| 100. √ | 101. √ | 102. √ | 103. √ | 104. √ | 105. √ | 106. √ | 107. × | 108. √ |
| 109. √ | 110. √ | 111. √ | 112. √ | 113. √ | 114. √ | 115. √ | 116. √ | 117. √ |
| 118. √ | 119. × | 120. √ | 121. √ | 122. √ | 123. × | 124. √ | 125. × | 126. √ |
| 127. × | 128. √ | 129. √ | 130. √ | 131. √ | 132. √ | 133. √ | 134. √ | 135. √ |
| 136. √ | 137. √ | 138. × | 139. √ | 140. × | 141. √ | 142. √ | 143. × | 144. √ |
| 145. √ | 146. × | 147. √ | 148. √ | 149. × | 150. √ | 151. × | 152. √ | 153. × |
| 154. √ | 155. √ | 156. × | 157. √ | 158. √ | 159. × | 160. √ | 161. √ | 162. √ |
| 163. √ | 164. √ | 165. × | 166. × | 167. √ | 168. √ | 169. × | 170. √ | 171. √ |
| 172. √ | 173. √ | 174. √ | 175. √ | 176. √ | 177. √ | 178. √ | 179. √ | 180. × |
| 181. √ | 182. √ | 183. √ | 184. √ | 185. × | 186. √ | 187. √ | | |

## 五、简 答 题

1. 答:电镀的基本过程就是将工件浸在金属盐的溶液中作为阴极,金属板作为阳极,接通直流电源后,在工件表面就会沉积出金属镀层(5分)。

　　2. 答:电镀的整个基本工艺过程分为三个阶段,即镀前处理、电镀、镀后处理(5分)。

　　3. 答:①工作前,穿戴好一切防护用品(0.5分)。②工作前 10~15 min 应打开抽风机(0.5分)。③电镀现场严禁进食和吸烟,以防有害物质入口(1分)。④操作时,不得直接用手接触电镀溶液(1分)。⑤装挂工件要牢固,工件入槽、出槽要缓慢,以防工件掉入槽内溅起溶液灼伤人(1分)。⑥电镀过程中,应防止阳极阴极和镀槽相互短路的事故(1分)。

　　4. 答:镀层呈片状脱离基体的现象称为起皮(2分)。在电镀层中,由于镀层与金属之间失去结合力而产生的一种凸起状缺陷称为起泡(1分)。镀层外观类似桔皮波纹状缺陷称为桔皮(1分)。在电镀过程中,由于种种原因而在镀层表面形成许多小坑称麻点(1分)。

　　5. 答:由一种或多种物质分散到另一种物质里,形成均匀、稳定的混合物,叫做溶液(1分);能溶解其他物质的物质是溶剂(1分);被溶解的物质是溶质(1分)。溶剂是由溶质和溶液组成(2分)。

　　6. 答:浸在电解质溶液中的两个电极与外加直流电源接通后,强制电流在体系中通过,从而在在电极上发生化学反应,这种装置叫电解池(5分)。

　　7. 答:在一定温度下、在一定量的溶剂里不能再溶解某种物质的溶液,叫做这种溶质的饱和溶液(1.5分)。如还能继续溶解某种溶质的溶液,叫做这种溶质的不饱和溶液(1.5分)。饱和溶液与不饱和溶液在一定条件下可以相互转化,添加溶剂或升温转化为不饱和溶液;添加溶质或蒸发溶剂或降温转化为饱和溶液(2分)。

　　8. 答:电流密度是指电极(如电镀工件)单位面积上通过电流的大小(3分),通常用 $A/dm^2$ 作为单位(2分)。

　　9. 答:电流效率是指电解时,在电极上实际沉积或溶解的物质的量与按理论计算出的析出或溶解量之比,通常用符号 $\eta$ 表示(5分)。

　　10. 答:法拉第第一定律是电解时,电极上所形成的产物的质量与电流和通电时间成正比(5分)。

　　11. 答:法拉第第二定律是,用同等的电荷量通过各种不同的电解质溶液时,在电极上析出各物质的量与他们的摩尔质量成正比(5分)。

　　12. 答:①使用碱性溶液的温度不应超过 80 ℃(钢铁化学氧化除外),以防碱溶液蒸汽雾粒外逸(1分)。②工件进出槽时,操作应缓慢进行,以免碱溶液溅在身上(1分)。③配制及生产操作时,穿戴好所需的防护用品,女工一定要戴安全帽(1分)。④将固体碱类加入电解液中,应以吊篮或盛具盛装的方式加入,不允许将固体碱类加入 100 ℃ 以上的溶液中(1分)。⑤碱溶液粘在皮肤上,应先用温水冲洗,然后用 10% 的醋酸溶液清洗,再用冷水清洗,最后涂上甘油或医用凡士林(1分)。

　　13. 答:①禁止将水加入酸中,尤其禁止将水往浓硫酸中加,也不能将酸往热水中加(1分)。②配制混合酸溶液时,应先向水中加密度小的酸,后加密度大的酸(1分)。③使用浓硫酸和浓硝酸时,必须在室温条件下操作(1分)。④酸溶液溅在皮肤,应立即用冷水冲洗干净,用 2% 的硫代硫酸钠或 2% 的碳酸钠溶液进行洗涤,然后用水洗净,再涂上甘油(2分)。

　　14. 答:零件表面经机械加工而造成的微观不平度,称为表面粗糙度(5分)。

　　15. 答:在保证零件有互换性的前提下(1分),规定零件尺寸允许在一定的变动量是合理的(2分),允许的尺寸变化量叫尺寸公差,简称公差(2分)。

16. 答:镀槽按用途大致可分为:电镀槽(1分)、化学处理槽(1分)、酸槽(1分)、碱槽(1分)和水槽(1分)。

17. 答:电镀槽主要部件包括槽体(1分)、衬里(1分)、加热或冷却装置(1分)、导电装置(1分)、搅拌装置(1分)等组成。

18. 答:①使用前应调整零点调节器,使指针指向刻度零点(1分)。②注意代表的最大量程,不能把仪表接入超过面板刻度所示最大电流或最高电压的电路中(1分)。③不可忘接或调换分流器(1分)。④仪表不要装在有强电流通过的导线或磁铁附近(1分)。⑤仪表必须防止酸、碱或雾气及潮湿空气的侵蚀,严禁用湿手或脏手触摸仪表(1分)。

19. 答:温度计的使用方法:应先检查温度计的测量范围、规格是否适合被测溶液的温度(1分),然后轻轻用右手姆指、食指及中指夹持温度计的上部,将温度计的水银球部分全部浸入被测溶液中(1分),仔细看温度计中水银的移动(1分),待水银上升完全停止后,将温度计取出(1分),水银的高度值就是该溶液的温度值(1分)。

20. 答:密度计的使用方法:先把液体注入较大的圆体中(1分),然后将密度计擦干净(1分),用手扶住上端,慢慢放入液体中(1分),待其稳定后(1分),从液体凹面最底处的水平方向看密度计上的读数(1分),就是溶液的密度值。

21. 答:磨光是借助磨光轮上的磨料切削工件表面的一种机械加工过程,它去掉工件的宏观缺陷(5分),如粗糙不平、焊渣、毛刺、氧化皮、锈蚀、砂眼、沟纹等,提高工件平整度与减少粗糙度。

22. 答:抛光是用软材料制成的抛光轮与抛光膏对工件表面或镀层进行平整的机械加工过程(5分)。

23. 答:①抛光软金属时,应注意防止材料局部过热,产生烧焦痕印而影响氧化膜(或镀层)质量(1分);②抛光时,应先从工件表面中间向左右两侧抛,然后再按相同顺序从边缘向中间抛(1分);③抛光的方向:开始时向左右里倾斜式抛光,然后是纵向式抛光,最终的抛光方向应是纵向;曲面抛光时,工件的转动方向应与抛光轮旋转方向相反,移动方向与旋转方向垂直(2分);④对于形状复杂工件,要制作专用抛光轮(1分)。

24. 答:金属的硬度越大,所采用的磨料粒度也应越大,金刚砂的号数应越少(2分)。对于硬质金属一般用120号左右金刚砂,中硬质金属一般用180号左右的金刚砂,软质金属一般用240号左右的金刚砂。磨光粗糙度等级为3.2~1.6,金刚砂为120~160;磨光粗糙度等级为0.8~0.4,金刚砂为180~240(3分)。

25. 答:工件滚光后的表面应该无油污、锈蚀物和氧化皮等(1分),具有均匀一致的、相对较低的表面粗糙度值(1分),但工件不允许变形(1分),不能有划痕、倒边和螺纹损坏等缺陷(2分)。

26. 答:要求有如下几点:
①溶液具有良好的浸透性和乳化性,脱脂能力强,而且可以阻止油污再次吸附(2分)。
②溶液具有比较好的稳定性,可以连续使用(2分)。
③安全无毒,泡沫少,水洗性能好(1分)。

27. 答:常用的脱脂方法有:有机溶剂脱脂、化学脱脂、电化学脱脂、超声波脱脂、擦拭脱脂、滚筒脱脂以及上述方法的联合使用(5分)。

28. 答:与机械抛光相比,电化学抛光的优点是:抛光后的工件表面不变形、表面光泽度高、反射能力强(2分);操作简单、抛去厚度容易控制(1分);可抛小型工件、形状复杂的工件,抛光速度快(1分);抛光后的工件进行电镀,可提高镀层与基体金属的结合力等(1分)。

29.答:滚桶除油是小型工件表面清洁处理(1分),其工作原理基于工件和磨料在加有乳化剂的酸和碱液中(1分),通过旋转滚桶的作用(1分),进行相互磨削(1分),可以整平工件不平度(1分),得到光洁的表面。

30.答:氢氧化钠(NaOH):起皂化作用(1.5分);碳酸钠(Na$_2$CO$_3$):起良好的缓冲作用(1.5分);磷酸三钠(Na$_3$PO$_4$):起良好的缓冲作用,也有一定表面活性作用(1分);硅酸钠(Na$_2$SiO$_3$):润湿剂、乳化剂(1分)。

31.答:利用油水不相容和其表面张力不等的道理来观察(3分),将工件浸入冷水中取出,如零件表面被水完全湿润而水膜不破裂,说明零件表面油已除尽(1分);如零件表面未被水全部湿润(或湿润,又立即水膜破裂),说明表面油未除尽(1分)。

32.答:阳极除油的优点是在工件表面析出氧气,气泡大,数量少,工件不会渗氢,并且表面无挂灰(2.5分)。缺点是除油效率低,掌握不好易腐蚀工件,一般有色金属不宜采用此法(2.5分)。

33.答:阴极除油的优点是在工件表面析出氢气,气泡小,数量多,因而除油效率高,并且不腐蚀工件。(2.5分)缺点是工件会渗氢,表面易产生挂灰,溶液中含有铅、锡、锌等有色金属杂质时,工件上会生成海绵状金属物质而影响镀层质量。(2.5分)

34.答:硫酸和盐酸是黑色金属侵蚀剂(2.5分),硫酸和硝酸是常用有色金属侵蚀剂(2.5分)。

35.答:某些缓蚀剂(如若丁)常常牢固地吸附在金属表面上(2分),若清洗不干净,便会影响镀层的结合力或抑制磷化、氧化等反应的进行(3分)。因此,用含缓蚀剂的浸蚀液处理过的工件一定要认真清洗。

36.答:经过浸蚀后的工件表面,应无氧化膜或褐色的碱膜存在(1分);钢件基体浸蚀后表面应呈银灰白色(1分);有色金属基体浸蚀后应无花斑、发暗等现象,工件表面有良好的水润湿性能(2分);工件表面不允许出现过腐蚀现象,如麻点、麻坑等(1分)。

37.答:与化学浸蚀相比,电化学浸蚀的优点是,浸蚀速度快,酸量消耗少,使用寿命长,可浸蚀合金刚(3分);缺点是,设备投资比较大,耗费电能,电解液的分散能力差,对复杂工件的浸蚀效果较差(2分)。

38.答:在浸蚀溶液中加入缓蚀剂的作用,是为了减少强浸蚀过程中基体金属的溶解(2分),防止工件几何形状的变化和基体金属产生氢脆(2分),并且可以减少化学材料的消耗(1分)。

39.答:缓蚀剂具有在基体金属表面上吸附成膜的特点,并可隔离金属与酸液的接触,防止金属的过腐蚀和氢脆的发生,同时由于缓蚀剂不在氧化皮上吸附成膜,故不影响浸蚀的顺利进行(5分)。

40.答:因为混合酸中盐酸和硝酸对黄铜中铜和锌的溶解速度不一样(2分),铜的溶解度与硝酸含量成正比(1分),而锌的溶解速度则几乎与盐酸成正比(1分),当两种金属的溶解速度符合它们在黄铜中的含量时,则各种酸的浓度比才是正确的(1分)。

41.答:一般工件的电镀面积是指被镀工件的总表面积,对于镀硬铬、修复电镀、局部表面电镀和为防止渗碳、渗氮等特殊要求的电镀则只应计算受镀面积(5分)。

42. 答:计算阳极面积是指浸入电解液中的阳极正反面的全面积(2分),计算阳极电流密度是按阳极的全部面积平均计算(3分)。

43. 答:①工件要求镀层的表面要面向阳极(1分)。②工件与工件之间的分布均匀适当,相互之间不能重叠(1分)。③电流密度小时,一般采用自由悬挂法,使工件既能活动又不致脱落;电流密度大时,应采用夹紧法,依靠其接触压力而导电良好(1分)。④电镀时产生的气体顺利地排出(1分)。⑤挂具与工件的电接触点的位置尽量设在非要求镀层表面或工艺孔位置(1分)。

44. 答:在其他条件不变,提高镀液温度,可以提高允许阴极电流密度上限,生产效率大大提高(2分)。但提高镀液温度,通常会加快阳极反应速度和离子扩散速度,降低阳极极化作用,使镀层结晶变粗(3分)。

45. 答:在电镀工艺规范内,提高电解液浓度,会使阴极极化作用下降,晶粒生成速度减慢,结晶粗大(2分);降低电解液浓度,会使电解液导电性差,生产效率低(2分)。所以在工艺规范内一般取中限值为佳(1分)。

46. 答:无镀层是由于析出气体在此处聚集造成的,可采用以下两种方法解决:

①对悬挂在槽液中的钢管,电镀一段时间后,沿管长方向往复运动几次,将气体从管中驱出(2.5分)。

②采用倒换倾斜角度的方法,即电镀一段时间后,将钢管原朝上一端改为朝下,朝下一端改为朝上(2.5分)。

47. 答:镀锌工艺有无氰、有氰两大类:无氰包括碱性锌酸盐镀锌、氯化物镀锌、硫酸盐镀锌(3分);有氰包括高氰、中氰、低氰三种(2分)。

48. 答:主要由光亮剂性能决定,使用一般添加剂,液温以 18~35 ℃为宜。目前高蚀点宽温度的氯化钾镀锌光亮剂投入使用,它们的镀液浊点温度高,工作温度宽,镀液温度在 10~58 ℃范围内均能获得正常的合格镀层,总之,镀液工作温度不能超过光亮剂的适用范围。(答出中心意思即得 5分)

49. 答:氯化钾镀锌中,镀层鼓泡及结合力差的原因有:氯化钾浓度过高(1分)、溶液的 pH 值太低(1分)、电流密度太大(1分)、添加剂太多(1分)、铁杂质含量太高(1分)。

50. 答:由于金属锌为两性金属,所以锌镀层在酸、碱中均可退镀。

其工艺规范为:

钢铁基锌层:浓盐酸、室温。(1.5分)

铝及其合金的锌层:硝酸 1 份、水 2 份、室温。(1.5分)

镍及其合金的锌层:氰化钠 80~100 g/L,氢氧化钠 8~20 g/L,$t=20~70$ ℃,$D_k=1~5$ A/dm$^2$(2分)

51. 答:光亮镀镍温度一般控制在 45~57 ℃,普通镍一般为 40~50 ℃(1分)。温度过低,镀层光亮范围变窄,同时亮度也差,当电流稍高时,镀层容易烧焦(2分)。提高温度,可使用较高的电流密度,但温度过高,容易使镍盐水解,添加剂分解和消耗增大,尤其是镀镍中铁杂质含量高时,会使镀层产生针孔、毛刺(2分)。

52. 答:镀铬时工件边缘烧焦的原因是:①电流密度过大;②温度过低;③硫酸含量过多。(5分)

53. 答:镀层外观检查合格品的要求是镀层细致、均匀、连续完整(深孔、不通孔深处除外)

(2分),无针孔、麻点、起瘤、起皮、起泡、脱落、阴阳面、斑点、烧焦、暗影、树枝状、海绵状等现象(任答两个给两分),光亮镀层应有足够的亮度(1分)。

54. 答:①镀层与基体、镀层与镀层之间应有良好的结合力(2分)。②产品的主要工件面上,镀层应有较均匀的厚度和细致的结构(1分)。③镀层应具有规定的厚度和尽可能少的孔隙(1分)。④镀层应达到规定的各项指标,如光亮度、硬度、色彩及耐蚀性(1分)。

55. 答:几乎所有的镀层镀后处理的最后一道工序都是干燥,干燥的目的有以下几方面:增强镀层钝化膜的抗蚀能力(1分);提高镀层钝化膜的光泽度(1分);及时干燥可防止镀层产生水迹,提高外观质量(1分);防变色处理涂有机膜后应马上烘干,才能保障有机膜的牢固及抗变色效果(2分)。

56. 答:过滤时采用的过滤介质有天然材料、无机材料和合成材料三类(3分)。天然材料是指棉、毛、丝等纤维,无机材料主要是指玻璃纤维,合成材料应用最广(2分)。

57. 答:溶液过滤设备按工艺过程可分为镀前处理溶液过滤设备和电镀溶液过滤设备两类(2分)。镀前处理溶液过滤设备具有分离固体悬浮物,能分离悬浮的油粒;电镀溶液过滤设备主要具有分离固体浮物等功能,有的产品还具有吸附有机杂质功能(3分)。

58. 答:①工件在挂具上悬挂方向,应以工件较窄的边或尖角朝下为好,利于溶液回流到槽中(1分);②工件有孔或有凹进部位时,悬挂时应将其朝向液面(1分);③工件出槽速度不宜过快(1分);④工件出槽后,应在镀槽上方停留1～2 min,以使带出的溶液回流槽中(1分);⑤水洗槽的水量应充足,采用流动水或搅拌,可提高水洗效果(1分)。

59. 答:工件从镀槽中提出后,不要直接进入流动水槽清洗(2分),应先进入回收槽(2分),回收槽是一个不流动的水槽,然后再经流动水槽清洗(1分)。

60. 答:镀锌后先进行热处理除氢(加热温度为200 ℃,保温时间为2～3 h),然后再钝化。(答出一步得三分两部得5分)

61. 答:在铝件阳极氧化后,为降低经阳极氧化形成氧化膜的孔隙率,经过在水溶液或蒸汽介质中进行物理、化学处理,以增大阳极覆盖层的抗污能力及耐蚀性能,改善覆盖层的着色持久性或赋予别的所需要的性能称为封闭(5分)。

62. 答:目前应用较多的有高铬、低铬、超低铬和无铬四种。按钝化膜颜色分,有彩虹钝化、蓝白色钝化、军绿色纯化和黑色钝化。(答出一项给三分两项5分)

63. 答:钝化时间过短,钝化膜太薄,钝化时间过长,钝化膜发生溶解变薄,抗蚀性能低,一般3～20 ℃为宜(3分)。钝化液温度过高,膜层疏松,抗蚀性差,温度偏低,色泽偏淡,一般20～30 ℃为宜(2分)。

64. 答:配方:氢氧化钠NaOH:750g/L;亚硝酸钠NaNO$_2$:250g/L(2分)。
工作条件:开始温度:138～140 ℃;终止温度:148～150 ℃;时间:60～90 min(3分)。

65. 答:用化学和热加工等方法在黑色金属件上制取一层人工氧化膜的工艺,简称发蓝或发黑,钢铁的氧化又称为钢铁的发蓝(2分)。钢铁件氧化膜由磁性氧化铁(Fe$_3$O$_4$)组成,由于材质不同,膜层颜色可以是黑蓝或棕色,其厚度一般为0.5～1.5 $\mu$m。广泛用于机械零件、弹簧、枪支和光学仪器的抗蚀(3分)。

66. 答:磷化工艺分为高温、中温和常温三种(2分)。
高温磷化的优点是获得的膜层结合力、耐蚀、耐热和硬度均较好,而且磷化速度快。缺点是溶液挥发快,溶液内成分变化快,膜层中易有杂质沉淀,使结晶不均匀(1分)。

中温磷化的优点是膜层的耐蚀性与高温成膜接近,溶液稳定,磷化快。缺点是溶液成分较为复杂,不易掌握(1分)。

常温磷化的优点是使用溶液无需加热,溶液稳定、节能、成本低廉。缺点是膜层的耐蚀性、耐热性较差,生产效率低(1分)。

67. 答:①氧化膜层厚度及区域应符合图纸及工艺文件要求(1分);②依不同基体材料呈暗褐色到蓝黑色应连续、均匀、完整(1分);③不允许膜层损伤及表面有红色或绿色的挂灰(1分);④允许由于材质、热处理、焊接或加工表面状态不同,有不均匀的颜色或光泽(2分)。

68. 答:钢铁件发蓝后,对氧化膜进行填充处理和浸油处理,主要是为了提高发蓝膜的防护性能和抗蚀能力(5分)。

69. 答:铝阳极氧化是指电解液中的阳极反应,在制件表面生成微孔性氧化膜的电化学方法(5分)。

70. 答:铝及其合金阳极氧化膜高温封闭的方法有:沸水或蒸汽封闭法、重铬酸盐封闭法、水解盐封闭法。(答出一点得2分,两点4分,三点5分)

71. 答:镀铬电流密度较大,应采夹紧法,材料采用弹簧钢丝,镀液分散能力及覆盖能力差,需要采用保护阳极或辅助阳极,材料一般为铅或铅合金(1.5分)。

铝阳极氧化挂具,采用纯铝或耐酸碱铝合金,挂具必须有弹性,能重复多次使用(1.5分)。

钢铁发蓝,属于化学处理,不需通电,挂具具有较高机械强度,装卸工件方便,通常使用挂具和挂篮,材料为普通碳钢(2分)。

72. 答:①第一步看标题栏,弄清零件的名称、材料质量、件数、圆形比例(2分)。

②第二步看图形,根据各视图的投影关系,构想工件的立体结构、形状、大小等(1分)。

③第三步看尺寸,看工件的尺寸(1分)。

④第四步看技术要求(1分)。

73. 答:金属覆盖层表示方法:基体材料/镀覆方法·镀覆层名称·镀覆层厚度·镀覆层特征·后处理(2.5分)。

化学处理与电化学处理表示方法:基体材料/处理方法·处理名称·处理特征·后处理(颜色)(2.5分)。

74. 答:清洁生产是指不断采取改进设计、使用清洁的能源和原料、采用先进的工艺技术与设备、改善管理、综合利用等措施,从源头削减污染,提高资源利用效率,减少或者减免生产、服务和产品使用过程中污染物的产生和排放,以减轻或者消除对人类健康和环境的危害。清洁生产的实质是预防污染(5分)。

75. 答:清洁生产的内容,包括清洁的能源(2分)、清洁的生产过程(2分)、清洁的产品(2分)。

## 六、综　合　题

1. 答:需要磷酸三钠为:

$$50 \text{ L} \times 12 \text{ g/L} = 600 \text{ g}$$

故需要磷酸三钠为600 g(10分)。

2. 答:硫酸的质量分数$[\omega(H_2SO_4)]=[$溶质质量/(溶质质量＋溶剂质量)$]\times 100\% = [20/(20+100)]\times 100\% = 16.7\%$

故铝阳极氧化溶液中硫酸的质量分数为16.7%(10分)。

3. 答：Ep·Zn15·c2C 指电镀锌 $15\mu m$ 后化成彩虹色；Ep·Ni7-10 指电镀暗镍 7-10 $\mu m$；Ep·YCr20 指电镀硬铬 $20\mu m$。（对一个得四分,两个得七分,三个得十分）

4. 答：最大极限尺寸：20 mm－0.01 mm＝19.99 mm(2分)

最小极限尺寸：20 mm－0.05 mm＝19.95 mm(2分)

则 $\phi$19.95、$\phi$19.95 为合格品(2分)；$\phi$19.94 可以继续镀(2分)；$\phi$20、$\phi$20.01 超厚。(2分)

5. 答：最大极限尺寸：20 mm－0.01 mm＝19.99 mm(2分)

最小极限尺寸：20 mm－0.05 mm＝19.95 mm(2分)

电镀最大镀层厚度：19.99－19.92＝0.07 m＝70 $\mu m$(3分)

电镀最小镀层厚度：19.95－19.92＝0.03 m＝30 $\mu m$(3分)

故,电镀层厚度应在30～70 $\mu m$。

6. 答：抛光轮圆周速度＝抛光轮直径 $\phi$×π×抛光机轴转数 $n$

所以原抛光圆周速度 $V_原$＝50×3.14×1 500 r/min(2分)

代替抛光圆周速度 $V_现$＝25 cm×3.14×$n_2$(2分)

要求 $V_原$＝$V_现$

所以 $n_2 = \dfrac{50\ cm \times 3.14 \times 1\ 500\ r/min}{25\ cm \times 3.14} = 3\ 000\ r/min$(6分)

答：当抛光机轴转速为 3 000 r/min 时两轮的圆周速度相等。

7. 答：此工件表面积是 0.4×0.4×6＝0.96 dm²(3分)

每件需要的电流是 0.96×2＝1.92 A(3分)

每槽最多可镀件数是 100÷1.92＝52(件)(4分)

8. 答：镀槽有效体积＝12×8×(9－1)＝768 L(1分)

需 KCl 质量为：200 g/L×768 L＝153 600 g＝153.6 kg(3分)

需 $ZnCl_2$ 质量为：70 g/L×768 L＝53 700 g＝53.76 kg(3分)

需 $H_3BO_3$ 质量为：30 g/L×768 L＝23 040 g＝23.04 kg(3分)

9. 答：镀槽有效容积：11×8×9＝792 L(3分)

设需浓硫酸 $x$ 升,则其质量为96％×1.84$x$,则水容积(792－$x$)L,水重量(792－$x$)×1

所得稀硫酸百分数比浓度是(1.84×96％)÷〔1.84×96％＋(792－$x$)〕×100％＝20％

$x$＝99L(7分)

10. 答：镀液中氯离子的量为：$Cl^-$＝50 mg/l×800 L＝40 000 mg＝40 kg(2分)

HCl 中 $Cl^-$ 的含量为：$Cl^- = \dfrac{Cl}{HCl} = \dfrac{35.5}{36.5}$(2分)

$V$mlHCl 中氯离子的量：$Cl^-$＝$V$ mL×1.19 g/mL×$\dfrac{35.5}{36.5}$(2分)

$V = \dfrac{40}{1.19 \times \dfrac{35.5}{36.5}} = 34.5(mL)$(4分)

11. 答：配方：铬酐($CrO_3$)：300～350 g/L(2分)、硫酸($H_2SO_4$)：3～3.5 g/L(2分)、三价铬($Cr_2O_3$)：2～5 g/L(2分)。

操作条件：阳极—铅锑合金阳极(Pb＝92～94％ Sb＝6～8％)(2分),$T$＝48～52 ℃(1分),$t$＝3～4 min(1分)。

12. 答:在电镀生产中,是将直流电源的正极和负极,用金属导线分别接到镀槽的阳极和阴极(电源正极接阳极,负极接阴极),两个电极之间形成了电场,在这种电场的作用下,电解液中的阴、阳离子发生定向移动(4分),阳离子移向阴极,而阴离子移向阳极(2分),与此同时,金属阳离子在阴极上获得电子,发生还原反应(2分);而阳极板上的金属原子失去电子,进行氧化反应,生成金属离子(2分)。

13. 答:电镀生产中应注意:

①工作前,穿戴好一切防护用品(1分)。

②工作前 10~15 min,应打开抽风机(1分)。

③电镀现场严禁进食和吸烟,以防有害物质入口(2分)。

④操作时,不得直接用手接触电镀溶液(2分)。

⑤装挂工件要牢固,工件入槽、出槽要缓慢,以防工件掉入槽内溅起溶液灼伤人(2分)。

⑥电镀过程中,应防止阳极、阴极和镀槽相互短路的事故(2分)。

14. 答:电镀生产中使用的化学药品种类很多,又多属于有毒物品或危险品,在保管不善时,还有可能引起火灾或爆炸事故。在化学药品的管理上,必须注意以下几点:

①酸和碱,酸和氨水,酸和氰化物,盐酸和硫化物绝对不能共同存放(2分)。

②液体药品不要存放在搁板架上(2分)。

③药品应存放在干燥、通风良好、低温的库房中(2分)。

④发放药品时,应按进货的次序先进先出(2分)。

⑤药品使用后,必须严密包装封闭并注意保护好药品的标记(2分)。

15. 答:书写化学方程式时,需要注意以下几点:

①必须是实际发生的反应,如:铜不能置换盐酸中的氢,不能写成:$Cu + 2HCl =\!\!=\!\!= CuCl_2 + H_2 \uparrow$ (2分)。

②要配平化学方程式,使反应物和生成物中同种元素的原子总数相等,符合质量守恒定律(2分)。

③当反应必须在一定条件下才能发生时,要在"$=\!\!=\!\!=$"号上下注明反应条件(2分)。

④生成物是沉淀物时,要加注"↓";是气体时,要加注"↑"(2分)。

⑤化学反应式等式两边用于配平关系的数值称为化学计量数,它可以是整数也可以用分数(2分)。

16. 答:镀槽是电镀操作的关键设备,只有正确使用、维护和保养镀槽才能保证电镀生产的正常进行,日常维护、保养镀槽时应注意以下几点:

①检查镀槽衬里状况,发现衬里有起鼓、渗漏等情况时,应及时修补,防止镀槽腐蚀或发生镀液流失的事故(2分)。

②经常观察液面高度,在生产稳定情况下,每天因蒸发和镀件带出的槽液面下降量相差不会太大。当液面突然降低较多时,应检查镀槽是否有渗漏,并应及时检修(2分)。

③观察镀槽侧壁或焊口处有无结晶,当有电解液渗漏时,该处就会出现盐的结晶,则表明该处衬里或镀槽有针孔(2分)。

④检查导电部位接触是否良好,当该处接触不良时,电流通过时就会发热,严重时会发红(2分)。

⑤检查镀槽的绝缘状况,要保证镀槽、汇流排、导电极杠和设备附件等与地面或厂房建筑

之间有可靠的绝缘(2分)。

17. 答:为了防止阳极溶解时产生的阳极泥进入电解液,导致镀层粗糙或产生针孔,常给阳极套上阳极袋(4分)。制作阳极袋的材料,应能在所使用的电解液中具有化学稳定性(2分)。为使阳极袋工作可靠,阳极袋下半部可做成双层,阳极袋的上端距液面应有一定的间距,这样利于袋内外的电解液交换,阳极袋应套在阳极篮(或框架)外,阳极篮(或框架)用不溶性金属或塑料制造,用金属框时要注意绝缘(2分)。由于使用了阳极袋,电流通过时增加了阻力,会使槽电压升高,因此阳极袋每使用1~2月就应清洗一次(2分)。

18. 答:①新磨轮使用前,要先经过刮制,使布轮平衡,然后再黏金刚砂(2分)。

②磨轮长时间使用后,轮缘会磨损失去平衡或出现沟槽等,这时需要重新刮制,重新粘磨料(2分)。

③磨轮使用一段时间后,表面磨料处于钝态,砂子脱落,影响工件磨光质量和工作效率,这时需将磨轮上的砂子刮掉,重新粘砂子(2分)。

④根据工件形状、大小、表面粗糙度等,选拔适宜的磨光轮(2分)。

⑤粘磨轮砂时,金刚砂型号不允许相混(2分)。

19. 答:机械抛光操作过程中,必须严格遵守《机械抛光安全操作规程》。

①机械抛光操作前,应先起动抽风机;若被处理工件表面的油污比较多和氧化皮比较厚,可以考虑先进行脱脂和除锈(如喷砂等)处理,这样能够提高生产效率(2分)。

②根据被处理工件的材质、形状、大小、表面粗糙度和机械抛光质量要求,选择适宜的抛光轮和抛光膏。将抛光轮安装在电动机轴上,把转速调节至合适的速度。把抛光膏涂抹在旋转的抛光轮的工作面上,再把工件压向抛光轮适当部位,其用力大小、抛光手法、抛光时间长短等全凭抛光人员的实践经验(2分)。

③抛光过程中,应先以工件表面中间向左右两面抛,然后再按同样的顺序由边缘向中间抛。抛光的方向,开始时向左右呈倾斜式,然后呈纵向式,最终的方向应是呈纵向,并保持工件上的抛光方向一致。当抛光轮走至工件边沿时,需要减小抛光轮与工件之间的压力,防止抛损工件。抛光膏要少添勤添,保持抛光轮松软。如此周期性地涂抹抛光膏,反复进行抛光,直至整平工件表面、提高光泽度并保持工件外观均匀一致。抛光软金属(如铝等)时,应注意避免工件局部过热,因为这样有可能引起工件变形或因过热而产生的印痕,造成镀层质量不好(2分)。

④抛光轮使用一段时间后,要及时清除其表面上的污物(2分)。

⑤工作完毕后,应关闭电动机和抽风机(2分)。

20. 答:脱脂质量的检验方法中最常用的是水润湿法?这是利用工件表面只要有油脂便不能被水润湿的原理来进行的。常用的水润湿法有以下两种方法(4分):

①水滴试验法。将水滴至工件表面上,若水能均匀铺展开,形成一层连续水膜,则表示脱脂干净;若水形成球形,当工件摆动时,球形水珠立即会滚落下来,则表示脱脂不彻底(3分)。

②挂水试验法。将工件浸入清水中,然后提出,观察工件表面状态,若工件表面形成一层连续的水膜,则表示脱脂干净;若工件表面形成一种不连续、有间断状态的水膜,则表示脱脂不彻底(3分)。

21. 答:磨光轮粘接磨料的操作方法是:

①将骨胶或皮胶的胶粒碾碎,用水浸泡6~12 h,使胶膨胀,再加入一定比例的水(2分)。

②在水浴中加热至 60～70 ℃,使胶、水熔融,持续 4h,温度应该能控制在 65 ℃±5 ℃范围内,防止高温条件下胶分解失去粘结能力(2分)。

③磨光轮、磨料在粘结前于 60～80 ℃预热(2分)。

④用胶粘机或手工涂刷胶液,待第一层胶完全干后再刷下一层,并立即滚压所需型号的磨料,要粘均匀并压紧(2分)。

⑤在烘箱中于 60 ℃温度下进行干燥,或常温下干燥 24h 以上(2分)。

22. 答:①电解液中氢氧化钠的浓度。氢氧化钠有良好的导电能力,适当提高氢氧化钠含量可提高除油速度,也可提高电流密度。氢氧化钠可使钢铁件表面生成一层钝化膜,防止工件受腐蚀,但对铜、锌、铝等有色金属有腐蚀作用(4分)。

②电流密度。适当提高电流密度可加速除油,改善深孔除油效果,但电流密度太高时,放出的气体多,致使大量气泡跑出液面造成碱雾而污染车间空气,并且会腐蚀工件(3分)。

③溶液的温度。温度升高,反应速度加快,从而提高除油速度。但温度过高会造成能量消耗增多,恶化劳动条件,加速工件腐蚀等(3分)。

23. 答:这是因为在同一条电镀生产线上对钢铁和黄铜基体工件电镀时,两种不同基体金属均在同一酸浸蚀槽内进行处理,酸洗时基体金属和它们的氧化物会有部分溶解在酸洗液中,如酸洗槽中有了 $Cu^{2+}$,再将钢铁工件浸入后,就会在钢铁工件上生成疏松的结合力不好的置换铜层,钢铁工件不会腐蚀(5分)。而盐酸中含有少量铁杂质,当对钢铁工件酸洗后,溶液中 $Fe^{2+}$ 会逐渐积累增加,在空气中氧的作用下,可将 $Fe^{2+}$ 氧化成 $Fe^{3+}$,而 $FeCl_3$ 是铜与铜合金的强腐蚀剂,因此铜或黄铜工件在此盐酸溶液中酸洗会出现腐蚀(5分)。

24. 答:①工件要求镀层表面要面向阳极(2分)。

②工件与工件之间的分布要均匀适当,相互之间不能重叠、遮盖(2分)。

③电流密度小时,一般采用自由悬挂法,即将挂钩挂在工件孔内或适当位置,使工件既能活动又不致脱落。电流密度大时,应采用夹紧法,利用挂钩的弹性绷紧工件的某一部位,依靠其接触压力而导电良好(2分)。

④工件在电镀时产生的气体能顺利地排出(2分)。

⑤挂具与工件的电接触点,要保证接触良好,电流疏畅,装挂牢固。电接触点位置尽量设置在非要求镀层表面或工艺孔位置(2分)。

25. 答:氯化钾镀锌电解液中的主要成分是氯化钾、氯化锌、硼酸和光亮剂(2分)。硼酸过低时,高电流密度区将出现镀层烧焦(2分);氯化钾过低时,则出现镀层覆盖能力和光亮度下降(2分);锌含量过低时,镀层光亮度下降,含量过高时,在高电流密度区出现镀层烧焦(2分)。电解液的 pH 值在生产过程中会逐渐上升,引起镀层光亮度下降,此时可用 10%盐酸进行调整(2分)。

26. 答:①向镀槽内注入 1/2 配制体积的 50 ℃左右的温水,然后加入计算量的氯化钾和氯化锌,充分搅拌至溶解(2分)。

②将所需的硼酸用沸水溶解后加入镀槽,加水至规定的配制体积,充分搅拌使溶液成分均匀(2分)。

③在搅拌条件下加入 1～2 mL/L 双氧水,继续搅拌 30 min,然后加入质量浓度为 1～2g/L 金属锌粉,剧烈搅拌后调节 pH 值为 6,静止沉淀 1～2 h 后过滤(2分)。

④用稀盐酸或稀氢氧化钠溶液调节 pH 值为 5.5 左右,加入所需的添加剂并搅拌均匀,然

后在低电流密度下(0.1~0.3 A/dm²)电解处理1~2 h(2分)。

⑤取电解液用霍尔槽做小样试验,根据试验结果调整电解液后即可投产(2分)。

27. 答:①加水于配制体积的1/4,加入计算量的氢氧化钠搅拌溶解(冬天最好用热水溶)(2分)。

②将计算量的氧化锌用水调成糊状,在搅拌下逐渐加入热碱液中至全部溶解,将镀液稀释至工作体积(2分)。

③把1~2 g/L的化学纯锌粉,调成糊状加入镀槽,充分搅拌30 min,以便消除原材料中带入的铜、铅等重金属杂质,静止4~8 h后过滤(2分)。

④量取计算量的DE或其他添加剂,按其添加方法加放镀槽(2分)。

⑤用瓦楞形阴极进行低电流密度电解处理数小时,试镀(2分)。

28. 答:滚筒的装载量要根据实际情况,一般是滚筒的1/4~1/3为宜,最大不宜超过1/2(3分)。装料少,产量低,而且工件翻滚不均匀(3分);装料过多,会造成工件翻滚不良,使工件镀层不均匀,而且沉积速度慢(3分)。对于容易造成重叠、粘贴的工件和易相互套扣的工件,不能混装在一桶内滚镀(1分)。

29. 答:铁是氯化钾镀锌中最常见的杂质,滚镀时若电解液中铁杂质高,镀层出光后将有黑点。挂镀时则在高电流密度区镀层发黑。为防止铁杂质的积累,每班班后都应及时将掉入槽底的零件捞出(5分)。还可采取班后定期向溶液中加过氧化氢(质量分数为35%),按10 ml/100 L数量用3~5倍的水将过氧化氢稀释,然后均匀洒入液面,但每天最多只能加一次(5分)。

30. 答:①由于阳极纯度不高,夹杂有不溶性杂质,当阳极金属在通电溶解后这些杂质成为残留物掉入槽底(2分)。

②被镀工件镀前处理不彻底,随工件带入的不溶性物质沉入槽底(2分)。

③使用不纯的化工材料,将不溶性杂质带入镀槽(2分)。

④空气中的尘埃落入槽中(2分)。

⑤掉入槽中被镀工件未及时打捞,不溶解部分形成泥渣。铸件尤其明显,因铸件不常有游离的碳粉和砂子(2分)。

31. 答:①镀层应符合图纸要求的表面和厚度(2分)。

②镀层结晶均匀、细致(2分)。

③表面未钝化的锌镀层应为银白色或银灰色,钝化的锌钝化膜完整呈要求不同光泽颜色(2分)。

④不允许镀层粗糙烧焦、灰暗、起泡、脆落和严重条纹,不允许钝化膜疏松,严重钝化液迹。不允许局部无镀层(盲孔、深孔深处及工艺文件规定除外)(2分)。

⑤允许轻微水迹和夹具印,除氢后钝化膜稍变暗;复杂件大型件或过长的工件锐、棱及端部有轻微烧焦粗糙而不影响装配;焊缝、搭接交界处局部稍暗(2分)。

32. 答:工件入槽后,开启电镀电源,调整电流为所需电流强度、观察工件导电状况,装有工件挂具与液面交接处有很多气泡产生,说明工件已经导电(5分);工件出槽若自动线上操作,可一次出槽;若为手工操作时,不可能一次出槽,应注意适当降低电流强度,再取工作,以防工件取出后电镀面积减少,电流密度突增,而造成镀导层烧焦现象,同时出槽时应将挂具在镀槽上方停留10 s左右,滴去带出的镀液(5分)。

33. 答:工件在电镀过程中,阴极上除了沉积出锌镀层以外,还会析出部分氢离子。氢离子的一部分除吸收电子变成氢气外,另一部分会渗入镀件的晶格中,造成晶格歪扭,使镀件内应力增大,产生脆性。工件在酸浸蚀、电解脱脂时也会有这种现象(5分)。这种现象称为氢脆或渗氢(2分)。弹性工件在镀锌过程中不可避免的产生氢脆,但由于弹性工件在使用中有一定强度或拉力,与普通的镀锌工件相比氢脆危害就更大。所以,镀锌后的弹性工件必须进行驱氢处理(3分)。

34. 答:①电镀面和厚度满足图纸或工艺文件要求(1分)。

②镀层细晶细致、均匀、呈玫瑰红色类似镜面光亮(1分)。

③不允许镀层粗糙、烧焦、毛刺、起泡、脱落、明显条纹、鱼鳞状沉积层、局部无镀层(盲孔、通孔、深孔除外)(2分)。

④允许轻微水迹和夹具印(2分)。

⑤允许形状复杂且表面状态不均匀工件颜色和光泽稍不均匀(2分)。

⑥允许复杂大型件过长的锐、棱、边处有轻微粗糙,而不影响装配质量和结合强度(2分)。

35. 答:①将普通镀镍槽注入 1/2 体积蒸馏水或去离子水,加热至 60 ℃,加入计算量硫酸镍、氯化镍,充分搅拌均匀至溶解(1分)。

②将硼酸另外溶解在沸腾蒸馏水中,并加入镀槽(1分)。

③恒温在 50～55 ℃,用 10%稀硫酸(或稀盐酸)调 pH=3.0～3.5,加双氧水 2～3 mL/L,充分搅拌 1 h,在 65～70 ℃条件下恒温 2 h,使残余双氧水分解(1分)。

④用化学纯碳酸镍(用水调成糊状)调 pH=5.5,恒温在 55～60 ℃,加入 3～4 mg/L 化学纯粉末状活性炭(用水调成糊状)充分搅拌 2 h,静止 4 h 以上,过滤(1分)。

⑤加蒸馏水至接近工作体积,用 10%稀 $H_2SO_4$(或 HCl)调 pH=2.5～3.5(1分)。

⑥恒温在 55 ℃,采用瓦楞式阳极在 0.2～0.3A/dm² 条件下电解处理至 0～2A/dm² 区域无暗灰色为合格(1分)。

⑦将计算量十二烷基硫酸钠用沸水溶解成 10g/L 浓度加入镀槽中(1分)。

⑧用碳酸镍成 10%稀硫酸调 pH 值至工艺规范,补充水至工作体积,试镀,光亮镀镍液配制①～⑧同上(1分)。

⑨将镀镍添加剂方法依次将添加剂加入(1分)。

⑩同上⑧(1分)。

36. 答:首先应当判断雾状是在哪一个镀层,如在最外表面的镀层上,经过擦拭又可以去掉,这往往是由于镀后清洗水不洁造成的(2分)。如果雾状镀层是光亮镀镍层,多是由于光亮剂加入量不当,或加入方法不当引起的,也可能是有机物污染了电解液(2分)。如果雾在镀镍层下,则产生原因有:①除油不彻底,抛光皂没有除净(2分);②酸浸蚀有问题,酸洗后零件上有污垢,或酸洗后有置换铜或出现过腐蚀(2分);③零件在各槽中转移时,有部分出现干涸现象(2分)。

37. 答:①在镀槽中加入 2/3 配制体积的 50～60 ℃的热水,将计算量的铬酸酐加入镀槽,然后搅拌至完全溶解(2分)。

②用沸水溶解计算量的硼酸,加入镀槽,再将所需的氧化镁先用水调成糊状,然后在充分搅拌条件下加入镀槽,同时加水至规定配制体积(2分)。

③硫酸的加入量应该以计算量减去铬酸酐中的硫酸含量(约为质量分数 0.4%以下)。或

取样分析出硫酸含量后再补充所需的硫酸(2分)。

④将电解液加热至50～55℃,用大于阳极面积5倍的阳极,以5～10 A/dm²电解处理4 h以上,以使产生少量三价铬(2分)。

⑤经试镀合格后即可投产(2分)。

38. 答:①镀层厚度和区域应符合图纸和工艺文件要求(1分)。

②镀层结晶细致、均匀,呈略带蓝色的镜面光亮(1分)。

③不允许镀层烧焦、斑点、起泡、脱落、黑色条纹、局部无镀层(盲孔、通孔处除外)(2分)。

④不允许留有未洗净的明显铬痕迹或明显黄膜(2分)。

⑤允许轻微水迹和夹具印(1分)。

⑥允许由于材料和表面状态不同,同一工件上有稍不均匀颜色和光泽(2分)。

⑦复杂件、大型件棱、锐边有轻微粗糙,但不影响装配质量(1分)。

39. 答:对镀镍电解液进行化学法净化时,加入双氧水,是利用其氧化作用,将低价铁离子氧化成高价铁离子,然后调 pH 值到 5.5 左右,使 $Fe^{3+}$ 变成 $Fe(OH)_3$ 沉淀分离。双氧水加入后,可以自行分解,也可以与其他还原剂作用,加入量要稍过量,一般控制在 2～8 ml/L(质量分数 30% $H_2O_2$ 为)过量的 $H_2O_2$ 对电解液无害,加温即可除去。电解液中若有更强的氧化剂存在时,$H_2O_2$ 则成为还原剂,因此还可还原处理过量的高锰酸钾(5分)。加入活性炭,是利用其吸附作用。活性炭吸附能力受较多因素影响,例如电解液的 pH 值、温度、被吸附物的浓度、类别、活性炭本身的种类、孔径大小、表面积大小、活性大小等。其加入量一般为 3～5 g/L(5分)。

40. 答:镀锌钝化膜的颜色取决于厚度、膜的均匀性和膜的组成(2分)。钝化膜是由三价和六价的碱式铬酸盐及其水化物组成的,其中,三价铬呈绿色,六价铬呈红色(2分)。当钝化膜薄且均匀时则无色,随着膜的厚度增加,其颜色按蓝→绿→黄顺序变化。提高钝化液浓度、增加工件在溶液和空气中停留的时间、升高温度,均可使钝化膜增厚(3分)。仅仅提高钝化液中硝酸浓度会使钝化膜减薄。当膜层中六价铬与三价铬化合物之比较小时,膜层则偏蓝,提高钝化后漂洗水的温度,可增大膜层中六价铬的洗脱量,使膜层偏蓝。在陈旧的钝化液中,三价铬化合物较多,膜层也是呈蓝色(3分)。

41. 答:目的是为提高镀锌工件的耐蚀性和装饰性,常在锌镀层上覆盖一层致密稳定性高的薄膜。采用不同的钝化溶液和操作方法,可以得到彩虹色、蓝白色、军绿色、金黄色及黑色等不同色彩的钝化膜,能起到不同的装饰效果(6分)。镀锌件的钝化液分为:高铬酸钝化液、低铬酸钝化液、超低铬酸钝化液、低铬或超低铬银白色钝化液、军绿色和黑色钝化液(4分)。

42. 答:方法分为保证钝化膜牢固和保证钝化膜完整两种(4分)。

操作方法分别为:

①工件钝化后应清洗干净,严格按工艺要求的温度和时间干燥。对于表面粗糙的工件,镀锌清洗后还应在热水中煮 5～10 min,以排出工件孔隙中残留的溶液,然后再进行钝化处理,才能得到牢固的钝化膜(3分)。

②工件钝化后下挂具、运输和装配中,应防止工件划、磕,最好工件不落地。在装配时,尤其是标准件,例如螺钉、螺母的装配,应注意不要用力过猛,否则将损坏钝化膜(3分)。

43. 答:产生这种现象的原因有以下几点:

①镀银液中 pH 值偏低,对银阳极的活化及溶解不好。另一方面,镀银液中,因光亮剂的

来源及分解产物的影响而产生极化膜(3分)。

②阳极与阴极的面积比不对,小于1∶1,而一般要求1∶1.5~1∶2,以至阳极电流密度过高,造成阳极板钝化(3分)。

③镀银液中铁杂质含量高以及硫化物杂质的影响(2分)。

④银阳极板材料不纯,含有铅、铜等重金属杂质,造成阳极溶解过程中氧化发黑(2分)。

44.答:①镀前处理不彻底(2分);②镀后清洗不干净(2分);③银层中夹有铜、铁、锌等低电位金属杂质(2分);④镀层表面粗糙、孔隙多(2分);⑤与空气中的二氧化硫、硫化氢等气体作用生成暗色的硫化银(2分)。

45.答:黑色金属在发蓝液中生成氧化成膜分为三步(2分),钢铁表面在热碱溶液和氧化剂作用下生成亚铁酸钠(2分),亚铁酸钠进一步与溶液中氧化剂反映生成亚铁酸钠(2分),亚铁酸钠与铁酸钠相互作用生成四氧化三铁(2分)。四氧化三铁在溶液中溶解度小,当浓度达到饱和时结晶出来,先形成晶核再长大成晶体最后连成一片定态的膜(2分)。

46.答:①氧化膜的厚度及区域应符合图纸或工艺文件要求(1分)。

②膜层应连续、均匀、完整(1分)。

③不允许膜层裂纹、烧伤及过腐蚀(1分)。

④不允许膜层擦伤、划伤及脏污(1分)。

⑤不允许用手指能擦掉的疏松膜层及填充着色后挂灰(1分)。

⑥不允许膜层色泽严重不均匀及有未着色的部位(1分)。

⑦不允许局部无膜层(盲孔、通孔深处及工艺文件规定处除外)(1分)。

⑧允许轻微的水迹(1分)。

⑨允许由于材料和表面状态不同以及深孔边沿稍有不均匀的色调和阴影(1分)。

⑩在夹具与工件接触的极小部位无膜层(1分)。

47.答:铝件的阳极氧化挂具应具有良好的导电能力,挂具体可采用铝及其合金制作,其挂钩采用铜板制作(2分)。在保证通电良好的前提下,使工件与挂具接触点要少。专用挂具和一般夹具均要有弹性,接触要牢固(2分)。铝件的阳极氧化装夹工作很重要,这是获得合格氧化膜的外部关键条件之一,夹具在使用前要经过碱腐蚀,工具与夹具接触要好、要牢(2分)。对于有口和不通孔的工件,口要朝上放置,不影响气体的排出(2分)。同一材质使用同一夹具且夹具形状应为圆形(2分)。

48.答:①加入至配制体积的2/3,将计算量的氢氧化钠打碎用吊篮装放入槽,使其全部溶解(2分)。

②加入计算量的亚硝酸钠,搅拌溶解(2分)。

③加入少量的铁屑或20%左右旧溶液,以增加槽中的$Fe^{3+}$,使氧化膜结合得均匀,牢固,致密(2分)。

④加水至工作体积,加热溶液至工作温度。如果溶液沸点高于规定沸腾温度,可加水降低沸点。如果溶液沸点,低于规定沸腾温度,则需继续蒸发,以得到规定的工作温度(2分)。

⑤取试样氧化5~10 min后,其表面为合格,可试生产(2分)。

49.答:①磷化膜厚度和区域应符合图纸和工艺文件要求(2分)。

②磷化膜呈浅灰至黑灰色,结晶连续、均匀、细致(2分)。

③不允许有疏松、锈蚀和绿斑,不允许局部无磷化膜(盲孔、深孔、深处及工艺文件规定处

除外)(2分)。

④允许轻微水迹、擦白、挂灰现象(2分)。

⑤由于局部热处理、焊接和表面加工状态不同,允许颜色和结晶稍不均匀(2分)。

50. 答:(1)在电镀生产过程中所排出的废气可分为两类:一类是含尘气体,人体吸入后会导致哮喘、支气管炎、矽肺病等病症;另一类是含有有毒物质的气体,会引起上呼吸道感染、咳嗽、血压下降、神经系统麻痹与慢性气管炎,甚至导致死亡(3分)。

(2)电镀废水危害性:①酸碱废水它会影响自然净化,影响土壤团粒结构,破坏作物对有机肥或化肥的吸收,损害农作物生长。②含氰废水及易使人导致中毒甚至死亡。③含铬废水也是主要废水之一,进入人体后主要积淀在肝、肾和内分泌腺中,极易引起呼吸道炎症,积淀与肝、肾脏会引起肝硬化,导致肝癌。④重金属废水中,铬、铅、铜毒性最大。铬会取代骨骼中的钙而导致骨质变软,骨骼变形,并会通过母体传给婴儿,毒害后代;铅引起贫血、神经衰弱、高血压、肾炎等病症;铜本身毒性很小,但铜盐会引起呕吐,主要损坏肝肾。⑤含有机络合物废水会致癌、女性不孕、血液中毒、破坏臭氧层等(5分)。

(3)废渣的危害性是一方面造成大量资源浪费,影响企业的经济效益;另一方面对环境影响严重,容易从土壤转移到水等其他介质中,对人体健康产生不良后果,造成严重的社会影响(2分)。

# 镀层工(中级工)习题

## 一、填 空 题

1. 法拉第第一定律是指在电解时,电极上形成的产物的质量与电流和通过的时间成（    ）。

2. 通常生产上应用的酸性镀铜和镀锌的阴极效率接近100％,而镀铬的电流效率最低,仅为（    ）左右。

3. 将金属和氢的标准电极电势按其代数值增大的顺序排列起来,称为（    ）。

4. （    ）电极电势越正,则该电极体系的氧化态越易得到电子而还原,电极电势越负,则该电极体系的还原态越易得到电子而氧化。

5. 通电时,发生在阴极的电势变化称为（    ）,电极电势朝负的方向偏移。

6. 在电解过程中,阴极上有两种或两种以上金属同时沉积的过程,称为金属的（    ）。

7. 镀液中附加盐的作用主要是增强镀液的（    ）。

8. 在工艺规范内,提高（    ）可使阴极极化增大,得到的镀层结晶细致。

9. 当电解液浓度较低时,电导率随电解质的浓度增大而增大,但在浓度达到某一极限值时,再提高浓度,电导率随之（    ）。

10. 当金属和电解质溶液接触时,由化学作用引起的腐蚀称为（    ）。

11. 金属中杂质含量越多,形成微电池机会越多,其耐蚀性越差;而金属表面粗糙度主要对腐蚀的（    ）有较大的影响。表面粗糙度数值越小,其耐蚀性越好。

12. 阳极性镀层是指在一定的条件下,镀层电位（    ）基体金属电位的一种镀层,既具有机械保护作用,又具有电化学保护作用。

13. 阴极性镀层对基体金属起（    ）保护作用,所以镀层应是足够厚度和孔隙尽量少,并且完整无缺时,才对基体金属起保护作用。

14. 对于钢铁零件镉镀层,在一般条件下属于阴极性镀层;在海洋和高湿大气环境中则属于（    ）极性镀层。

15. 对于碳钢材质的一般结构件,在Ⅰ类、Ⅱ类、Ⅲ类的环境下工作,应分别选择锌镀层厚度为18～22 μm、（    ）μm,6～9 μm。

16. 铜镀层除了可用于钢铁零件的多层和其他镀层的底层外,还可用于钢铁零件（    ）的功能性镀层。

17. 铬镀层对钢铁基体来说属于阴极性镀层,无电化学保护作用,只有当镀层厚度超过（    ）时,才能起到机械保护作用。

18. 钢铁零件上镀镍属于阴极性镀层,但镍镀层（    ）较高,只有当镍镀层完整无缺且具有一定的厚度时,才能对基体起到保护作用。

19. 锡镀层对于铜为（    ）镀层,钢铁零件镀锡时,可用预镀铜层做底层。

20. 在绘制机械图样时,零件箱投影面投影所得的图形称为(　　)。

21. 电镀工艺规程编制必须按产品图纸的(　　),确定工艺及电解液配方,镀前,镀后处理等。

22. 产品及工件的(　　)是选择电镀工艺的重要依据。

23. 在新标准中,符号(　　)表示光亮电镀镍。

24. 在新标准中,符号(　　)表示钢的化学氧化。

25. 在电镀过程、通电的(　　)过程或不通电的酸洗过程都可能有氢析出,形成氢脆。

26. 电镀夹具在电镀过程中主要起导电、支撑和(　　)的作用。

27. 挂具材料应选择资源丰富、成本较低、具有足够的机械强度、导电性能好和不易(　　)的材料制作。

28. 电镀槽上的导电杆应支承在槽口的(　　)上,用汇流条或软电缆连接在直流电源上。

29. 为防止氯化铵型镀槽上的铜导电杆受到(　　)的腐蚀,通常可在铜导电杆上浸锡或镀锡。

30. 电镀生产中常用的绝缘方法有包扎法、(　　)、沸腾硫化法。

31. 为避免工件上下端部、底部边缘镀层粗糙,甚至结瘤,应采用(　　)。

32. 对于特殊的工件,电镀时为保证电镀质量,必须配用象形阳极和(　　)后进行电镀。

33. 绝缘材料的一般技术要求为化学稳定性、耐热性、耐水性、(　　)足够的机械强度和结合力。

34. 锌镀层经钝化后在空气中、汽油或含(　　)的潮湿水汽中都有很好的防锈性能。

35. 锌是既溶于酸又溶于碱的(　　)金属。

36. 氯化镀锌对氢过电位低的钢材,如高碳钢、铸件、锻件等(　　)施镀。

37. 氯化镀锌镀液在弱酸性范围内加入硼酸能起稳定(　　)值的作用。

38. 氯化镀锌镀液中,氯化钠或氯化钾除(　　)作用外,还可提高阴极极化和镀液的分散能力。

39. (　　)镀锌镀液适合于外形简单的线材、带材、板材和管材的内壁。

40. 硫酸盐镀锌镀液在(　　)℃范围内,所得镀层光亮、覆盖能力较好。

41. 在锌酸盐镀锌工艺中,常见的金属杂质如铜、铅、铁离子,可采用(　　)或硫化钠进行处理。

42. 在锌酸盐镀锌工艺中,(　　)是提供锌离子的主盐。

43. 在锌酸盐镀锌工艺中,氢氧化钠能起(　　)和导电作用,过量的氢氧化钠是稳定镀液的必要条件。

44. 在 DPE 型锌酸盐镀锌电解液中,加入三乙醇胺的目的是使镀层(　　)、有光泽;在挂镀生产中,还能消除镀层条纹。

45. 在氨三乙酸-氯化铵镀锌电解液中,光亮剂硫脲含量太高,会使镀层内应力增加,镀层发脆,一般应控制在(　　)g/L 范围内。

46. 弹簧钢、高强钢、小于 0.8 mm 的薄壁件等重要结构件,镀锌后必须进行(　　)处理。

47. 一般抗拉强度大于(　　)MPa 时,电镀前必须消除应力,镀后进行除氢处理。

48. 锌镀层钝化膜是 0.5 以下的铬酸盐薄膜,能使锌镀层的耐蚀性提高(　　)倍。

49. 锌镀层的老化处理,可以增加钝化膜的耐蚀性和光亮度,处理温度一般不超过

(　　)℃。

50. 当锌镀层钝化膜有轻度损伤时,可溶性的(　　)化合物会使该处再钝化,因而可抑制受损伤的锌镀层的腐蚀。

51. 锌镀层白色钝化后一定要用(　　)的热水烫洗,以彻底除去夹带六价铬的有色膜并迅速干燥。

52. 镉的蒸汽和可溶性盐都有毒,当工作温度超过(　　)℃时,镉镀层易于导致零件发脆。

53. 在氰化镀镉电解液中,氢氧化钠的作用是增加导电性、(　　)等。

54. 酸性镀镉液中加入一定量的(　　)是为了防止硫酸镉的水解,提高镀液的稳定性。

55. 一些金属易在铜上沉积、且结合力好,因此铜镀层可做(　　)或多层电镀的底层。

56. 碳和氮在铜中扩散很困难,常用镀铜作为(　　)的镀层。

57. 酸性镀铜电解液中之所以采用(　　)为阳极,是因为它能生成磷酸铜化合物并存在于铜晶格的晶界上,使阳极熔解速度减慢,产生铜粉现象大为减少,从而使电解液稳定。

58. 除了氰化镀铜和酸性硫酸盐镀铜工艺外,应用较多的镀铜工艺还有(　　)和 HEDP 镀铜工艺等。

59. 镍在硫酸、盐酸中溶解很慢,在浓硝酸中处于钝化,但在(　　)中则不稳定。

60. 普通镀镍液中(　　)含量不能过高,否则会引起阳极过腐蚀或不规则溶解,产生大量阳极泥。

61. 镀镍液中硼酸对镀液的 pH 值起缓冲作用,一般应根据温度控制在(　　)g/L 之间。

62. 电镀高应力镍的工件经镀铬后,应采用(　　)浸渍,使镀层的应力充分释放完全,防止工件产生大裂纹。

63. 工件从高应力镍液中取出,必须充分水洗,以防止(　　)带入镀铬液造成镀铬液出现故障。

64. 镀黑镍时要(　　)入槽,中途不能断电。

65. 镀镍液中常见的杂质有金属离子、(　　)、有机物和固体微粒。

66. 在镀镍电解液中,铬杂质常常是由(　　)带入的,而硝酸根杂质则是由原材料不纯而带入的。

67. 为保证镀层(　　),镀完半光亮镍后在镀光亮镍前,停留时间不能太长,一般为 5 min 以内,其目的是避免在半光亮镍镀层表面生成钝化膜。

68. 金属镍具有强烈的钝化倾向,当镀镍电解液中阳极活化剂不存在或含量很低时,镍表面会生成一层(　　),使阳极溶解几乎停止。

69. 铬镀层有很高的硬度,据不同工艺,其硬度范围在(　　)HV。

70. 铬镀层只有在温度(　　)℃时,才开始在表面呈现氧化色。

71. 在镀铬过程中,阳极上有两种反应,其化学反应式分别是:$2H_2O-4e \Longrightarrow O_2+4H^+$ 和(　　)。

72. 在镀铬过程中,阴极电流大部分消耗在两个副反应上,故阴极电流效率极低,一般只有(　　)%。

73. 镀铬种类是根据零件的不同要求而确定的,对于要求耐磨性能而不承受冲击负荷的零件,应镀(　　)。

74. 镀铬一般不采用（　　）的金属材料做阳极，也较少采用铅阳极，而常常采用铅锑合金和铅锡合金做阳极。

75. 镀铬阳极很少采用铅阳极，是因为铅阳极易变形，而用（　　）合金做阳极，是由于它的耐蚀性好，适用于含氟硅酸根的电解液。

76. 在镀铬电解液中，三价铬含量一般为（　　）g/L，不容许超过 8 g/L。

77. 在镀铬电解液中，当三价铬含量过高时，镀层光亮度变差，光亮范围（　　）；当三价铬含量过低时，沉积速度缓慢、电流效率低。

78. 工件镀耐磨铬前的表面粗糙度值应小于或等于（　　）μm，表面无锈蚀。

79. 为了提高量具表面铬镀层的耐蚀性，常采用镀没有（　　）裂纹的乳色铬。

80. 三价铬铬镀的清洗水中不含（　　），废水易处理、达到排放标准。

81. 稀土镀铬中，$CrO_3$ 浓度可降至 120～200 g/L，阴极电流效率可提高至（　　）%。

82. 为了解决镀铬槽铅衬里易损坏的问题，可在加热设施上采用聚氯乙烯塑料里，改水套加热为（　　）加热。

83. 银对于水、空气中的氧具有良好的化学稳定性，但对空气中的（　　）抗变色能力较差。

84. 银除具有（　　）、导热和反光性能外，还具有良好的耐蚀性和焊接性能。

85. 镀银前的预处理方法有汞齐化、浸银和预镀银，其中（　　）方法毒性最大，可用其他两种方法代替。

86. 镀银前预处理的目的，是改变基体或底层金属的电极电位，使之在镀银电解液中不会产生结合力差的（　　）银镀层，从而保证镀层质量。

87. 镀银前，预镀金属可分为预镀铜、预镀镍和预镀（　　）。

88. 镀银前，预镀层要求（　　）能力良好，所以要求预镀电解液的稳定性好，并且具有较强的分散能为和履盖能力。

89. 在氰化镀银时，若银阳极纯度很高，仍出现银板变黑，这是由于（　　）含量低，pH 值低，阳极电流密度过高，以及铁杂质、硫化物或有机杂质等因素影响所致。

90. 氰化镀银电解液的主盐是氰化银或硝酸银，与电解液中的络合剂（　　）生成银氰铬盐。

91. 在 SL-80 硫代硫酸铵镀银电解液中，主盐是硝酸银，稳定剂是偏重亚硫酸钾，络合剂是（　　）。

92. 防变色镀银新工艺，具有不增加镀层的（　　），使银镀层具有防变色能力，而又不需要采取特殊的镀后处理的特点。

93. 因为银的电极电位比铜正，若在铜件上直接镀银，则在铜件浸入镀银电解液的瞬间，就会在银离子与铜之间发生置换反应，造成银镀层（　　）不好，还会给电解液带来污染。

94. 镀银基合金层比银镀层具有更高的（　　），而厚银镀层则是为了满足高压电器产品的较高的耐磨性和耐冲击性能需要。

95. 在电化学中锡的标准电位比铁正，对钢铁基体是属于（　　）镀层。

96. 锡镀层同锌、镉镀层在高温、潮湿和密闭条件下能长出晶须，称为（　　）。

97. 在碱性镀锡电解液中，主盐锡酸钠或锡酸钾均可提供（　　）价锡离子。

98. 在碱性镀锡电解液中，当 $Sn^{2+}$ 的含量大于（　　）g/L 时，会引起镀层发暗、粗糙、多孔甚至产生海绵状。

99. 在生产中,常用(　　)来调整碱性镀锡电解液中过量的游离碱的含量。

100. 为控制碱性镀锡液二价锡的产生,应确保阴极面积:阳极面积=(　　)。

101. 在碱性镀锡电解液中,醋酸钠是电解液中的(　　)剂,能控制电解液的游离碱含量,使电解液稳定和镀层结晶细致。

102. 为了保证碱性镀锡阳极能正常溶解出四价锡,必须适当提高(　　)的含量和适当控制阳极的电流密度,并保持阳极的半钝化状态。

103. 常用的酸性镀锡工艺有硫酸亚锡镀锡、氟硅酸亚锡镀锡和氯化亚锡镀锡,其中使用最为广泛的是(　　)镀锡。

104. 酸性镀锡电解液中含有足量的硫酸,除了能提高电解液的导电能力外,还能防止(　　)的氧化和水解而生成沉淀。

105. 酸性镀锡的最大优点是生产效率高且可以进行光亮电镀,即得到(　　)、耐蚀性好的镀层。

106. 为防止亚锡氧化,不能采用空气搅拌,酸性光亮镀锡一定要采用(　　),以利于获取光亮镀层。

107. 铜锌合金镀层俗称黄铜镀层,其含铜的质量分数为(　　)%。

108. 铜锌合金电镀工艺中,(　　)可扩大镀液阴极电流密度和利于获得色泽均匀的镀层。

109. 铜锌合金电镀工艺中,(　　)是阳极去极化剂,可溶解阳极上的钝化膜。

110. 仿金镀就是镀铜锌合金,或在镀液中加入某些第三种金属来改变外观,一般厚度为(　　)$\mu m$。

111. 当镍的质量分数为(　　)%时,锌镍合金镀层对钢铁为阳极性镀层。

112. 锌铁合金中铁的质量分数为(　　)%时,经钝化后是锌镀层钝化膜耐蚀性的 3 倍。

113. 化学镀镍是利用(　　)把溶液中的镍离子还原并沉积在具有催化活性的工件表面上。

114. 化学镀镍厚度在(　　)$\mu m$ 以上时,随厚度增加镀层光亮度变化就不明显。

115. 化学镀镍沉积速度在(　　)$\mu m/h$ 以下时,沉积速度越快,镀层光亮度越好。

116. 化学镀镍液中镍盐含量受络合剂和还原剂的比例制约,一般控制在(　　)$g/L$ 范围内。

117. 在化学镀镍过程中,镀层会产生(　　),应对其进行适当的热处理。

118. 敏化处理是使粗化后具有一定粗糙度和吸附能力的塑料制品表面吸附一层(　　)的物质。

119. 活化处理是把经敏化处理后表面吸附有还原剂的制品浸入含有氧化剂的溶液中,表面形成一层有(　　)的金属层。

120. 塑料件电镀时,由于镀层极薄,零件与挂具接触处电阻过大,可能会将镀层烧掉,为此,应减小各接触点的负载,实行(　　)。

121. 金属氧化膜及转化膜的生成,必须由(　　)的直接参与并自身转化成膜。

122. 用化学和电化学方法可使铝表面生成氧化膜,其厚度根据采用的(　　)不同而异。

123. 铝及其合金件阳极氧化时,零件的孔口应向上,以便(　　)。否则,将形成空气袋,会使零件局部表面无氧化膜。

124. 铝件经电化学抛光后,在进行氧化前,零件应浸在含有磷酸和铬酐温度为( )℃的溶液里,以除去抛光表面上的薄层氧化膜。

125. 铝及其合金件的阳极氧化膜,在靠近电解液一边硬度较低,组织存在( ),有电解液通道,可使铝基体上的氧化膜不断生成。

126. 铝及其合金的铬酸阳极氧化,随着氧化膜的厚度增加,膜的电阻加大,在通电操作中必须调整( )。

127. 由于铝及其合金的阳极氧化膜具有高的孔隙率和吸附性,为了提高氧化膜的耐蚀性和耐压性,通常需将膜层进行( )处理。

128. 铝及其合金硫酸阳极氧化,温度低于 13℃时,氧化膜发脆易裂;高于 26℃时,氧化膜疏松掉粉末;温度更高时,氧化膜不连续。温度在( )℃时,氧化膜的耐蚀性最好。

129. 在铝及其合金硫酸阳极氧化过程中,当电流密度过大、电压过高时,氧化膜( ),甚至造成零件边缘击穿,成为粗糙且浸蚀状态。

130. 铝及其合金用于装饰性目的时,采用硫酸阳极氧化,时间为( )min 左右。

131. 纯铝阳极氧化膜的耐蚀性能与铝合金阳极氧化膜相比,纯铝优于铝合金,这是因为铝合金中夹杂着( )的金属,因而降低了耐蚀性能。

132. 铝及其合金的阳极氧化膜是多孔的,这些孔隙具有很高的( )能力,若用石蜡、干性油和树脂来填充,则可提高氧化膜的耐蚀性和绝缘性能。

133. 铝及其合金件的草酸阳极氧化,能得到厚度较厚,耐电压( )V,表面光滑,绝缘性能好的氧化膜。

134. 铝及其合金件的阳极氧化膜,在靠近基体金属一边是由纯度较高的膜组成,其性质是致密而薄,且硬度高,又称为( )层。

135. 铝及其合金件的阳极氧化膜,在靠近基体金属的膜层硬度要( )表面层的硬度。

136. 铝及其合金铬酸阳极氧化溶液时,当氧化过程中( )减少时,溶液的氧化能力会降低。

137. 铝及其合金的氧化膜性质( ),当受到较大的冲击负荷或弯曲变形时,氧化膜将产生网状开裂,从而降低了基体金属的延展性和防护能力。

138. 铝件氧化膜( )前的辅助剂处理,是将一定数量的辅助剂如植物油和动物油之类的物质倒入冷水槽中,将零件浸入使其局部表面沾上一些油的过程。

139. 对铝件氧化膜进行单色处理,必须在( )后立即进行。在染色之前,氧化膜要用冷水仔细清洗而不能用热水洗,否则会影响封闭氧化膜的染色质量。

140. 镁合金的化学氧化,应用最广泛的是( )处理,它的膜层防护能力好,表面呈弱酸性且附着力强,可作为良好的油漆底层。

141. 对镁合金件进行酸洗时,应特别注意酸洗的( ),以免造成过腐蚀,甚至造成着火燃烧。

142. 镁合金化学氧化后进行填充处理时,应严格控制溶液中的氯离子和硫酸根离子的含量。否则,氧化膜会( )。

143. 镁合金的不合格氧化膜退除时,对于机加工精密件,宜在铬酐镕液中退除;对于压铸件,宜用吹砂退除;对于易变形的镁合金件,可在( )溶液中退除。

144. 铜及其合金在空气中不稳定,容易氧化,当有( )存在时,易溶于氨水及铵盐溶液中。

145. 铜及其合金通常采用的化学氧化方法有氨液氧化法和过硫酸盐氧化法,其中( )氧化法形成的氧化膜层硬度高,质量较好。

146. 铜合金在化学法氧化前,需先镀( )μm 的金属铜。在氧化过程中应经常摆动,以免膜层产生斑点。

147. 铜及其合金件的钝化膜的颜色为( ),而它的氧化膜的颜色却为深蓝色、蓝黑色或黑褐色。

148. 铜及其合金件氧化膜的外观检验,除了可( )进行外,正常的氧化膜应是紧密细致、均匀并带有蓝黑、深黑及黑褐色。

149. 铜及其合金件的钝化膜不合格时,可在( )溶液、盐酸或硫酸中退除。

150. 铜及其合金件的钝化处理与氧化处理的不同点是:前者是浸在( )性溶液中进行的,而后者是浸在碱性溶液中进行的。

151. 金属镍、铬等的电位较负,化学活泼性较高,但却有很好的耐蚀能力,这是因为在它们的表面上易生成一层极薄的氧化膜,它能很好地保护其金属,这种现象称为金属的( )。

152. 在低铬钝化时,钝化液中的( )含量要适当。当活化剂不足时,成膜速度慢,钝化膜不清亮,容易出现白蒙膜。

153. 钢铁件的无碱氧化法,是一种氧化与磷化相结合的处理方法,获得的氧化膜的耐蚀性( )普通的碱性氧化膜,常用于齿轮的氧化处理。

154. 对于合金钢,因含碳量低、不易( ),氧化时间应延长,入槽、出槽的温度应高。

155. 在新配制钢铁件氧化溶液中可加入少量旧溶液,使铁的正常含量为( )g/L,以促进生成紧密的氧化膜。

156. 钢铁件在碱性氧化溶液中氧化时,零件表面呈现( )挂霜,一般是溶液温度、氢氧化钠或氧化剂含量过高造成的。

157. 钢铁件氧化膜的致密程度取决于晶胞的形成速度和( )速度之比。

158. 发蓝生成的氧化膜的颜色取决于金属件的表面状态、材料的( )和发蓝处理的工艺条件。

159. 发蓝后用皂化液进行填充处理的温度不应低于( )℃,填充时间应不少于 2 min。

160. 在碱性发蓝溶液中,氢氧化钠浓度过高,膜层出现红色挂灰;氢氧化钠浓度( ),则膜层变薄、不光亮且易脱落。

161. 在碱性发蓝溶液中,提高氢氧化钠浓度,可使膜层厚度( ),但容易产生膜层疏松和多孔缺陷。

162. 当碱性发蓝溶液的温度( )时,则膜层发生溶解,氧化速度减慢,膜层疏松。

163. 当碱性发蓝溶液的温度升高时(在工艺的规定范围内),则氧化速度加块,膜层( )。

164. 常温发蓝的发黑剂是以亚硒酸盐和( )为基本成分,来改善成膜环境和提高成膜质量。

165. 发蓝时工件抖动不能太勤,一般 1 min 抖动( )次。

166. 磷化膜的四种用途是:用作( )层、油漆层、绝缘层和减摩层。

167. 对于高强钢即抗拉强度大于（　　　）MPa,磷化后必须进行除氢处理。

168. 钢铁件在含有磷酸盐的溶液中,能生成一层（　　　）溶于水的磷酸盐保护膜,称为磷化。

169. 在磷化处理中,基体金属有一定的渗氢作用。对于高强度的钢铁件,磷化后应在（　　　）℃的锭子油中进行除氢处理。

170. 根据磷化膜的化学或电化学成膜理论,磷化膜生成的三个阶段为:首先生成（　　　）,而后生成磷酸氢盐,最后生成磷酸盐。

171. 由于中温磷化改进液采用了（　　　）℃的温度,所以能节约能源,改善劳动强度,同时还能获得良好的磷化膜。

172. 中温磷化改进液与普通磷化溶液不同点是:它以（　　　）为主盐,加入硝酸镍和一些浆状添加剂而成。

173. 填充用的皂化液若呈现（　　　）状或出现混浊物时,应予以更换。

174. 在磷化溶液中,当硫酸根含量过高或磷酸盐含量（　　　）或亚铁离子含量过低时,都将造成钢铁件磷化时间长而不成膜。

175. 在钢铁件磷化时,溶液的总酸度过高或溶液的温度（　　　）,也是造成磷化时间长而不成膜的原因。

176. 钢铁件的"四合一"磷化法,包含有（　　　）、除锈、磷化、钝化四个工序。

177. 钢铁件采用"四合一"磷化法,获得的磷化膜均匀、细致,并有一定的耐蚀性,适于作（　　　）的打底层。

## 二、单项选择题

1. 下列物质中（　　　）属于混合物。
(A)氯化氢气体　　(B)空气　　(C)氧气　　(D)二氧化氮

2. 物质中能够单独存在并能保持这种物质一切特性的基本微粒是（　　　）。
(A)分子　　(B)离子　　(C)电子　　(D)中子

3. 同一种元素具有相同的（　　　）。
(A)核电荷数　　(B)电子数　　(C)中子数　　(D)相对原子质量

4. 储存稀硝酸溶液可用（　　　）材料制作槽体。
(A)40Cr　　(B)2Cr13　　(C)1Cr18NiTi　　(D)65Mn

5. 相同体积的两种液体（　　　）。
(A)密度大的质量大　　(B)密度小的质量大
(C)质量一样大　　(D)颜色深的质量大

6. 电解液的导电是靠（　　　）的运动来实现的。
(A)电子　　(B)分子　　(C)离子　　(D)原子

7. （　　　）放置在浓硝酸溶液中会产生钝化。
(A)铝　　(B)镍　　(C)锡　　(D)锌

8. 锡镀层相对于钢铁基体,属于（　　　）性镀层。
(A)阳极　　(B)装饰　　(C)化学覆盖层　　(D)阴极

9. 铁上镀镉,在工业大气条件下和在海洋性大气条件下属于（　　　）镀层。

(A)阴极性　　　　　　　　　(B)阳极性

(C)前者为阳极性,后者为阴极性　　(D)前者为阴极性,后者为阳极性

10. 对钢铁基体而言,(　　)镀层为阳极性镀层。

(A)锌　　　　(B)铜　　　　(C)金　　　　(D)铬

11. 一般结构的钢铁件,在 JB3321-83 标准第Ⅲ类使用条件下,需要镀锌的最小厚充为
(　　)μm。

(A)6　　　　(B)8　　　　(C)12　　　　(D)25

12. 在(　　)条件下,会发生电化学腐蚀。

(A)在高温和干燥的条件下,铁与氧气的反应

(B)不纯的金属及合金与电解液接触

(C)纯铁与电解液接触

(D)纯铁与苯接触

13. 使用中的化工设备及管道的腐蚀,按环境的条件分类,应属于(　　)。

(A)大气腐蚀　　(B)接触腐蚀　　(C)电解液腐蚀　　(D)其他腐蚀

14. (　　)的说法是错误的。

(A)化学腐蚀与电化腐蚀都有电流产生

(B)电化学腐蚀要比化学腐蚀普遍得多

(C)化学腐蚀一般都是金属与非电解质(或非电解质溶液)之间接触发生的

(D)化学与电化学腐蚀都存在金属原子失去电子而被氧化的过程

15. 在(　　),会发生电化学腐蚀。

(A)在高温和干燥的条件下,铁与氧气的反应

(B)不纯的金属及合金与电解液接触时

(C)纯铁与电解液接触时

(D)纯铁与苯接触时

16. (　　)的说法是错误的。

(A)化学腐蚀与电化腐蚀都有电流产生

(B)电化学腐蚀要比化学腐蚀普遍得多

(C)化学腐蚀一般都是金属与非电解质(或非电解质溶液)之间接触发生的

(D)化学与电化学腐蚀都存在金属原子失去电子而被氧化的过程

17. 在半光亮镍/高硫镍/亮镍镀层中,优先腐蚀的顺序是(　　)。

(A)亮镍大于高硫镍大于半光亮镍

(B)半光亮镍大于高硫镍大于亮镍

(C)高硫镍大于亮镍大于半光亮镍

(D)半光亮镍大于亮镍大于高硫镍

18. 在腐蚀为中等的工作条件下,使用的铜、镍、铬装饰性镀层的多镀层的厚度应为
(　　)。

(A)24～29 μm+12～15 μm +0.3～0.8 μm

(B)15～18 μm+12～15 μm +0.3～0.8 μm

(C)12～15 μm+12～15 μm +0.3～0.8 μm

(D)12～15 $\mu$m＋6～9 $\mu$m ＋0.3～0.8 $\mu$m

19. 无机缓蚀剂在减缓金属零件的腐蚀速度上,以（　　）溶液中效率较低。

(A)酸性　　　　　(B)中性　　　　　(C)碱性　　　　　(D)弱碱性

20. 防锈油对金属零件的缓蚀作用属于（　　）缓蚀剂。

(A)有机　　　　　(B)阴极　　　　　(C)阳极　　　　　(D)气相

21. 对钢铁金属进行强浸蚀,在盐酸溶液中加入乌洛托品与苯胺的缩合物,属于（　　）性缓蚀剂。

(A)阴极　　　　　(B)阳极　　　　　(C)有机　　　　　(D)气相

22. 用（　　）测量镀层厚度,对镀层有破坏作用。

(A)磁性厚度计　　　　　　　　　(B)涡流测厚仪

(C)库仑测厚仪　　　　　　　　　(D)X 射线荧光法

23. 测量阴、阳极极化曲线的试验设备是（　　）。

(A)盐雾试验箱　　　　　　　　　(B)霍尔槽试验仪

(C)电镀参数测试仪　　　　　　　(D)电解测厚仪

24. 在不破坏镀层的情况下,测量钢铁件镍镀层的厚度,应选用（　　）。

(A)磁性厚度计　　　　　　　　　(B)库仑测厚仪

(C)涡流测厚仪　　　　　　　　　(D)金相显微镜

25. 用于喷砂的石英砂粒度,通常为（　　）。

(A)大于 1 mm　　(B)1～3 mm　　(C)3～5 mm　　(D)大于 5 mm

26. 在振动擦光机中,零件是与一定量的（　　）在密封的工作筒内经强烈的机械振动而进行擦光的。

(A)磨料　　　　　(B)油料　　　　　(C)酸或碱　　　　(D)磨料及油料

27. 小型零件的表面清理多采用（　　）。

(A)喷砂机　　　　(B)滚光机　　　　(C)磨光、抛光机　(D)抛光机

28. 喷砂室是用（　　）控制压缩空气的通断、调节的。

(A)手闸　　　　　(B)电动开关　　　(C)脚踏开关　　　(D)声控开关

29. 不锈钢零件采用机械抛光时应用（　　）抛光膏。

(A)绿色　　　　　(B)红色　　　　　(C)白色　　　　　(D)彩色

30. 红色抛光适用于（　　）零件的抛光。

(A)有机玻璃　　　(B)铝合金　　　　(C)碳钢　　　　　(D)不锈钢

31. 金属经过机械加工后,金属表面会（　　）。

(A)硬化　　　　　(B)软化　　　　　(C)有韧性　　　　(D)没有变化

32. 电解脱脂时,零件处在（　　）时会容易产生氢脆现象。

(A)阳极　　　　　(B)阴极　　　　　(C)不通电　　　　(D)低温

33. 碱性电解脱脂时,阴极上放出的气体为（　　）气。

(A)氮　　　　　　(B)氯　　　　　　(C)氢　　　　　　(D)氧

34. 脱脂溶液中,氢氧化钠是保证（　　）反应的重要组成部分。

(A)氧化　　　　　(B)皂化　　　　　(C)乳化　　　　　(D)活化

35. 零件脱脂时,搅拌采用（　　）方式,效果最好。

(A)压缩空气　　　(B)阴极移动　　　(C)溶液循环　　　(D)超声波

36. 弹性零件在进行( )时不会产生氢脆。

(A)阳极电解脱脂　(B)阴极电解脱脂　(C)强腐蚀　　　　(D)镀锌过程

37. 制造酸浸蚀槽的材料宜采用( )。

(A)钢板　　　　　(B)水泥制品　　　(C)不锈钢板或钛板(D)钢板衬塑料

38. 将酸液自酸坛中压出,所用压缩空气的最高工作压力为( )kPa。

(A)40　　　　　　(B)60　　　　　　(C)80　　　　　　(D)100

39. 下列金属零件中适宜滚镀的是( )零件。

(A)易粘贴的薄片　　　　　　　　　(B)有棱角的

(C)镀层厚度超过 10 $\mu$m 的　　　　(D)皮箱包角

40. 最难滚镀的镀层是( )。

(A)锌镀层　　　　(B)铬镀层　　　　(C)锡镀层　　　　(D)铜镀层

41. 倾斜潜浸式滚镀槽的最大装料量应为( )。

(A)2/3 桶容积　　(B)1/2 桶容积　　(C)15 kg 以下　　(D)25 kg 以下

42. 对于有反冲的预涂助滤剂过滤机,只要开启反冲泵,就能自动地把( )冲洗掉。

(A)原预涂层　　　　　　　　　　　(B)固体大颗粒

(C)固体小颗粒　　　　　　　　　　(D)溶解性杂质

43. 当清理滚筒的内切圆直径 $\phi \geqslant 500$ mm 时,为防止零件因撞击过于剧烈而受到损伤,常采用的滚筒形状为( )。

(A)六角形　　　　(B)八角形　　　　(C)十角形　　　　(D)圆形

44. 在卧式滚桶中,零件装料量应占桶容积的( )较为合适。

(A)1/3　　　　　　(B)1/2　　　　　　(C)2/3　　　　　　(D)80%

45. 采用压缩空气搅拌溶液时,让气泡从( )进行搅拌较为合适。

(A)镀件下方向上　　　　　　　　　(B)槽面向下

(C)槽底向上　　　　　　　　　　　(D)槽边向水平方向

46. 电镀槽内需要通过最大的电流为 750 A,所选用的黄铜(H62)杆的直径应为( )。

(A)30 mm　　　　(B)40 mm　　　　(C)20 mm　　　　(D)10 mm

47. 一般情况下,安全电压应低于( )V。

(A)50　　　　　　(B)42　　　　　　(C)36　　　　　　(D)12

48. 目前采用的新型直流电源设备,主要是指( )。

(A)直流发电机组　　　　　　　　　(B)硅整流器和晶闸管整流

(C)接触整流器　　　　　　　　　　(D)锗整流器和硒整流器

49. 电镀用汇流排一般选用( )材料制作。

(A)铜或铝　　　　(B)钛合金　　　　(C)耐热钢　　　　(D)耐酸钢

50. 具有体积小、效率高、寿命长的直流电源是( )。

(A)硅整流器　　　(B)硒整流器　　　(C)接触整流器　　(D)直流发电机组

51. 采用水冷却的电源不要安装在( )的地方。

(A)离镀槽太近　　(B)温度太高　　　(C)0 ℃以下　　　(D)水压太高

52. 当排风罩沿墙设置时,采用单侧抽风的槽宽一般要求不大于( )m。

(A)0.6　　　　　(B)0.7　　　　　(C)0.8　　　　　(D)1

53. 双机性电镀的特点是(　　　)。

(A)工件需绝缘　　　　　　　　(B)不适用于局部电镀

(C)适用于大工件电镀　　　　　(D)工件不与阴、阳相连

54. 加有润湿剂或含有易氧化物质的电解液,不宜采用(　　　)搅拌。

(A)电解液循环　　(B)压缩空气　　(C)阴极移动　　(D)阴极旋转

55. 工件局部电镀,而其余部分进行绝缘,主要是运用了绝缘材料的(　　　)。

(A)耐水性　　　　(B)耐热性　　　(C)绝缘性　　　(D)机械性

56. 在中性盐雾试验时,对所喷盐雾中氯化钠的含量,国内外广泛采用的是(　　　)。

(A)2%　　　　　(B)3%　　　　　(C)5%　　　　　(D)6%

57. 防护-装饰性镀层的特征是(　　　)。

(A)高耐蚀性　　　　　　　　　(B)外观美观

(C)高耐蚀性和外表美观　　　　(D)具有其他功能性

58. 镀层厚度单位一般使用(　　　)。

(A)mm　　　　　(B)dm　　　　　(C)$\mu$m　　　　　(D)nm

59. 图样中标注 Fe/Ep·Zn8～12·c2C 表示镀层厚度为(　　　)。

(A)8～12 mm　　(B)8～12 $\mu$m　　(C)8～12 dm　　(D)8～12 m

60. 制图中规定,图样中直线的尺寸以(　　　)为单位。

(A)mm　　　　　(B)cm　　　　　(C)$\mu$m　　　　　(D)m

61. 游标卡尺的游标共 50 格,当游标零线与尺身零线对齐时,游标第 50 格正好和尺身第 49 格对齐,其读数是(　　　)mm。

(A)0.01　　　　　(B)0.02　　　　　(C)0.03　　　　　(D)0.04

62. 电镀工艺中常用的电流密度单位是(　　　)。

(A)A/dm$^2$　　　(B)A/cm$^2$　　　(C)A/mm$^2$　　　(D)mA/cm$^2$

63. 为提高电镀过程的阴极沉积速度,提高生产效率,应采用的方法是(　　　)。

(A)提高主盐浓度或增加附加盐浓度

(B)减少有机添加剂的含量

(C)提高电解液温度或增加搅拌

(D)在工艺允许范围内,同时提高电流密度、主盐浓度、温度

64. 对外形简单的零件镀锌,具有成本低、电解液稳定、电流效率高、沉积速度快的是(　　　)镀锌工艺。

(A)氰化　　　　　(B)硫酸盐　　　(C)铵盐　　　　(D)锌酸盐

65. 镀锌电解液中对钢铁设备腐蚀性较小、且适合自动化生产而又无毒的是(　　　)电解液。

(A)氰化镀锌　　　　　　　　　(B)氨三乙酸-氯化铵镀锌

(C)硫酸锌镀锌　　　　　　　　(D)锌酸盐镀锌

66. 最适宜电镀铸件、锻件及高碳钢等材料的镀锌工艺是(　　　)镀锌。

(A)氰化　　　　　(B)碱性锌酸盐　(C)弱酸性氯化钾　(D)硫酸盐

67. 采用锌酸盐镀锌时,工作条件规定阳极面积:阴极面积等于(　　　)。

(A)1∶1　　　　　(B)2∶1～3∶1　　　(C)1∶2～1∶3　　　(D)1∶1.5

68. 在 DE 型和 DPE 型锌酸盐镀锌电解液中,工艺要求(　　)。

(A)两种类型都需加入光亮剂

(B)DE 型需加入光亮剂,DPE 型不需加入光亮剂

(C)两种类型都不需加入光亮剂

(D)DE 型不需加入光亮剂,DPE 型需加入光亮剂

69. 在低氰镀锌电解液中,氰化钠的含量应为(　　)g/L。

(A)80～90　　　　(B)20～30　　　　(C)10～15　　　　(D)5～10

70. 在 DE 型锌酸盐镀锌电解液中,当重金属杂质多,或光亮剂不足,或温度过高时,则(　　)。

(A)电解液分散能力差　　　　　　　(B)沉积速度慢

(C)镀层脆性大　　　　　　　　　　(D)镀层灰暗无光泽

71. 在弱酸性氯化钾镀锌工艺中,电解液的 pH 值应严格控制在(　　)左右。

(A)3　　　　　　　(B)5　　　　　　　(C)6　　　　　　　(D)6.5

72. 在碱性锌酸盐镀锌工艺中,一般控制 Zn∶NaOH 等于(　　)比较恰当。

(A)1∶4～1∶6　　　　　　　　　　(B)1∶6～1∶8

(C)1∶8～1∶10　　　　　　　　　　(D)1∶10～1∶12

73. 在氯化物镀锌电解液中含有少量铁杂质时,最简便有效的除去方法是(　　)。

(A)加入少量锌粉处理　　　　　　　(B)加入 2.5～3.0 g/L 的硫化钠处理

(C)加入活性炭处理　　　　　　　　(D)进行电解处理

74. 氰化镀锌溶液中锌离子过高时,可用(　　)板作为不溶性阳极。

(A)铅　　　　　　　(B)铜　　　　　　　(C)铁　　　　　　　(D)2Cr13 不锈钢

75. 当氰化镀锌溶液中有少量重金属杂质时,最好(　　)。

(A)采用加入少量锌粉方法处理　　　(B)采用加入少量硫酸钠方法处理

(C)采用电解处理　　　　　　　　　(D)不处理

76. 在氰化镀锌电解液中,加入少量甘油是为了(　　)。

(A)沉淀重金属杂质　　　　　　　　(B)起光亮作用

(C)提高阴极极化　　　　　　　　　(D)减小镀层脆性

77. 当氰化镀锌槽壁和阳极上有暗色疏松的沉积物时,其原因是电解液中(　　)。

(A)氧化锌含量过高　　　　　　　　(B)重金属含量多

(C)氢氧化钠含量过高　　　　　　　(D)碳酸钠含量多

78. 氰化镀锌(不加光亮剂)层发脆的主要原因是(　　)造成的。

(A)有机杂质多　　　　　　　　　　(B)主盐浓度高

(C)氯化钠高　　　　　　　　　　　(D)氢氧化钠高

79. 氨三乙酸-氯化铵镀锌的钝化膜易产生"雾状"及"酱油"迹,其原因是电解液中(　　)含量过多。

(A)聚乙二醇　　　　(B)硫脲　　　　　(C)氯化铵　　　　(D)重金属杂质

80. 在 DPE 型锌酸盐镀锌电解液中,三乙醇胺含量过高,会造成(　　)。

(A)温度容易上升,阴极电流效率下降

(B)电流效率提高,但镀层变脆

(C)电解液分散能力降低

(D)阴极电流密度范围减小

81. 在镀锌工艺中,采用加入磷酸盐除去电解液中过多铁杂质的工艺是(　　)镀锌。

(A)氰化　　　　　　　　　　　(B)硫酸盐

(C)氨三乙酸-氯化铵　　　　　　(D)锌酸盐

82. 在 DE 型锌酸盐镀锌工艺中,镀层出现银白色并在彩色钝化后呈无光泽黄褐色的故障原因是电解液中(　　)。

(A)锌含量高　　　　　　　　　(B)有机物杂质多

(C)铜铁含量高　　　　　　　　(D)铅含量高

83. 锌镀层氧化膜容易脱落可能是(　　)造成的。

(A)pH 值高　　　(B)pH 值低　　　(C)镀层薄　　　(D)镀层过厚

84. 镀锌的出光液一般用(　　)。

(A)硫酸　　　(B)盐酸加硫酸　　　(C)硝酸加盐酸　　　(D)硝酸

85. 钢铁零件镀锌后的除氢温度为(　　)。

(A)60~80 ℃　　　(B)120~160 ℃　　　(C)180~250 ℃　　　(D)280~300 ℃

86. 最大抗拉强度为 1 200 MPa 的钢铁零件镀锌处理后,应在 200 ℃除氢(　　)h。

(A)2　　　(B)4　　　(C)6　　　(D)8

87. 锌镀层高铬钝化时,钝化膜是在零件(　　)形成钝化膜为主。

(A)浸入钝化液时　　　　　　　(B)提出钝化液时

(C)清洗时　　　　　　　　　　(D)烘干时

88. 锌镀层后处理目的是主要为了增加镀层的(　　)效果。

(A)耐蚀　　　(B)耐磨　　　(C)装饰　　　(D)滑动

89. 锌镀层的退除一般用(　　)。

(A)盐酸　　　(B)硫酸　　　(C)硝酸　　　(D)磷酸

90. 为防止钢铁工件不需要渗碳的部位渗碳,可以镀(　　)。

(A)锡　　　(B)铜　　　(C)锌　　　(D)铬

91. 在氰化镀镉电解液中,碳酸盐含量过多的主要弊病会使(　　)。

(A)降低阴极极化作用,镀层结合力降低

(B)阴极电流效率降低

(C)镀层亮度降低

(D)阳极不能正常溶解

92. 氰化镀镉分散能力不良故障的主要原因是电解液中(　　)。

(A)镉含量过高而氰化物含量过低　　　(B)镉含量过低

(C)重金属杂质的影响　　　　　　　　(D)氢氧化钠含量过高

93. 冬天为了提高氰化镀铜的沉积速度,常加入酒石酸钾钠和(　　)含量。

(A)提高氰化物总量　　　　　　(B)降低氰化钠

(C)降低主盐　　　　　　　　　(D)提高氢氧化钠

94. 焦磷酸盐镀铜对电镀电源有特殊的要求,一般采用(　　)电源为好。

(A)直流发电机　　　　　　　　　(B)单相半波或单相全波整流波形
(C)脉冲电流　　　　　　　　　　(D)交直流叠加

95. 焦磷酸盐镀铜工艺中,为了防止阳极钝化常加入(　　)。
(A)柠檬酸盐和酒石酸钾钠　　　　(B)碳酸钠
(C)焦磷酸钾　　　　　　　　　　(D)硝酸盐

96. 光亮镀铜溶液中光亮剂的补充可根据电镀的(　　)来计算。
(A)通入电量　　　　　　　　　　(B)镀液浓度
(C)溶液中主盐含量　　　　　　　(D)温度

97. 在氰化镀铜工艺中,为了提高电流效率和沉积速度,在提高阴极电流密度的同时还必须(　　)。
(A)升温　　　　(B)降温　　　　(C)温度恒定不变　　　　(D)其他

98. 氰化镀铜后镀层结合力差,出现起皮,当排除预处理的因素后,其原因是(　　)。
(A)游离氰化钠含量太高　　　　　(B)阴极电流密度太大
(C)碳酸盐含量过多　　　　　　　(D)电解液温度过低

99. 氰化镀铜不好的主要原因是(　　)。
(A)铜含量低　　　　　　　　　　(B)氢氧化钠含量高
(C)铜含量过高,氰化亚铜含量低　　(D)铜含量高

100. 新配酸性镀铜电解液时,光亮剂用量可按工艺配方的含量计算配制,除了(　　)以外,其余的光亮剂都可混合在一起加热溶解后加入电解液中。
(A)M 和 N　　　　　　　　　　(B)聚乙二醇和 SP
(C)SP 和十二烷基硫酸钠　　　　(D)M 及十二烷基硫酸钠

101. 在不计电解液中气体析出消耗的电能损失时,氰化镀铜与酸性镀铜中通过相同的电荷量在阴极上析出的镀层质量比为(　　)。
(A)1∶1　　　　　(B)2∶1　　　　　(C)1∶2　　　　　(D)差不多

102. 氢氧化钠在氰化镀铜中的作用是(　　)。
(A)络合主盐　　　　　　　　　　(B)保证阳极正常溶解
(C)导电　　　　　　　　　　　　(D)导电及稳定游离氰化钠

103. 在酸性镀铜电解液中,能防止一价铜离子的歧化反应、减少铜粉、保证镀层均匀细致的离子是(　　)。
(A)$SO_4^{2-}$　　　　(B)$Cl^-$　　　　(C)$Na^+$　　　　(D)$CO_3^{2-}$

104. 化学镀铜层产生绿色斑点的原因是(　　)。
(A)溶液温度高　　　　　　　　　(B)溶液温度低
(C)溶液 pH 值高　　　　　　　　(D)溶液 pH 值低

105. 在各种镀镍层中,性质硬而脆且耐蚀性差是(　　)。
(A)镀暗镍　　　(B)多层镍　　　(C)黑镍镀层　　　(D)化学镀镍

106. 单层镍镀层只有当厚度达到(　　)以上时才是无孔的。
(A)15 $\mu m$　　　(B)20 $\mu m$　　　(C)25 $\mu m$　　　(D)30 $\mu m$

107. 为了防止镍阳极钝化,保证阳极正常溶解,结合货源和价格因素,通常加入的活化剂是(　　)。

(A)氯化钠　　　　　　(B)氯化镍　　　　　　(C)盐酸　　　　　　(D)硫酸钠

108. 镀镍是为了活化阳极镍板,一般都要加入(　　)离子。

(A)镍　　　　　　(B)硫酸根　　　　　　(C)硼酸根　　　　　　(D)氯

109. 镀半光亮镍/高硫镍/光亮镍三层镍时,对每层镍的厚度要严格控制,其中半光亮镍和光亮镍镀层厚度分别各占三层镍总厚度(　　)左右,而高硫镍镀层厚度约为 $1\ \mu m$。

(A)1/2　　　　(B)2/3 和 1/3　　　　(C)1/3 和 2/3　　　　(D)1/4 和 3/4

110. 光亮镀镍溶液中采用的第二类光亮剂是(　　)。

(A)糖精　　　　(B)香豆素　　　　(C)对甲基黄酸氨　　　　(D)十二烷基硫酸钠

111. 镀镍槽中一般使用(　　)材料制作阳极篮。

(A)铜　　　　　　(B)不锈钢　　　　　　(C)钛合金　　　　　　(D)除铁以外

112. 镀镍溶液中十二烷基硫酸钠起(　　)作用。

(A)主光亮剂　　　　(B)次光亮剂　　　　(C)消除针孔　　　　(D)稳定 pH 值

113. 镀镍溶液中氯化镍的作用是(　　)。

(A)导电　　　　(B)活化阳极　　　　(C)整平剂　　　　(C)润湿剂

114. 镀镍溶液的 pH 值变化较快,缓冲能力降低,说明应加入(　　)。

(A)硫酸镍　　　　(B)氯化镍　　　　(C)硼酸　　　　(D)盐酸

115. 镀镍溶液中(　　)起缓冲作用。

(A)硼酸　　　　(B)硫酸镍　　　　(C)氯化镍　　　　(D)十二烷基硫酸钠

116. 在镀镍电解液中,硼酸的含量只有在(　　)以上时才能起明显的缓冲作用。

(A)3 g/L　　　　(B)20 g/L　　　　(C)30 g/L　　　　(D)10 g/L

117. 在镀镍电解液中,具有润湿作用能防止镀层产生针孔的组分是(　　)。

(A)硼酸　　　　(B)氟化钠　　　　(C)硫酸镁　　　　(D)十二烷基硫酸钠

118. 在镀镍电解液中,将电解液的 pH 值调到 $1\sim2$,再用高阴极电流密度 $1\ A/dm^2$ 以上进行电解处理,可去除(　　)杂质。

(A)铁　　　　(B)铜　　　　(C)锌　　　　(D)硝酸根

119. 镀镍过程中,镍的吸氢程度较大,这是因为(　　)。

(A)镀液呈酸性　　　　　　(B)氢在镍上超电压小

(C)没有络合剂　　　　　　(D)电流效率低

120. 多层镀镍之所以耐蚀性高,是因为每层镍的(　　)不同。

(A)含硫量　　　　(B)镀层厚度　　　　(C)光亮度　　　　(D)孔隙

121. 光亮镀镍层表面产生桔皮现象是因为光亮镀镍溶液中(　　)造成的。

(A)溶液湿度高　　　　　　(B)阴极电流密度大

(C)阴极电流　　　　　　(D)十二烷基硫酸钠过多

122. 零件化学镀镍后的热处理温度为(　　)℃。

(A)100～200　　　　(B)200～300　　　　(C)400～500　　　　(D)780

123. 轴类零件厂采用铬镀层,这是因为(　　)。

(A)镀层耐磨性好　　　　(B)镀层价格低　　　　(C)操作简单　　　　(D)镀液无污染

124. 用于摩擦状态下工作的零件,如内燃机气缸、活塞环、滑动轴承等,应施镀(　　)。

(A)黑铬　　　　(B)乳色铬　　　　(C)松孔铬　　　　(D)装饰铬

125. 低浓度镀铬溶液要镀出的铬镀层硬度比高浓度镀铬溶液镀出的铬镀层硬度(　　)。

(A)高　　　　　(B)低　　　　　(C)相同　　　　　(D)低很多

126. 镀黑铬主要是为了提高零件的(　　)性能。

(A)耐蚀　　　　　(B)耐磨　　　　　(C)装饰和消光　　　　　(D)润滑

127. 镀铬时,为了提高零件深凹处镀出镀层的能力,可适当降低溶液中(　　)的含量。

(A)铬酐　　　　　(B)硫酸根　　　　　(C)三价铬　　　　　(D)温度

128. 镀装饰铬时,零件和阴极之间的距离应保持在(　　)cm 之间。

(A)小于 5　　　　　(B)10～30　　　　　(C)50～60　　　　　(D)大于 60

129. 在镀铬电解液中,为维持三价铬的一定含量,应控制阴极面积与阳极面积之比等于(　　)。

(A)1:1　　　　　(B)1:2.5　　　　　(C)1:1.5～1:2　　　　　(D)2:3

130. 标准镀铬液镀乳白铬的温度一般在(　　)℃左右。

(A)15　　　　　(B)30　　　　　(C)45　　　　　(D)70

131. 电镀硬铬时零件和阳极之间的距离一般应在(　　)mm 之间。

(A)10～50　　　　　(B)50～100　　　　　(C)100～300　　　　　(D)800～1 000

132. 标准镀铬电解液工艺需要的槽电压为(　　)。

(A)6～8 V　　　　　(B)8～10 V　　　　　(C)10～12 V　　　　　(D)12 V 以上

133. 镀硬铬的挂具一般采用(　　)制作。

(A)纯铝　　　　　(B)纯铜　　　　　(C)铁丝　　　　　(D)不锈钢

134. 标准镀铬溶液的电流效率一般是(　　)%左右。

(A)5　　　　　(B)13　　　　　(C)30　　　　　(D)80

135. 三价铬镀铬溶液的主盐是(　　)。

(A)氯化铬　　　　　(B)铬酐　　　　　(C)重铬酸钾　　　　　(D)重铬酸钠

136. 由于镀铬过程中阳极表面附有(　　)沉淀,为保证阳极良好的导电性,必须经常把阳极取出进行清洗。

(A)氧化铅　　　　　(B)铬酸铅　　　　　(C)硫酸铬　　　　　(D)三价铬

137. 在标准镀铬电解液中:铬酐与硫酸的比例要严格控制在(　　)。

(A)50:1　　　　　(B)100:1　　　　　(C)150:15　　　　　(D)200:1

138. 在标准镀铬电解液中,能在阴极上放电并沉积出金属铬的离子是(　　)。

(A)$HCrO_4^-$　　　　　(B)$(Cr_2O_7)^{2-}$　　　　　(C)$Cr^{6+}$　　　　　(D)$Cr^{3+}$

139. 在镀铬电解液中,若硫酸含量过高,将造成(　　)。

(A)凹处没有镀层或镀层发花

(B)镀层粗糙、色灰、光亮度差

(C)镀层氢脆

(D)镀层有明显裂纹

140. 在镀铬电解液中,最有害的杂质是(　　),即使含量很低,也可使镀层发灰而失去光泽。

(A)氯离子　　　　　(B)铁和铜离子　　　　　(C)碳酸根　　　　　(D)硝酸根

141. 铬镀层容易溶于(　　)中。

(A)盐酸　　　　　　(B)稀硫酸　　　　　　(C)稀硝酸　　　　　　(D)磷酸

142. 镀装饰铬时,如铬镀层有缺陷,可用(　　)退除。

(A)稀硫酸　　　　　　(B)稀盐酸　　　　　　(C)稀硝酸　　　　　　(D)磷酸

143. 银在空气中(　　)作用下很容易变色。

(A)氧　　　　　　　　(B)氮　　　　　　　　(C)硫　　　　　　　　(D)碳

144. 零件银镀层主要是为了(　　)。

(A)增加美观　　　　　(B)抗蚀性　　　　　　(C)导电　　　　　　　(D)耐磨

145. 氰化镀银电解液需要经常调整,各组分的含量,其中氰化钾含量要高出银含量的(　　)倍。

(A)1～2　　　　　　　(B)2～3　　　　　　　(C)3～4　　　　　　　(D)4～5

146. 银镀层易溶解于(　　)中。

(A)碳酸　　　　　　　(B)磷酸　　　　　　　(C)冷的稀硫酸　　　　(D)稀硝酸

147. 在氰化镀银电解液中,为了增强其导电能力,碳酸钾的作用比提高银盐含量的作用(　　)。

(A)要小得多　　　　　(B)要大得多　　　　　(C)相差不大　　　　　(D)一样

148. 氰化镀银溶液中(　　)低是造成镀银层呈黄色和淡红色的原因之一。

(A)阴离子含量　　　　(B)碳酸盐含量　　　　(C)氰化物含量　　　　(D)操作湿度

149. 导致氰化镀银镀层表面出现变暗、条纹的杂质是(　　)。

(A)铁　　　　　　　　(B)铜　　　　　　　　(C)氯根　　　　　　　(D)有机杂质

150. 银镀层与大气中硫化物作用会发生变色,主要影响银镀层的(　　)。

(A)外观和反光　　　　　　　　　　　　　　(B)耐蚀性

(C)外观、反光、导电和钎焊性　　　　　　　(D)导电性和钎悍性

151. 造成银镀层变色的主要原因是(　　)。

(A)银镀层是阴极性镀层　　　　　　　　　　(B)镀银工艺有问题

(C)银镀层受紫外线作用　　　　　　　　　　(D)银镀层与硫及硫化物起化学反应

152. 防银镀层变色的方法中,(　　)方法因操作时刺激性味太浓而限制了扩大应用。

(A)化学钝化　　　　　(B)电解钝化　　　　　(C)镀贵金属　　　　　(D)表面络合物钝化

153. 在防银镀层变色方法中,(　　)存在着降低银镀层导电性的缺点。

(A)阳极电泳法　　　　　　　　　　　　　　(B)化学钝化法

(C)涂覆有机保护膜法　　　　　　　　　　　(D)表面络合剂钝化法

154. 浓硫酸与浓硝酸的体积比为19∶1的混合酸溶液适用于(　　)镀层的消退。

(A)锌　　　　　　　　(B)锡　　　　　　　　(C)铬　　　　　　　　(D)银

155. 目前国内对银的回收采用得最多的方法是(　　)。

(A)沉积法和电解法　　(B)置换法　　　　　　(C)离子交换法　　　　(D)过滤法

156. (　　)镀层无毒,故大量用于食品器具的电镀。

(A)锌　　　　　　　　(B)铜　　　　　　　　(C)镍　　　　　　　　(D)锡

157. 碱性镀锡的操作温度为(　　)℃。

(A)10～30　　　　　　(B)20～40　　　　　　(C)40～60　　　　　　(D)70～90

158. 用镀锡铁皮制作食品罐头桶,属于(　　)镀层。

(A)防护性　　　　　(B)防护-装饰性　　　(C)特殊要求　　　　(D)装饰性

159. 为提高耐蚀性能,在要求较高的钢铁制品上镀锡,必须(　　)。

(A)使镀层尽量无空隙　　　　　　　(B)预镀铜

(C)预镀镍　　　　　　　　　　　　(D)增加厚度

160. 在酸性镀锡电解液中:NSR-8405 稳定剂的作用是(　　)。

(A)防止二价锡氧化四价锡　　　　　(B)控制游离酸含量

(C)防止四价锡还原成二价锡　　　　(D)增加光亮度

161. 酸性镀锡工艺的最大优点是(　　)。

(A)镀液稳定　　　　　　　　　　　(B)成本低

(C)镀液分散能力好　　　　　　　　(D)可进行光亮电镀

162. 酸性镀锡与碱性镀锡相比较,前者比后者(　　)。

(A)难于控制阳极　　　　　　　　　(B)生产效率高

(C)操作温度高　　　　　　　　　　(D)电流效率低

163. 酸性光亮镀锡的阴极电流密度为(　　)A/dm$^2$。

(A)0.4～0.8　　　(B)1～2　　　　　(C)1～4　　　　　(D)3～10

164. 碱性镀锡时,阳极正常溶解呈(　　)色。

(A)金黄　　　　　(B)灰白　　　　　(C)黑　　　　　　(D)乳白

165. 在碱性镀锡电解液中,氢氧化钠或氢氧化钾在电解液中起(　　)作用。

(A)导电　　　　　　　　　　　　　(B)络合

(C)既起络合又起导电　　　　　　　(D)抑制水解

166. 在碱性镀锡电解液中,阴极上沉析金属锡的放电离子是(　　)。

(A)Sn$^{4+}$　　　　　(B)Sn$^{2+}$　　　　　(C)SnO$_2$　　　　　(D)(SnO$_2$)$^{2-}$

167. 碱性镀锡时,阳极电流密度应控制在(　　)A/dm$^2$。

(A)1～2　　　　　(B)2～4　　　　　(C)4～5　　　　　(D)10～20

168. 在碱性镀锡电解液中,对电解液最有害且最敏感的杂质是(　　)。

(A)铅　　　　　　(B)铁　　　　　　(C)砷　　　　　　(D)二价锡

169. 碱性镀锡镀层孔隙率高的原因是(　　)。

(A)电流密度过高　　　　　　　　　(B)电流密度过低

(C)电解液中有二价锡　　　　　　　(D)操作温度过低

170. 下列电镀工艺的电流效率大小顺序应是(　　)。

(A)镀铬大于氰化镀铜大于酸性镀铜

(B)酸性镀铜大于镀铬大于氰化镀铜

(C)酸性镀铜大于氰化镀铜大于镀铬

(D)镀铬大于硫酸铜大于氢化镀铜

171. 铜/镍/铬多层电镀铬镀层的结合力比铜上直接镀铬好,是由于(　　)。

(A)标准电位镍比铬要正

(B)标准电位镍比铬要负

(C)标准电位铬与铜相差很小而铬与镍相差较大

(D)标准电位铬与镍相差很小而铬与铜相差较大

172. 为提高零件的减磨性能,如轴瓦、轴套等应(　　　)。

(A)镀铜及其合金　　　　　　　　　(B)镀镍-钴或镍-铁合金

(C)镀铅锡或银铅合金　　　　　　　(D)镀锌

173. 锌镍合金(　　　),所以常常采用锌镍合金镀层。

(A)易操作　　　　(B)耐蚀　　　　(C)溶液稳定　　　　(D)脆性低

174. 对银镍合金制成的零件,要求镀上一层薄而耐磨的银镀层,一般应先(　　　)。

(A)预镀铜　　　　(B)预镀银　　　　(C)预镀镍　　　　(D)其他

175. 为了改善合金镀层的性能,外观节约贵金属材料,常采用(　　　)电流电镀。

(A)直流　　　　(B)脉冲　　　　(C)换向　　　　(D)交直流叠加

176. 三元(铜、锡、锌)氰化仿金镀时,提高阴极电流密度,有利于镀层中(　　　)含量增加。

(A)铜　　　　(B)铜和锡　　　　(C)锡　　　　(D)铜和锡

177. (　　　)是一种氧化与磷化相结合的处理方法。

(A)低温氧化法　　　　　　　　　　(B)无碱氧化法

(C)"四合一"磷化法　　　　　　　　(D)黑色磷化法

178. 配制钢铁件无碱氧化溶液时,二氧化锰应(　　　)。

(A)在不断搅拌下单独加入　　　　　(B)先用热水溶解后加入

(C)在不断搅拌下单独用热水溶解后加入　(D)装在棉袋中置于槽底

179. 铝及其合金件氧化处理后的膜层(　　　)。

(A)导电性能增加　　　　　　　　　(B)不能承受较大的压力和变形

(C)化学稳定性较低　　　　　　　　(D)耐蚀能力降低

180. 铝合金阳极氧化时,装夹盒型零件的开口应向上,以防(　　　)。

(A)形成空气袋　　(B)零件打电　　(C)零件过热　　(D)氧化膜多孔

181. 铝合金硫酸阳极化溶液中(　　　)离子的危害较大。

(A)铜　　　　(B)铁　　　　(C)铝　　　　(D)氯和氟

182. 铝合金硫酸阳极化其他条件不变时,提高硫酸浓度,则氧化膜生长速度(　　　)。

(A)加快　　　　(B)不变　　　　(C)减慢　　　　(D)不确定

183. 铝合金硫酸阳极化时,温度越高,膜层硬度(　　　)。

(A)越低　　　　(B)越高　　　　(C)不变　　　　(D)高很多

184. 铝阳极氧化后最常采用(　　　)法来提高零件的耐蚀性。

(A)钝化　　　　(B)着色　　　　(C)封闭　　　　(D)浸漆

185. 铝合金零件采用三酸化学抛光时产生的气体为(　　　)。

(A)二氧化碳　　(B)二氧化氮　　(C)二氧化硫　　(D)一氧化氮

186. 铝合金零件化学氧化时,为了防止膜过镀,溶液常加入(　　　)。

(A)双氧水　　　　(B)醋酸　　　　(C)铬酐　　　　(D)重铬酸钾

187. 铝及其合金件能得到较厚氧化膜,且能满足无线电工业的高绝缘性和稳定性的是(　　　)阳极氧化法。

(A)硫酸　　　　(B)铬酸　　　　(C)草酸　　　　(D)瓷质

188. 对一些铝及其合金制成的铆焊件以及有狭缝、砂眼的结构件或耐压铸件,应采用(　　　)阳极氧化。

(A)硫酸 　　　　(B)铬酸 　　　　(C)草酸 　　　　(D)瓷质

189. 在铝及其合金件阳极氧化时,对基体腐蚀性较小的是(　　)阳极氧化,此法尤其适用于耐压铸件和浇铸件的氧化处理。

(A)硫酸 　　　　(B)铬酸 　　　　(C)草酸 　　　　(D)瓷质

190. 在铝及其合金的阳极氧化方法中,有一定的毒性且氧化溶液不稳定的方法是(　　)阳极氧化。

(A)硫酸 　　　　(B)铬酸 　　　　(C)草酸 　　　　(D)瓷质

191. 最适合铝件染色的阳极氧化方法是(　　)阳极氧化法。

(A)硫酸 　　　　(B)铬酸 　　　　(C)草酸 　　　　(D)瓷质

192. 铝及其合金件的阳极氧化挂具应采用(　　)材料制作。

(A)聚氯乙烯塑料板 　　　　　　　　(B)钢铁

(C)铝及其合金或钛 　　　　　　　　(D)铜及其合金

193. 在铝及其合金的硫酸阳极氧化时,在同样条件下,采用交流电比采用直流电氧化时间要长(　　)倍。

(A)1 　　　　(B)2 　　　　(C)3 　　　　(D)5

194. 铝及其合金的硬质阳极氧化工艺,对温度和槽电压的要求是(　　)。

(A)高温、高压 　　(B)低温、低压 　　(C)高温、低压 　　(D)低温、高压

195. 铝及其合金件的阳极氧化膜,在靠近基体金属的膜层硬度要比表面层的膜层硬度要(　　)。

(A)低 　　　　(B)相同 　　　　(C)高 　　　　(D)差不多

196. 在阳极氧化条件相同的条件下,铝合金氧化膜要比纯铝氧化膜的硬度要(　　)。

(A)低 　　　　(B)相同 　　　　(C)高 　　　　(D)差不多

197. 铝及其合金氧化膜对基体的结合力要比镀层的结合力(　　)。

(A)高 　　　　(B)差不多 　　　　(C)低 　　　　(D)相同

198. 在铝件的硫酸阳极氧化溶液中,危害较大的杂质是(　　)。

(A)$Cu^{2+}$、$Fe^{3+}$ 　(B)$NO_3^-$、$NO_2^-$ 　(C)$Cl^-$、$F^-$、$Al^{3+}$ 　(D)有机物

199. 铝件硫酸阳极氧化时,氧化膜层出现条纹和斑点,是由于溶液中(　　)含量过多。

(A)$Cl^-$、$F^-$ 　　(B)$Al^{3+}$ 　　(C)$NO_3^-$ 　　(D)$Cu^{2+}$

200. 铝件氧化后在交流电电解着色时,虽然着色时间较长,但仍不能形成着色膜的原因是(　　)。

(A)电流密度太低 　　　　　　　　　(B)采用可溶性电极材料

(C)电压太高 　　　　　　　　　　　(D)电压波形不对

201. 当铝件的氧化膜染色不合格时,可以放在5%的(　　)溶液中退除重染。

(A)盐酸 　　　　(B)硫酸 　　　　(C)硝酸 　　　　(D)草酸

202. 当铝及其合金制成的精密零件阳极氧化膜不合格时,可采用(　　)溶液退除效果较好。

(A)磷酸、铬酐 　　　　　　　　　　(B)硫酸、氟化钾

(C)硫酸、氟化氢 　　　　　　　　　(D)氢氯化钠

203. 镁合金零件的浸蚀一般采用(　　)溶液。

(A)稀盐酸　　　　　(B)稀氢氧化钠　　　　(C)铬酸　　　　　(D)磷酸

204. 镁合金化学氧化,使用的氧化剂是(　　)。

(A)重铬酸盐　　　　(B)铬酐　　　　　　　(C)硫酸　　　　　(D)硝酸

205. 铜及其合金件采用碱液化学氧化时,当零件表面不断析出氧气泡即表明(　　)。

(A)氧化终结　　　　　　　　　　　　　　(B)溶液不正常

(C)溶液温度太高　　　　　　　　　　　　(D)溶液中杂质含量多

206. 铜及其合金件的过硫酸盐碱性化学氧化后,得到的氧化膜的颜色是(　　)。

(A)红色　　　　　　(B)黑色　　　　　　　(C)蓝色　　　　　(D)古铜色

207. 铜及其合金钝化处理后生成的膜的颜色是(　　)色。

(A)深蓝或蓝色　　　　　　　　　　　　　(B)褐色或深褐色

(C)彩虹或古铜色　　　　　　　　　　　　(D)黑色

208. 钢铁件发蓝后,氧化膜的成分是(　　)。

(A)$Fe_2O_3$　　　　(B)$FeO$　　　　　　(C)$Fe_3O_4$　　　(D)$Fe(OH)_3$

209. 钢铁零件在发蓝过程中,大量析出的气体为(　　)。

(A)氧气　　　　　　(B)氨气　　　　　　　(C)氢气　　　　　(D)二氧化碳

210. 钢铁件在油中工作时,具有一定的保护作用,镀层不改变零件的表面尺寸,应在其表面上(　　)。

(A)镀锌　　　　　　(B)发蓝　　　　　　　(C)钝化　　　　　(D)镀铬

211. (　　)零件不能用碱性氧化溶液进行发蓝。

(A)经锡焊、锡铅焊、镀锌的钢铁　　　　　(B)铸钢、铸铁

(C)合金钢　　　　　　　　　　　　　　　(D)锻轧钢

212. 钢铁件经过碱性发蓝后(　　)。

(A)没有氢脆影响且不影响零件精度

(B)有氢脆影响,但不影响零件精度

(C)没有氢脆影响,但影响零件精度

(D)有氢脆影响且影响零件精度

213. 发蓝溶液中亚硝酸钠的作用是(　　)。

(A)氧化剂　　　　　(B)还原剂　　　　　　(C)活化剂　　　　(D)稳定剂

214. 在碱性发蓝溶液中,当氢氧化钠浓度超过 1 100 g/L 时,将出现(　　)。

(A)零件表面有红色挂灰　　　　　　　　　(B)氧化膜层薄、发花

(C)氧化膜层疏松多孔　　　　　　　　　　(D)无氧化膜

215. 碱性发蓝溶液的液面颜色呈紫红色,说明溶液中(　　)含量太高。

(A)$NaOH$　　　　　(B)$NaNO_2$　　　　　(C)铁杂质　　　　(D)铜杂质

216. 碱性发蓝时,零件在槽中放置很久仍不生成氧化膜或膜层颜色浅,其原因是(　　)。

(A)氢氧化钠含量过高,但未超过 1 100 g/L

(B)氢氧化钠含量过低

(C)亚硝酸钠含量过高

(D)铁含量过高

217. 正常发蓝溶液使用过程中,表面会有一层(　　)膜层。

(A)黄色　　　　　(B)绿色　　　　　(C)红色　　　　　(D)黑色

218. 碱性发蓝时,零件放入很久,温度已超过工艺规范的上限,仍不生成氧化膜,其原因是(　　)。

(A)氢氧化钠含量过低　　　　　　　　(B)亚硝酸钠含量过低

(C)铁含量太高　　　　　　　　　　　(D)氢氧化钠含量超过 1 100 g/L

219. 锌镀层低铬钝化后,钝化膜容易脱落,其主要原因除了溶液的因素外还有(　　)。

(A)钝化过程中途露空或钝化时间太长

(B)溶液温度太低或钝化时间太短

(C)钝化后清洗不干净或老化时间不够

(D)钝化液 pH 值太低

220. 在低铬钝化液中,铬酐含量一般为(　　)。

(A)2 g/L 左右　　　(B)4～5 g/L　　　(C)10～15 g/L　　　(D)45～50 g/L

221. 铜件钝化时,当钝化液中硫酸含量过低时,则(　　)。

(A)膜层疏松、易脱落　　　　　　　　(B)膜层不光亮

(C)膜层变薄　　　　　　　　　　　　(D)成膜速度慢

222. 为提高钢铁件对油漆的结合力和保护性能,应在其表面上(　　)。

(A)镀铬　　　　　(B)镀铜　　　　　(C)发蓝　　　　　(D)磷化

223. 钢铁件在中温磷化改进液中磷化时的操作温度为(　　)℃。

(A)37～45　　　(B)55～65　　　(C)70　　　(D)85～95

224. 在仪表制造工业中,对于精密铸造件,为了防止由于采用碱性氧化法而残留碱液,常改用(　　)。

(A)普通磷化工艺　　　　　　　　　　(B)黑色磷化工艺

(C)"四合一"磷化工艺　　　　　　　　(D)涂黑工艺

225. 钢铁零件的氧化和磷化处理,应采用(　　)制作挂具或挂篮。

(A)塑料　　　　　(B)铜及其合金　　　(C)钢铁　　　　　(D)铝及其合金

226. 在普通磷化溶液中,当(　　)停止析出时,磷化过程即结束。

(A)氧气　　　　　(B)氢气　　　　　(C)氨气　　　　　(D)氯气

227. 磷化溶液中必须含有一定量的(　　)离子才能正常使用。

(A)铁　　　　　(B)铜　　　　　(C)铬　　　　　(D)镍

228. 磷化溶液中硝酸锌是(　　)。

(A)稳定剂　　　　　(B)氧化剂　　　　　(C)催化剂　　　　　(D)还原剂

229. "四合一"磷化溶液中的磷酸二氢铬组分,可用重铬酸钾作原料,将其溶解于稀磷酸中,再(　　)就可制成。

(A)加过氧化氢还原至溶液呈深绿色

(B)加过氧化氢还原至溶液呈深蓝色

(C)加入铁粉并加热至溶液呈深绿色

(D)加入铁粉并加热至溶液呈深蓝色

230. 磷化膜层能避免或减少钢铁表面在冷变形加工过程中产生拉伤裂纹的原因,是由于(　　)。

(A)膜层硬度和强度高

(B)膜层柔软性好

(C)膜层具有良好的润滑性能

(D)膜层延展性好

231. 高强度钢磷化后,应进行(　　)处理以减少内应力。

(A)浸油　　　　　(B)除氢　　　　　(C)皂化　　　　　(D)浸漆

232. 排除钢铁件表面预处理的因素外,磷化膜不均匀、发花的原因是(　　)。

(A)操作温度过高　　　　　　　　(B)操作温度过低

(C)总酸度偏低　　　　　　　　　(D)亚铁离子含量过低

233. 钢铁件磷化时,溶液(　　)也是造成磷化膜结晶粗糙多孔的原因。

(A)游离酸含量过高　　　　　　　(B)游离酸含量过低

(C)硝酸根太多　　　　　　　　　(D)操作温度过高

### 三、多项选择题

1. 为达到装饰性、耐蚀性的目的,对镀层的基本要求有(　　)。

(A)结合力好　　　(B)孔隙率小　　　(C)厚度均匀　　　(D)良好的理化性能

2. 清洁生产的内容,主要包括(　　)。

(A)清洁的能源　　(B)清洁的产品　　(C)清洁的生产　　(D)工艺技术

3. 电镀生产过程中排放的(　　)是环境的主要污染源。

(A)废品　　　　　(B)废水　　　　　(C)废气　　　　　(D)废渣

4. 电镀用剧毒化学药品应该(　　),以免发生药品流失,导致中毒事故发生。

(A)专库　　　　　(B)专柜储存　　　(C)单人管理　　　(D)标识清晰

5. 当发现有机溶剂中毒时,应立即采取下列措施,将中毒者(　　)。

(A)立即送医院　　(B)将头部放低　　(C)横卧或仰卧　　(D)移至通风处

6. 配制有毒溶液时,应(　　),人体不得直接接触有毒物品。

(A)专人负责　　　(B)他人配合　　　(C)规定地点　　　(D)通风良好

7. 下面属于混合物的是(　　)。

(A)水　　　　　　(B)盐酸　　　　　(C)硫酸　　　　　(D)糖水

8. 下面属于化合物的是(　　)。

(A)镍　　　　　　(B)氯化物　　　　(C)硫酸镍　　　　(D)盐酸

9. 氢氧化钠很容易吸收空气中的水蒸气,使晶体表面变的潮湿,这种现象不是(　　)。

(A)结晶　　　　　(B)溶解　　　　　(C)风化　　　　　(D)潮解

10. 下列属于结晶水合物的是(　　)。

(A)胆矾　　　　　(B)绿矾　　　　　(C)石膏　　　　　(D)$H_3BO_3$

11. 下列反应属于复分解反应的是(　　)。

(A)$H_2SO_4 + 2NaOH = Na_2SO_4 + 2H_2O$

(B)$H_2SO_4 + BaCl_2 = BaSO_4 \downarrow + 2HCl$

(C)$2Al + 6HCl = 2AlCl_3 + 3H_2 \uparrow$

(D)$BaCl_2 + Na_2SO_4 = BaSO_4 \downarrow + 2NaCl$

12. 下列叙述正确的是(　　)。

(A)中子不带电荷
(B)原子核是由质子和中子组成
(C)电子不带电荷
(D)原子是由质子和中子组成

13. 元素性质的周期性变化,主要表现在(　　)。

(A)元素的属性(失电子能力),从强到弱,非金属性(得电子能力)从弱到强的周期性变化

(B)元素的最高正价从+1依次变至+7和0,非金属元素的负价从-4依次变至-1和0的周期性变化

(C)元素的最高氧化物及其水化物的碱性从强到弱,酸性从弱到强,气态氢化物的稳定性,从小到大的周期性变化

(D)原子的半径从大到小(稀有气体除外)的周期性变化

14. 元素周期表与原子结构关系有(　　)。

(A)原子序数=核电核数
(B)周期序数=核外电子数
(C)主族序数=最外层电子数
(D)0族元素最外层电子数为8

15. 移液管的使用方法及注意事项有(　　)。

(A)移液管在放液时应紧贴着瓶壁,应慢慢放
(B)移液管在放液时不用紧贴瓶壁,把液放干净为止
(C)移液管在往瓶内移液时,最后残留的液滴要吹干净
(D)移液管在往瓶内移液时,最后残留的液滴应用嘴吹干净

16. 酒精灯在使用时,应注意(　　)。

(A)灯内的酒精量不少于容量的1/4,不超过2/3
(B)在点燃酒精灯时,不能用另一酒精灯点燃
(C)停用酒精灯时,要用灯帽盖熄
(D)停用酒精灯时,可用嘴吹熄

17. 导体的导电是靠(　　)的运动来实现的。

(A)电子　　　(B)分子　　　(C)离子　　　(D)原子

18. 电解质在水中会发生(　　)。

(A)电离反应　(B)阳极反应　(C)阴极反应　(D)化合反应

19. 电解时,电极上形成的产物的质量与(　　)。

(A)电流成正比　(B)电压成正比　(C)时间成正比　(D)电荷量成正比

20. 液相传质过程可以由(　　)几种方式。

(A)电迁移　　　(B)聚合　　　(C)对流　　　(D)扩散

21. 镀液的组分一般由(　　)组成。

(A)主盐　　　(B)导电盐　　　(C)缓冲剂　　　(D)添加剂

22. (　　)是影响电沉积过程的主要因素。

(A)电流密度　(B)镀液温度　(C)搅拌　　　(D)施电方式

23. 为了达到防护的目的,覆盖层必须达到(　　)的基本要求。

(A)结合力好　(B)孔隙率小　(C)理化性能好　(D)均匀细致

24. 电化学保护法有(　　)。

(A)外加电源阴极　　　(B)牺牲阳极　　　　　(C)阳极保护　　　　　(D)缓蚀剂保护

25. 在大气条件下,下列镀层属于阴极性镀层的是(　　　)。

(A)钢铁基体镀铜层　　　　　　　　　　(B)钢铁基体铜、镍镀层

(C)钢铁基体铜、镍、铬镀层　　　　　　(D)钢铁基体锌镀层

26. 零件三视图的特性有(　　　)。

(A)主、俯视图宽相等　　　　　　　　　(B)主、俯视图长对正

(C)主、左视图高平齐　　　　　　　　　(D)俯、左视图宽相等

27. 镀层厚度单位一般不使用(　　　)。

(A)mm　　　　　(B)dm　　　　　(C)$\mu$m　　　　　(D)nm

28. 制图中规定,图样中直线的尺寸不能以(　　　)为单位。

(A)mm　　　　　(B)cm　　　　　(C)$\mu$m　　　　　(D)m

29. 图中标注 $\phi 20^{+0.01}_{-0.01}$ 镀后合格品是(　　　)mm。

(A)20.01　　　　(B)20.00　　　　(C)19.99　　　　(D)20.02

30. 对于(　　　)等,酸洗时只能进行弱酸洗,电化学脱脂是只可进行阳极脱脂。

(A)薄壁件　　　　(B)弹性件　　　　(C)高强度件　　　　(D)铆装件

31. 下列各种物质属于皂化油的是(　　　)。

(A)石蜡　　　　　(B)凡士林　　　　(C)动物油　　　　(D)植物油

32. 常用的有机溶剂有(　　　)。

(A)汽油　　　　　(B)润滑油　　　　(C)丙酮　　　　　(D)苯

33. 通常,钢铁、镍、铬等硬质金属抛光时,一般不采用的圆周速度为(　　　)。

(A)10～15 m/s　　(B)15～20 m/s　　(C)20～25 m/s　　(D)30～35 m/s

34. 喷砂过程中,喷嘴与被处理工件之间不合适的距离是(　　　)。

(A)100 mm　　　　(B)200 mm　　　　(C)300 mm　　　　(D)400 mm

35. 黏结 40 目左右的金刚砂时,水与胶之比不应为(　　　)。

(A)8∶2　　　　　(B)7∶3　　　　　(C)6∶4　　　　　(D)5∶5

36. 对于铝、锡等软质金属抛光时,抛光轮转速不应在(　　　)左右。

(A)1 000 r/min　　(B)1 200 r/min　　(C)1 400 r/min　　(D)1 600 r/min

37. 抛光操作时,白色抛光膏可用于(　　　)。

(A)铝　　　　　　(B)不锈钢　　　　(C)有机玻璃　　　　(D)铜

38. 与化学抛光相比,电化学抛光特点是(　　　)。

(A)抛光后的工件表面更光亮　　　　　(B)抛光溶液使用寿命更长

(C)不产生 $NO_2$(黄烟)等有害气体　　　(D)可以抛光形状更复杂的工件

39. 对强酸性镀液,阴阳极面积比(　　　)都不合适。

(A)1∶2　　　　　(B)1∶1.5　　　　(C)1∶1　　　　　(D)1∶0.5

40. 下列物质不能使用强碱性溶液进行脱脂处理的是(　　　)。

(A)不锈钢　　　　(B)铜　　　　　　(C)锌及其合金　　　(D)铝及其合金

41. 一般情况下,通过(　　　)挂钩上的电流密度可超过 1 A/mm$^2$。

(A)钢质　　　　　(B)黄铜　　　　　(C)紫铜　　　　　(D)锡

42. 霍尔槽试验能确定(　　　)。

(A)添加剂的含量    (B)电流密度范围    (C)电流效率    (D)主盐含量

43. 在(    )过程中都可能有氢析出,形成氢脆。
(A)电镀    (B)化学脱脂    (C)电化学脱脂    (D)酸洗

44. 工件表面的(    )等缺陷都会影响镀层的质量。
(A)机械损伤    (B)无倒角    (C)毛刺    (D)油脂

45. 工程中,常见的(    )是既溶于酸又溶于碱的两性金属。
(A)铁    (B)锌    (C)铜    (D)铝

46. 在电镀锌中阳极与阴极之间的距离不应为(    )。
(A)≤5 cm    (B)≤10 cm    (C)20～25 cm    (D)≥30 cm

47. 滚镀锌时装载量要根据实际情况,一般是滚筒的(    )为宜。
(A)1/2    (B)1/3    (C)1/4    (D)1/3～1/4

48. 锌镀层的钝化膜在(    )环境下几乎不发生变化,有很好的防锈性能。
(A)空气    (B)酸雾    (C)汽油    (D)含 $CO_2$ 的潮湿水汽

49. 氯化物镀锌工艺的溶液配制时,(    )应用热水溶解后加入槽内。
(A)氯化锌    (B)氯化钾    (C)氯化钠    (D)硼酸

50. 氯化物镀锌工艺中,(    )为导电盐还可提高阴极极化和镀液的分散能力。
(A)氯化锌    (B)氯化钾    (C)氯化钠    (D)硼酸

51. 氯化物镀锌工艺中,(    )为产生镀层光亮度差的原因。
(A)光亮剂不足    (B)pH 值过高    (C)温度过高    (D)硼酸少

52. 氯化物镀锌工艺中,(    )为产生镀液浑浊的原因。
(A)光亮剂不足    (B)pH 值过高    (C)温度过高    (D)金属杂质多

53. 氯化物镀锌工艺中,(    )为产生镀液深度性能差的原因。
(A)光亮剂不足    (B)pH 值过高    (C)锌高氯化物低    (D)金属杂质多

54. 氯化物镀锌工艺中,(    )为产生镀层雾状、烧焦的原因。
(A)光亮剂过多    (B)pH 值过高    (C)锌量低    (D)硼酸少

55. 氯化物镀锌工艺中,(    )为产生镀层针孔、条纹状、脆性大的原因。
(A)光亮剂过多    (B)pH 值过高    (C)锌量低    (D)硼酸少

56. 硫酸盐镀锌工艺的溶液配制时,(    )需用热水搅拌溶解。
(A)硫酸锌    (B)硫酸铝    (C)硫酸钠    (D)硼酸

57. 硫酸盐镀锌工艺中,(    )为产生镀层粗糙、灰暗、镀液浑浊的原因。
(A)光亮剂不足    (B)pH 值过高    (C)电流密度低    (D)缓冲剂不足

58. 硫酸盐镀锌工艺中,(    )为造成沉积速度慢的原因。
(A)导电盐不足    (B)pH 值过高    (C)锌量低    (D)电流密度低

59. 硫酸盐镀锌工艺中,(    )为产生镀层产生灰斑的原因。
(A)电流密度低    (B)pH 值过高    (C)光亮剂不足    (D)金属杂质多

60. 硫酸盐镀锌工艺中,(    )为镀层易烧焦的原因。
(A)锌浓度低    (B)pH 值过高    (C)导电盐多    (D)光亮剂不足

61. 锌酸盐镀锌工艺中,(    )为造成镀液分散能力差的原因。
(A)添加剂不足    (B)温度过高    (C)锌低碱高    (D)电流密度低

62. 锌酸盐镀锌工艺中,(　　)为造成镀层阴阳面的原因。

(A)光亮剂不足　　　(B)金属杂质多　　　(C)含锌高　　　　(D)电流密度低

63. 锌酸盐镀锌工艺中,(　　)为造成镀层灰暗、无光泽的原因。

(A)光亮剂不足　　　(B)金属杂质多　　　(C)温度过高　　　(D)电流密度低

64. 锌酸盐镀锌工艺中,(　　)为造成沉积速度慢的原因。

(A)含锌高　　　　　(B)电流密度低　　　(C)温度过低　　　(D)金属杂质多

65. 锌酸盐镀锌工艺中,(　　)为镀层易烧焦的原因。

(A)电流密度高　　　(B)pH 值过高　　　(C)锌高碱低　　　(D)主添加剂不足

66. 锌酸盐镀锌工艺中,(　　)为造成镀层脆性大、有麻点的原因。

(A)光亮剂不足　　　(B)有机杂质多　　　(C)温度过低　　　(D)电流密度低高

67. 镀锌层低铬彩色钝化工艺中,(　　)会造成钝化膜色浅或无彩色膜。

(A)铬酐少　　　　　(B)钝化剂不足　　　(C)pH 值过高或低　(D)钝化时间长

68. 镀锌层低铬彩色钝化工艺中,(　　)会造成钝化膜有白蒙。

(A)铬酐少　　　　　(B)钝化剂不足　　　(C)pH 值过高或低　(D)钝化时间长

69. 镀锌层低铬彩色钝化工艺中,(　　)会造成钝化膜光泽差。

(A)镀锌层粗糙　　　(B)硝酸不足　　　　(C)出光液不好　　(D)出光时间长

70. 镀锌层低铬彩色钝化工艺中,(　　)会造成钝化膜脱落。

(A)钝化时间长　　　(B)酸量不足　　　　(C)钝化液温度高　(D)醋酸少

71. 锌镀层的退除一般不使用(　　)。

(A)盐酸　　　　　　(B)硫酸　　　　　　(C)硝酸　　　　　(D)磷酸

72. 冬天为了提高氰化镀铜的沉积速度,常加入(　　)含量。

(A)提高氰化物总量　　　　　　　　　　　(B)降低氰化钠

(C)酒石酸钾钠　　　　　　　　　　　　　(D)提高氢氧化钠

73. 酸性镀铜工艺中,(　　)使镀层沉积太慢、边缘疏松并有脱落现象。

(A)酸度不够　　　　(B)温度过高　　　　(C)电流密度过大　(D)金属杂质多

74. 酸性镀铜工艺中,(　　)使镀层与基体结合力不牢。

(A)时间不够　　　　(B)预处理不好　　　(C)温度过低　　　(D)铜量过高

75. 焦磷酸盐镀铜工艺中,为了防止阳极钝化常加入(　　)。

(A)柠檬酸盐　　　　(B)碳酸钠　　　　　(C)焦磷酸钾　　　(D)酒石酸钾钠

76. 镍镀层的孔隙率较高,镀层在(　　)时才无孔。

(A)10 μ　　　　　　(B)20 μ　　　　　　(C)25 μ　　　　　(D)30 μ

77. 镀光亮镍时,镀液 pH 值对镀层质量影响较大,pH 值在(　　)为不合理。

(A)3.2～3.8　　　　(B)4～4.5　　　　　(C)5～5.5　　　　(D)3.8～4.0

78. 镍镀层为稍带淡黄的银白色,不容许的缺陷有(　　)。

(A)盐类痕迹　　　　(B)树枝状　　　　　(C)斑点　　　　　(D)轻微不均

79. 多层镀镍之所以耐蚀性高,并非因为每层镍的(　　)不同。

(A)含硫量　　　　　(B)镀层厚度　　　　(C)光亮度　　　　(D)孔隙

80. 硫酸镀镍液通电后阳极易钝化,加入(　　)离子不能起到活化阳极的作用。

(A)镍　　　　　　　(B)硫酸根　　　　　(C)钠　　　　　　(D)氯

81. 镀镍槽中一般不使用(　　)材料制作阳极篮。
(A)铜　　　　　(B)不锈钢　　　　　(C)钛合金　　　　　(D)铁

82. 镍镀层在有机酸中恒稳定,在(　　)中溶解缓慢或不稳定。
(A)盐酸　　　　(B)硫酸　　　　　(C)稀硝酸　　　　　(D)浓硝酸

83. 镍镀液中 $Cu^{2+}$ 易使低电流密度区镀层呈灰色甚至黑色,出现(　　)等不良镀层。
(A)粗糙　　　　(B)疏松　　　　　(C)海绵状　　　　　(D)针孔

84. 镍镀液中铁是主要杂质,夹杂于镀层中出现(　　)等不良镀层。
(A)粗糙　　　　(B)疏松　　　　　(C)斑点　　　　　(D)针孔

85. 铬镀层具有良好的稳定性,但容易溶于(　　)中。
(A)盐酸　　　　(B)碱　　　　　(C)稀硝酸　　　　　(D)热硫酸

86. 镀铬采用不溶性的铅和铅合金作为阳极,其阴阳极面积比为(　　)。
(A)1∶2　　　　(B)2∶1　　　　　(C)3∶2　　　　　(D)1∶1

87. 普通镀铬溶液的电流效率达不到(　　)。
(A)50～70%　　　(B)90～95%　　　(C)60～80%　　　(D)10～13

88. 镀铬溶液对杂质不很敏感,当(　　)时,将影响镀层质量。
(A)Fe>10 g/L　　(B)Cu>4 g/L　　(C)Zn>2 g/L　　(D)$Cl^-$<0.1 g/L

89. 镀铬时,调整溶液中(　　),对提高零件深凹处镀出镀层的能力的作用不明显。
(A)铬酐含量　　(B)硫酸根含量　　(C)三价铬含量　　(D)温度

90. 三价铬镀铬溶液的主盐不是(　　)。
(A)氯化铬　　　(B)铬酐　　　　(C)重铬酸钾　　　(D)重铬酸钠

91. 镀黑铬是为了提高零件的(　　)性能。
(A)装饰　　　　(B)耐磨　　　　(C)消光　　　　(D)润滑

92. 零件银镀层目的不是为了(　　)。
(A)增加美观　　(B)抗蚀性　　　(C)导电　　　　(D)耐磨

93. 镀银前除按常规进行脱脂和酸洗外,还需采用(　　)进行预处理。
(A)汞齐化　　　(B)浸银　　　　(C)预镀银　　　(D)涂银

94. 零件银镀层防银变色处理的方法有(　　)。
(A)化学钝化　　(B)电化学钝化　　(C)有机涂层　　(D)变色后处理

95. 造成银镀层变色的非主要原因是(　　)。
(A)银镀层是阴极性镀层　　　　　(B)镀银工艺有问题
(C)银镀层与硫化物反应　　　　　(D)没钝化处理

96. 在汞齐化处理过程中处理时间(　　)均不合理。
(A)3～5 s　　　(B)10～15 s　　(C)20 s 以上　　(D)5～10 s

97. 银镀层难溶于(　　)。
(A)盐酸　　　　(B)冷的稀硫酸　　(C)稀硝酸　　　(D)浓硫酸

98. 目前国内对银的回收采用得最多的方法是(　　)。
(A)沉积法　　　(B)电解法　　　(C)离子交换法　　(D)过滤法

99. 银镀层与大气中硫化物作用会发生变色,会影响银镀层的(　　)。
(A)反光　　　　(B)耐蚀性　　　(C)钎焊性　　　(D)导电性

100. 锡镀层化学稳定性高,在大气中( )几乎无反应。
(A)盐酸　　　　　(B)硫酸　　　　　(C)硝酸　　　　　(D)加热浓酸

101. 对于( )基体镀锡后需要的焊接件,应预镀铜层打底。
(A)铜　　　　　(B)铜合金　　　　　(C)黄铜　　　　　(D)钢铁

102. 在高温、潮湿和密封条件下能长出晶须的镀层有( )。
(A)锡镀层　　　　　(B)锌镀层　　　　　(C)镉镀层　　　　　(D)镍镀层

103. 在碱性镀锡电解液中,对( )等杂质不敏感。
(A)锌　　　　　(B)镍　　　　　(C)镉　　　　　(D)铜

104. 在碱性镀锡电解液中,对( )则有明显影响。
(A)氯　　　　　(B)硝酸根　　　　　(C)锌　　　　　(D)铜

105. 酸性光亮镀锡工艺中,( )为造成镀层发雾的原因。
(A)金属杂质多　　(B)有机杂质多　　(C)四价锡过多　　(D)电流密度低

106. 酸性光亮镀锡工艺中,( )为造成镀层发脆、脱落的原因。
(A)光亮剂过多　　(B)电流密度过高　　(C)温度太低　　(D)电流密度低

107. 酸性光亮镀锡工艺中,( )会造成镀层光亮度不够。
(A)光亮剂少　　(B)主盐浓度过高　　(C)温度过高　　(D)电流密度低

108. 酸性光亮镀锡工艺中,( )会造成镀层发黄。
(A)光亮剂少　　(B)电流密度过高　　(C)温度过高　　(D)镀后清洗不净

109. 锌镍合金镀层具有( )的特点,现在被机电行业广泛运用。
(A)耐蚀性好　　(B)导电性好　　(C)氢脆性小　　(D)焊接性好

110. 所谓仿金镀,就是在铜锌合金镀液中加入( )来改变镀层的外观。
(A)锡　　　　　(B)钴　　　　　(C)镍　　　　　(D)镉

111. 仿金镀中,由于( )会使镀层有红、有黄。
(A)游离氰化钠低　(B)氨水含量低　　(C)温度过高　　(D)添加剂不足

112. 化学镀镍层具有很好的( )。
(A)耐化学蚀性　　(B)耐气体蚀性　　(C)耐高温性　　(D)耐色变性

113. 为保证化学镀镍层的结合力,对于无催化作用且电位较正的( )需闪镀一次层镍。
(A)铜　　　　　(B)锌　　　　　(C)铜合金　　　　　(D)不锈钢

114. 在化学镀镍过程中,由于( ),会造成反应慢、沉积速度低。
(A)pH 值低　　(B)温度过低　　(C)次磷酸不足　　(D)pH 值高

115. 在化学镀镍过程中,由于( ),会造成反应剧烈、呈沸腾状。
(A)温度过高　　(B)装载量过大　　(C)次磷酸过高　　(D)pH 值太高

116. 在化学镀镍过程中,( ),会造成槽壁和槽底沉积金属镍。
(A)温度过高　　(B)装载量过大　　(C)镀槽破损　　(D)pH 值太高

117. 在化学镀镍过程中,由于( ),会造镍镀层易剥落。
(A)温度波动大　　　　　　　(B)前处理不彻底
(C)次磷酸过高　　　　　　　(D)金属杂质污染

118. 化学镀镍层的后处理一般具有的作用有( )。

(A)驱氢降应力 　　　　　　　　(B)改变组织及性能
(C)提高耐蚀性 　　　　　　　　(D)具有特殊性

119. 各种工程塑料通过镀覆(　　　)层,可以改变其原有性能。
(A)导电 　　　(B)耐磨 　　　(C)装饰性 　　　(D)导热

120. 由于塑料不导电,无法直接通电沉积,需进行(　　　)预处理。
(A)消除应力 　　(B)脱脂 　　　(C)粗化 　　　(D)敏化与活化

121. 塑料的敏化、活化与还原的目的,是在其表面生成(　　　)的贵金属晶核。
(A)连续的 　　(B)不连续的 　　(C)有催化能力 　　(D)有导电能力

122. 塑料等非金属材料化学镀铜的优点是(　　　)。
(A)韧性好 　　(B)内应力小 　　(C)耐蚀性好 　　　(D)镀液稳定

123. 塑料等非金属材料化学镀镍的优点是(　　　)。
(A)耐蚀性好 　　(B)结晶细致 　　(C)内应力小 　　　(D)镀液稳定

124. 铝及铝合金的化学氧化中,(　　　)会造成膜层有亮点、长条纹。
(A)表面油污未除尽 　　　　　　(B)表面不均匀
(C)硼酸过高 　　　　　　　　　(D)出光不好

125. 铝及铝合金的化学氧化中,(　　　)会造成膜层疏松。
(A)氟化物过高 (B)硼酸过低 　　(C)磷酸过高 　　　(D)出光不好

126. 铝及铝合金的电化学氧化工艺可分为(　　　)等阳极氧化法。
(A)硫酸法 　　(B)草酸法 　　(C)铬酸法 　　　(D)瓷质阳极化

127. 铝及铝合金的硫酸阳极氧化中,(　　　)会造成膜层光泽性差、发暗。
(A)硫酸浓度低 (B)过程断电 　(C)电解液浓度过高 (D)碱蚀时间长

128. 铝及铝合金的硫酸阳极氧化中,(　　　)会造成工件与夹具处烧伤。
(A)挂具未除尽接触不良 　　　　(B)工件与挂具接触太小
(C)电流密度过高 　　　　　　　(D)温度过高

129. 铝及铝合金的硫酸阳极氧化中,(　　　)会造成氧化膜耐蚀性耐磨性差。
(A)电解液温度高而电流密度低 　(B)电解液浓度高而氧化时间长
(C)合金组织不均 　　　　　　　(D)基体处理不良

130. 铝及铝合金的硫酸阳极氧化中,(　　　)会造成氧化膜发脆或有裂纹。
(A)阳极电流密度过高 　　　　　(B)溶液温度太低
(C)干燥温度太高 　　　　　　　(D)溶液温度太高

131. 铝阳极氧化伴随着氧化膜的生成与溶解,其比例大小决定于(　　　)。
(A)溶液浓度 　　(B)电流密度 　　(C)温度 　　　(D)时间

132. 草酸铝阳极氧化在不含铜的铝合金上,可获得(　　　)的装饰性膜层。
(A)白色 　　(B)黄铜色 　　(C)黄褐色 　　　(D)黑色

133. 铝及铝合金的草酸阳极氧化中,(　　　)会造成氧化膜薄。
(A)草酸浓度低 　　　　　　　　(B)溶液温度低于 10 ℃
(C)电压低于 110 V 　　　　　　(D)氧化时间长

134. 铝及铝合金的草酸阳极氧化中,(　　　)会产生电腐蚀现象。
(A)电接触不良 　　　　　　　　(B)电压升高太快

(C)空气搅拌不足　　　　　　　　(D)材质有问题

135. 铝及铝合金的草酸阳极氧化中,(　　)会造成膜层疏松或被溶解。

(A)草酸浓度低　　　　　　　　(B)铝离子超过 3 g/L

(C)氯离子大于 0.2 g/L　　　　(D)温度过高

136. 铝及铝合金的铬酸阳极氧化中,(　　)会造成工件烧伤。

(A)接触不良　　　　　　　　(B)氧化升压太快

(C)阴阳极短路　　　　　　　(D)氧化时间长

137. 铝及铝合金的铬酸阳极氧化中,(　　)会使膜层薄、发白。

(A)接触不良　　　　　　　　(B)阳极电流太小

(C)阴阳极短路　　　　　　　(D)氧化时间短

138. 铝及铝合金的铬酸阳极氧化中,(　　)会造成氧化膜发红或有绿斑点。

(A)预处理不良　　　　　　　(B)接触不良

(C)阴阳极短路　　　　　　　(D)材质不纯

139. 铝及铝合金的铬酸阳极氧化中,(　　)会造成工件上有白粉。

(A)接触不良　　　　　　　　(B)氧化电流大

(C)溶液温度过高　　　　　　(D)氧化时间长

140. 铝及铝合金的阳极氧化膜的化学着色中,(　　)会造成工件着不上色。

(A)染料已分解　　　　　　　(B)pH 值太高

(C)着色不及时　　　　　　　(D)氧化膜太薄

141. 铝及铝合金的阳极氧化膜的化学着色中,(　　)会使工件着色后呈白色水雾。

(A)氧化膜孔内有水气　　　　(B)返工件退色液浓度高

(C)返工件退色时间长　　　　(D)氧化膜太薄

142. 铝及铝合金的阳极氧化膜的化学着色中,(　　)会造成工件染色易擦掉。

(A)氧化温度过高　　　　　　(B)溶液浓度过高

(C)着色时间过长　　　　　　(D)氧化膜太薄

143. 铝及铝合金的阳极氧化膜的镍-锡电解着色中,(　　)会造成工件上色速度慢。

(A)电压低或导电不良　　　　(B)硫酸亚锡不足

(C)着色时间短　　　　　　　(D)硫酸含量不宜

144. 铝及铝合金的阳极氧化膜的镍-锡电解着色中,(　　)会造成工件完全不上色。

(A)氧化膜极薄　　　　　　　(B)接电错位

(C)硫酸亚锡低于 1 g/L　　　(D)硫酸含量过高

145. 铝及铝合金的阳极氧化膜的封闭处理,(　　)会使封闭效果差。

(A)封闭剂浓度低　　　　　　(B)温度低或时间短

(C)pH 值过高或过低　　　　(D)杂质累积超标

146. 为提高镁合金的耐蚀性能,一般在氧化后进行(　　)。

(A)喷涂油漆　　(B)喷涂树脂　　(C)喷涂塑料　　(D)着色处理

147. (　　)工件能用碱性氧化溶液进行发蓝。

(A)经锡焊、锡铅焊、镀锌的钢铁　　(B)铸钢、铸铁

(C)合金钢　　　　　　　　(D)低碳钢

148. 钢铁件高温发蓝时,(     )会造成发蓝膜上附着红色挂灰。
(A)氢氧化钠量太高　　　　　　(B)溶液温度过高
(C)溶液含铁过高　　　　　　　(D)发蓝时间短

149. 钢铁件高温发蓝时,(     )会造成发蓝膜发花、色泽不均。
(A)氢氧化钠量不足　　　　　　(B)溶液温度过高
(C)脱脂不尽　　　　　　　　　(D)发蓝时间短

150. 钢铁件高温发蓝时,发蓝膜很薄、甚至不成膜,是由(     )造成。
(A)脱脂不尽　(B)溶液温度过低　(C)溶液浓度低　(D)发蓝时间短

151. 钢铁件高温发蓝时,局部无发蓝膜或局部发蓝膜脱落,是由(     )造成。
(A)脱脂不尽　(B)工件重叠脱脂　(C)溶液温度高　(D)发蓝时间长

152. 钢铁件高温发蓝时,(     )会造成发蓝膜上出现白斑或白色挂霜。
(A)氢氧化钠量过高　　　　　　(B)填充液水质硬
(C)氧化后清洗不尽　　　　　　(D)发蓝时间短

153. 钢铁件常温发蓝时,(     )会造成发蓝膜表面发花。
(A)预处理不尽　　　　　　　　(B)残液未洗尽
(C)工件抖动太快　　　　　　　(D)工件重叠

154. 钢铁件常温发蓝时,发蓝膜表面上黑或局部不黑,是由(     )造成。
(A)表面油污严重　　　　　　　(B)溶液成分失调
(C)工件重叠　　　　　　　　　(D)发蓝时间短

155. 钢铁件常温发蓝时,(     )会造成发蓝膜疏松。
(A)溶液浓度高　　　　　　　　(B)溶液酸度高
(C)添加剂不足　　　　　　　　(D)发蓝时间太长

156. 钢铁件常温发蓝时,发蓝膜黑度差、色泽浅,是由(     )造成。
(A)溶液浓度高　　　　　　　　(B)溶液成分失调
(C)溶液酸度低　　　　　　　　(D)发蓝时间短

157. 钢铁件高、中温磷化时,(     )会造成磷化膜结晶粗糙多孔。
(A)游离酸太高　　　　　　　　(B)表面过腐蚀
(C)硝酸根不足　　　　　　　　(D)$Fe^{2+}$过高或过低

158. 钢铁件高、中温磷化时,磷化膜不易生成,是由(     )造成。
(A)表面有硬化层　　　　　　　(B)溶液杂质多
(C)总酸度低　　　　　　　　　(D)磷化时间短

159. 钢铁件高、中温磷化时,(     )会造成磷化膜薄、无明显结晶。
(A)总酸度过高　　　　　　　　(B)表面有硬化层
(C)溶液温度低　　　　　　　　(D)$Fe^{2+}$过低

160. 钢铁件高、中温磷化时,磷化膜耐蚀性差、易生锈,是由(     )造成。
(A)游离酸含量过高　　　　　　(B)磷酸盐不足
(C)硝酸盐不足　　　　　　　　(D)基体过腐蚀

161. 钢铁件高、中温磷化时,磷化膜上有白色附着物,是由(     )造成。
(A)沉淀物多　　　　　　　　　(B)清洗不尽

(C)钙盐或硫酸根过高　　　　　　　(D)硝酸根不足

162. 钢铁件常(低)温磷化时,(　　)会造成磷化膜不完整、发花、色泽不均。

(A)脱脂不尽　　　　　　　　　　　(B)表面局部钝化

(C)温度低、pH 值高　　　　　　　　(D)前处理不尽

163. 钢铁件常(低)温磷化时,磷化膜结晶不致密,是由(　　)造成。

(A)总酸度过低　　　　　　　　　　(B)表面有硬化层

(C)$Fe^{2+}$ 含量低　　　　　　　　　　(D)温度低、时间短

164. 钢所谓"四合一"磷化,就是将(　　)四个主要工序在一个槽中完成。

(A)脱脂　　　　　(B)酸性　　　　　(C)磷化　　　　　(D)钝化

## 四、判 断 题

1. 电解液的导电是靠离子运动。(　　)

2. 在电解液中,电解液的电导率也随着电解质的浓度增大而增大。(　　)

3. 电解液的分散能力和覆盖能力互相关联,覆盖能力好的电解液,其分散能力也一定好。(　　)

4. 金属的腐蚀是指金属与周围介质接触而发生的化学作用。(　　)

5. 在与电解液接触的条件下,电化学腐蚀既可发生在两块不同电位的金属的接触部位,也可发生在不纯的杂质与金属的电位不同单金属上。(　　)

6. 镀锌层在高于 70 ℃的高温高湿环境中为阳极性镀层。(　　)

7. 锌镀层在一般的干燥大气环境中为阳极性镀层。(　　)

8. 锌镀层在海洋大气环境中为阴极性镀层。(　　)

9. 钢铁零件上的镍镀层在空气中较稳定,耐蚀能力强,对钢铁基体来说为阳极性镀层。(　　)

10. 产品及工件的使用条件是选择工艺的重要依据。(　　)

11. 电镀工艺规程必须按照产品图的技术要求制定工艺。(　　)

12. 电镀层的主要作用是提高零件的耐蚀性能、装饰零件的外表和提高零件的工作性能等。(　　)

13. 不锈钢零件抛光应使用红色抛光膏。(　　)

14. 不锈钢零件电抛光后可以提高耐腐蚀性能。(　　)

15. 钢铁件或黄铜件喷砂后,都可以直接在普通镀铬电解液或其他镀铬电解液中施镀缎面铬。(　　)

16. 稀释浓硫酸时,只要将水加入浓硫酸就可以了。(　　)

17. 工业上贮放浓碱和浓酸的贮槽常用碳钢材料制造,这说明碳钢能耐各种浓度的酸和碱。(　　)

18. 机械抛光时零件的硬度越高要求抛光机转速越快。(　　)

19. 一般情况下,电解脱脂比化学脱脂速度快。(　　)

20. 电解脱脂溶液中的硅酸钠的水洗性比较差。(　　)

21. 化学脱脂溶液中的硅酸钠的水洗性比较好。(　　)

22. 阳极电解脱脂时,零件表面会析出氢气。(　　)

23. 弹性零件一般不进行阴极电解脱脂。( )

24. 采用换向电流,不仅能对镀层起到整平作用,而且还能加大电流密度,提高沉积速度。( )

25. 对细长形零件电镀,多采用横挂的方法,但为了让电解液更好地落下,最好采用纵斜挂法。( )

26. 在氰化电解液或复盐电解液中得到的镀层,要比在简单的酸性电解液中得到的镀层结晶细致紧密。( )

27. 在阴极移动搅拌时,如果让阴极以振幅为 $1\sim100$ mm、频率为 $10\sim1\,000$ Hz 振动,就可以进行高速电镀。( )

28. 镀液中光亮剂越多镀层越光亮,所以光亮剂越多越好。( )

29. 电解液中的有机杂质可以用过滤机直接分离除去。( )

30. 含有润湿剂的电解液,不能采用压缩空气搅拌的原因,是空气中的氧能使润湿剂分解。( )

31. 由于十二烷基硫酸钠结构中存在疏水性的硫酸根和亲水性的长链烷基,所以能够降低两相界面的表面张力,具有抑制镀层产生针孔的作用。( )

32. 采用浸涂法进行绝缘处理时,只需浸涂一次即可。( )

33. 配制硫酸阳极化溶液时,将计算量的硫酸加入槽中即可生产。( )

34. 零件电镀过程中,只有强腐蚀工序中才会产生氢脆。( )

35. 电镀过程中为了保证零件尺寸精度,可不断取出零件测量。( )

36. 轴类零件机械加工尺寸超差后可用镀锌加大。( )

37. 镀层结合力不好的唯一原因是镀前脱脂不好。( )

38. 酸性镀液出现浑浊的原因是由于溶液中的水造成的。( )

39. 为了要提高镀层的光亮度,可加入大量的光亮剂。( )

40. 一般要求预镀铜的时间要比预镀银的时间长得多。( )

41. 锌与镉的化学性质相似,锌镀层的氢脆较小,故广泛地应用在高强度机械零件和弹性零件上。( )

42. 在锌酸盐镀锌过程中,若在不通电的情况下,锌阳极上剧烈地冒气泡,这是阳极不纯而引起化学溶解加剧的结果。( )

43. 硫酸盐镀锌适用于镀外形简单的零件,并对钢铁设备有腐蚀作用。( )

44. 弱酸性氯化钾镀锌工艺,在电镀质量上与氰化镀锌相当,而且基本上克服了铵盐镀锌和碱性锌酸盐镀锌工艺的缺点,所以它是今后镀锌的发展方向。( )

45. 在弱酸性氯化钾镀锌过程中,电解液温度低时,光亮剂用量要多些;电解液温度高时,光亮剂用量要少些。( )

46. 在弱酸性氯化钾镀锌工艺中,当镀层要求薄和需要进行白色钝化时,电流密度可大些。( )

47. 弱酸性氯化钾镀锌工艺的电流效率比氰化镀锌电流效率高。( )

48. 在氰化镀锌电解液中,适量的氰化钠能稳定电解液,因此氰化钠含量越高越好。( )

49. 氰化镀锌溶液中,碳酸盐含量不能低于 $60$ g/L。( )

50. 氰化镀锌溶液中的碳酸盐可使镀层光亮。( )

51. 氰化镀锌溶液中,从未加入过碳酸钠,但溶液中还是有一定量的碳酸钠存在。(　　)

52. 氰化镀锌溶液中如有少量镍离子可使镀层增加光亮度。(　　)

53. 氰化镀锌溶液中游离氰化物增多会使阴极电流效率提高。(　　)

54. 呈结晶状态的硫酸钠才能加入氰化镀锌溶液中。(　　)

55. 氰化镀锌溶液中,氧化锌相对含量高,则阴极极化提高,镀液的分散能力较好。(　　)

56. 氰化镀锌溶液中工件可长期挂在槽中不用取出。(　　)

57. 在锌酸盐镀锌工艺中,为防止电解液中锌离子浓度升高,只需减少镀槽中阳极的数量即可。(　　)

58. 锌酸盐镀锌的阳极要采用高纯度锌锭(或压延纯锌),其原因是为了减少锌板溶解,避免恶化电解液。(　　)

59. 酸性镀锌溶液的主要成分是硫酸锌,加入硫酸的目的是防止硫酸锌水解。(　　)

60. 在碱性锌酸盐镀锌工艺中,加入 DE 添加剂对镀层有增光作用。(　　)

61. 在锌酸盐镀锌电解液中,三乙醇胺对金属杂质铁和铜有较强的络合能力,将给采用锌粉除去这些杂质带来困难。(　　)

62. 在锌酸盐镀锌电解液中,当铜、铅、铁等杂质积累较多时,应增加电解液中光亮剂的含量。(　　)

63. 在氨三乙酸－氯化铵镀锌电解液中,氨三乙酸是络合剂,而氯化铵既是络合剂,又是导电盐。(　　)

64. 在氨三乙酸-氯化铵镀锌时,当电解液温度高于 30 ℃时,会降低阴极极化作用,造成镀层变粗、产生毛刺等疵病。(　　)

65. 在 DPE 型锌酸盐电解液中,由于光亮剂茴香醛只有与乙醇胺、三乙醇胺混合后才能溶于水,为了平时添加方便,最好把它们事先混合配制好待用。(　　)

66. 在各种镀锌工艺中,去除铁、铜等金属杂质只可以采用锌粉和硫化钠处理。(　　)

67. 在钝化溶液中,锌镀层的钝化膜是单向不断沉积而形成的。(　　)

68. 镀锌后采用白色钝化,主要是为了提高钝化膜的耐蚀性。(　　)

69. 锌镀层低铬蓝白钝化液中加入氟化物可提高钝化液的抛光性能。(　　)

70. 锌镀层军绿色钝化膜的耐蚀性要比彩色钝化膜的耐蚀性高。(　　)

71. 目前,无氰镀镉工艺在电解液工作性能或镀层质量上都还不及氰化镀镉,所以还不能取代氰化镀镉。(　　)

72. 在氰化镀镉溶液中,由于氢氧化钠的存在及空气中二氧化碳的作用,不可避免地会产生碳酸钠杂质。(　　)

73. 在酸性镀镉电解液中,明胶含量过高,不仅使电解液混浊,同时也使镀层发脆。(　　)

74. 由于酸性光亮镀铜电解液中各种光亮剂在生产中不断消耗,为了补加方便,往往将这些光亮剂各自用蒸馏水单独配制成一定浓度的溶液待用。(　　)

75. 酸性光亮镀铜的光亮剂,在我国江南地区最好使用 M,N 光亮剂,这是因为它们的工作温度上限可达 40 ℃。(　　)

76. 酸性光亮镀铜的第二类光亮剂,一般都是非离子型和阴离子型的表面活性剂。(　　)

77. 硫酸盐光亮镀铜使用的阳极是高纯度铜板。(　　)

78. 零件酸性光亮镀铜后只要用水清洗干净就可转入镀镍槽。(　　)

79. 酸性光亮镀铜的阳极中含有质量分数为0.3%的磷。（　　）

80. 在焦磷酸盐镀铜工艺中,总焦磷酸根与铜的比例是一个重要的工艺参数。若比值过低,会造成阳极溶解性差和镀层结晶较粗的弊病。（　　）

81. 在氰化镀铜电解液中,少量的铅离子(0.015～0.03 g/L)存在对镀层能起光亮作用。（　　）

82. 为保证铜镀层的防渗碳功能,所以要保证镀层厚度在30～50 μm之间。（　　）

83. 在氰化镀铜中,阴极上是一价铜离子放电;而在酸性镀铜中,在阴极上是二价铜离子放电,故前者比后者的消耗电荷量要少一倍,电流效率要大一倍。（　　）

84. 氰化镀铜中加入氰化钠是为了增加溶液的导电性。（　　）

85. 在氰化镀铜溶液中,氰化钠的唯一作用是充当络合剂。（　　）

86. 氰化镀铜溶液中游离氰化物不足会造成阳极钝化。（　　）

87. 氰化镀铜工艺中,弱阳极表面观察到淡蓝色的膜时说明氰化亚铜过多。（　　）

88. 氰化镀铜溶液中,碳酸钠的作用主要是增加溶液的导电性能。（　　）

89. 铜零件一般采用化学脱脂或阴极电解脱脂。（　　）

90. 铜镀层一般情况下是作为中间镀层使用。（　　）

91. 在镀镍电解液中,pH值对镍的沉积过程及镀层的性质影响很大,故允许其变化的幅度不能太大,一般应控制pH在±0.5左右。（　　）

92. 普通镀镍电解液的主盐,采用硫酸镍而不采用氯化镍的原因是硫酸镍价廉而实用,而氯化镍中的氯离子不仅能增加镀层的内应力,而且对设备和厂房也会造成腐蚀。（　　）

93. 金属镍表面与空气作用易迅速生成一层极薄的钝化保护膜,因而在基体金属上镀上一层极薄的镍镀层,就能起保护基体金属的作用。（　　）

94. 基体金属上一般不采用单层镀镍,而采用多层镀镍的主要原因是为了提高镍镀层的光亮度。（　　）

95. 在铁基体上镀双层镍或三层镍能提高耐蚀性,唯一原因是各层镍的孔隙不重合,从而得到了弥补,降低了孔隙度,使基体得到了保护。（　　）

96. 在光亮镀镍电解液中,只要含有适合的初级光亮剂就能获得镜面光亮的镀层。（　　）

97. 在全光亮镀镍电解液中应含初级和次级光亮剂,而在半光亮镀镍电解液中只含次级光亮剂。（　　）

98. 光亮镀镍溶液的pH值为6时最好。（　　）

99. 化学镀镍槽用的耐酸搪瓷桶,搪瓷层越厚,表面越光滑越好。（　　）

100. 光亮镀镍中,若镀层起泡、脱皮,一定是前处理不良造成的,只要加强前处理,即可解决。（　　）

101. 光亮镍镀层产生发花的原因,是电解液中十二烷基硫酸钠含量太高的缘故。（　　）

102. 锌杂质会使镍镀层发脆、产生黑色条纹,严重时镀层会发暗黑。（　　）

103. 为除去镀镍溶液中的铜杂质,最好采用化学沉淀法。（　　）

104. 镀多层镍会使零件的耐蚀性有较大提高。（　　）

105. 为了保证多层镀镍的耐腐蚀能力,关键是要控制各层镍的含硫量。（　　）

106. 镀完亮镍的零件,应马上镀铬,否则镍镀层会产生钝化。（　　）

107. 在镀铬工艺中,不用金属铬做阳极的主要原因是金属铬太脆,不易进行加工。（　　）

108. 三价铬镀铬电解液的主盐是氯化铬,导电盐是氯化铵和氯化钾,络合剂是甲酸铵。(　　)

109. 低浓度镀铬电解液中的铬酐含量一般为 40 g/L。(　　)

110. 在镀铬过程中,只有在较负的电极电位下才能析出铬层,所以必须提高电流密度,以保证有较大的阴极极化。(　　)

111. 在镀铬过程中,阳极上除发生析氧反应外,还有六价铬还原成三价铬的反应。(　　)

112. 不同的镀铬层都可以在相同的电解液中,用控制不同的电流密度和温度来得到。(　　)

113. 普通镀铬溶液中,铬酐和硫酸根的比例最好控制在 100∶1。(　　)

114. 在镀铬电解液中,三价铬含量过高及硫酸含量过低,同样都影响胶体膜的溶解,造成镀层粗糙、色灰、光亮度差。(　　)

115. 镀装饰铬后会使零件表面粗糙度值增大一倍。(　　)

116. 镀铬槽中补加铬酸后,硫酸的含量一般不会升高。(　　)

117. 镀铬时的电流效率为 60%。(　　)

118. 轴类零件加大尺寸一般可采用镀硬铬层。(　　)

119. 由于铬镀层硬度高、耐蚀性差,所以一般情况下需采用多层电镀。(　　)

120. 铸铁零件镀硬铬时要长时间酸浸蚀才能很好地镀上铬镀层。(　　)

121. 镀铬电源输出电压的波纹系数应小于 5%。(　　)

122. 稀土镀铬溶液的电流效率要比普通标准镀铬溶液的电流效率高。(　　)

123. 标准镀铬时,镀铬阳极一般采用纯铅制造。(　　)

124. 对于形状复杂的工件镀硬铬时,保证质量的关键在于象形阳极。(　　)

125. 为保证修复零件镀硬铬的尺寸精度,避免镀后精磨,在施镀过程中应随时取出零件检查尺寸。(　　)

126. 在低铬彩色钝化液中,氯化钠是活化剂,它的存在是形成彩色钝化膜的必要因素之一。(　　)

127. 低铬白色钝化时,由于溶液中硫酸和硝酸的含量较低,所以零件在钝化液中的停留时间要长些。(　　)

128. 银对于水、大气中的氧、硫及硫化物以及大多数的酸碱盐,都具有良好的化学稳定性。(　　)

129. 银镀层属于防护性镀层。(　　)

130. 为了控制电解液中银含量的增加,除了采用银阳极外,还要采用一定比例的镍、钢或不锈钢的不溶性阳极,与银阳极配合使用。(　　)

131. 在氰化镀银电解液中,当银盐含量太低时,沉积速度降低,镀层色泽变深,但不容易变色。(　　)

132. 氰化镀银所获得的镀层,其耐变色性能优于其他无氰镀银所获得的镀层,所以,目前还无法用无氰镀银来取代。(　　)

133. 在氰化镀银电解液中,主盐是氰化银,络合剂是氰化钾,导电盐是碳酸钾或硝酸钾。(　　)

134. 氰化镀银时,阳极上大量析出气体,镀层沉积慢,阳极溶解快,是游离氰化物过高。(　　)

135. 为了保证氰化镀银电解液的稳定性,工作条件要求室温,而不需升温。(　　)

136. 在光亮和快速光亮镀银电解液中需要加入混合光亮剂,在普通镀银电解液中不需要

加入光亮剂。(　　)

137. 在 SL-80 硫代硫酸铵镀银电解液中,添加剂 SL-80 寿命较短,必须经常添加。(　　)

138. 为了保证银镀层结合力,无论是钢铁还是镍合金零件,都可在其上直接进行汞齐化处理后再镀银。(　　)

139. 锡与其他金属相比,具有无毒特征,因此被广泛地用于食用器具的表面镀锡。(　　)

140. 在碱性镀锡时,采用阴极移动是获得良好镀层的主要辅助手段,而在酸性镀锡时却不必要。(　　)

141. 在碱性镀锡电解液中,钠盐电解液要比钾盐电解液的电流效率高,故钠盐电解液可采用高温及高电流密度的工作条件电镀。(　　)

142. 在碱性镀锡工艺中,钾盐电解液的工作条件必须升温到 60 ℃ 以上,而钠盐电解液可在室温条件下施镀。(　　)

143. 采用碱性镀锡,当阳极电流密度过高时,阳极会完全钝化,析出大量氧气;而当阳极电流密度过低时,则会有二价锡溶解进入电解液中。(　　)

144. 电解液的温度对碱性镀锡工艺的影响,主要表现在其温度能控制锡阳极表面金黄色膜的稳定性。(　　)

145. 硫酸亚锡镀锡工艺的光亮剂,除了能使镀层光亮的作用外,还具有提高电解液的稳定性等。(　　)

146. 因为锡镀层具有很好的钎焊性能,电器零件常常进行镀锡。(　　)

147. 锡镀层在有机酸中很稳定。(　　)

148. 镀锡溶液温度的高度都会影响锡阳极表面黄色膜的稳定性。(　　)

149. 碱性镀锡溶液中最有害的杂质是锡离子,尤其是二价锡离子。(　　)

150. 碱性镀锡溶液温度过高,阳极会呈二价锡形式溶解。(　　)

151. 由于二价锡氧化后,水解生成不溶性的亚锡酸呈游离胶体,所以使酸性硫酸亚锡光亮镀锡电解液出现混浊。(　　)

152. 低锡青铜镀层在空气中容易氧化变色,含锡量越低越容易变色,所以镀层必须套铬。(　　)

153. 无论什么金属及其合金,为了提高耐蚀性或装饰性,一般都需要保护层。(　　)

154. 塑料件镀前进行粗化处理,可使镀层与基体结合能力提高。(　　)

155. 塑料件电镀是为了增加它的机械性。(　　)

156. 无论是硬度还是耐蚀性能,纯铝的氧化膜都比铝合金的要好。(　　)

157. 铝及其合金的阳极氧化膜,可作为金属零件的防腐层、耐磨层和电绝缘等,但不能达到防护-装饰的双重目的。(　　)

158. 铝及其合金的阳极氧化膜与基体的结合要比镀层与基体的结合要牢固的原因,是因为氧化膜是由基体金属直接生成的。(　　)

159. 对铸造铝及其合金件进行阳极氧化前,必须先进行喷砂处理,以清除表面的砂粒和硬壳。(　　)

160. 对于表面要求很光亮的铝及其合金件,在其阳极氧化前,一般在机械抛光后还应进行化学或电化学抛光。(　　)

161. 铝合金表面脱脂的溶液和方法,不适用于镁合金。(　　)

162. 铝件酸洗时,首先进行脱脂,其次采用硝酸浸蚀,方可进行碱腐蚀。(　　)

163. 铝及其合金件采用交流电阳极氧化处理时,两极均可挂零件,但氧化时间要比直流电氧化时间要长一倍。( )

164. 铝及其合金件阳极氧化时,靠近电解液一边的氧化膜的松孔大小及多少,主要取决于铝及其合金材料、氧化方法和处理条件。( )

165. 铝及其合金件若采用硫酸快速阳极氧化,其氧化时间一般可由 0.5 h 以上缩短到 15 min 左右。( )

166. 铝及其合金件采用铬酸阳极氧化时,若溶液中的铬酐浓度过高或过低,其氧化能力都会降低。( )

167. 铝及其合金表面,在大气中自动形成的氧化膜要比阳极氧化膜厚度薄得多,且耐蚀性和耐磨性也低得多。( )

168. 铝及其合金的阳极氧化膜,只有在其表面无松孔时,才具有良好的耐磨性。( )

169. 铝阳极氧化膜形成的过程仅是一个电化学反应过程。( )

170. 对铝件阳极氧化膜进行单色处理,当采用碱性染料染色时,氧化膜必须用 2%～3% 的单宁酸溶液进行处理,否则将染不上色。( )

171. 对铝件上阳极氧化膜的染色,采用有机染料要比无机染料要好。( )

172. 镁及其合金件化学氧化时,挂具最好选用镁合金材料制作,若采用不锈钢或铝合金等材料制作,应将挂具用塑料或橡皮等材料进行绝缘。( )

173. 镁合金零件酸洗时间过长会使零件着火燃烧。( )

174. 铜及其合金的钝化温度是室温。( )

175. 铜及其合金件的钝化膜厚度,随着钝化时间的延长而不断加厚,当达到一定厚度后,若时间再延长,钝化膜厚度就固定不变了。( )

176. 将硝酸浓度为 50% 的溶液滴在钝化处理后的铜件表面,观察气泡产生,若大于 6 s以则耐蚀性能合格。( )

177. 铜及其合金的电化学氧化法,适用于任何一种铜合金。( )

178. 黄铜件采用氨—铜溶液进行化学氧化时,其装挂夹具最好选用紫铜制作,而不能采用铝、钢等材料制作,以防止恶化溶液。( )

179. 钢铁件生成氧化膜的致密程度,取决于工艺规范,实质是由晶胞的形成速度和单个晶体的长大速度之比所决定的。( )

180. 钢铁件氧化过程出现的红色挂灰,是铁酸钠分解生成氢氧化铁水合物,并在较高温度下脱去部分结晶水析出的结果。( )

181. 发蓝溶液的浓度应随着钢铁零件含碳量的增加而增加。( )

182. 零件发蓝后其尺寸基本不变。( )

183. 氧化(发蓝)溶液的温度是随着亚硝酸钠在溶液中含量的增高而升高。( )

184. 在碱性发蓝溶液中,由于铁与溶液中的亚硝酸钠(或硝酸钠)发生化学作用,故有氨气产生。( )

185. 钢铁件发蓝后,在肥皂液中进行填充处理时,氧化膜出现白色腐蚀斑点,这是因为肥皂液的腐蚀性造成的。( )

186. 钢铁件发蓝对零件的精度几乎没有影响,但氧化膜在空气中的耐蚀性能却较低。( )

187. 复杂钢铁件发蓝时,内孔应注意向上,否则将产生空气袋,使零件局部无法生成氧化

膜。（　　）

188. 黑色磷化法适用于仪表工业中精密铸钢件的磷化处理。（　　）

189. 在改进的中温磷化液中加入的浆状添加剂是由胺基醇制得，其作用是降低溶液的操作温度。（　　）

190. 钢铁件磷化时，溶液中硝酸盐的作用是催化作用。（　　）

191. 磷化膜的生成是钢铁件在一定条件下与磷酸盐作用的结果，而硝酸盐和氟化钠等作为催化剂，也对膜层的质量有较大的影响。（　　）

192. 在钢铁件磷化过程中，当游离酸度低时，可加入磷酸二氢锌；当总酸度低时，可加入硝酸锌。（　　）

193. 磷化溶液中的 $Cu^{2+}$ 会导致零件表面发红，降低磷化膜的耐蚀性能。（　　）

194. 磷化膜经填充处理后，在空气中的防护能力要比发蓝膜强。（　　）

195. 高合金钢在普通磷化液中磷化时，常常会在磷化膜上出现不均匀的斑点。（　　）

## 五、简答题

1. 什么叫电极的极化？极化分为哪几类？
2. 电镀溶液产生极化的原因是什么？
3. 什么叫化学腐蚀？什么叫电化学腐蚀？
4. 电化学腐蚀产生的原因是什么？
5. 什么是同离子效应？
6. 化学脱脂的原理是什么？
7. 什么叫浸蚀、弱浸蚀、强浸蚀？
8. 如何提高镀液的分散能力和覆盖能力？
9. 金属的电结晶过程要经过几个阶段？
10. 简述阳极活化剂的作用机理。
11. 配平下列化学方程式。
(1) $H_2SO_4 + NaOH \longrightarrow Na_2SO_4 + H_2O$
(2) $HNO_3 + K_2CO_3 \longrightarrow KNO_3 + CO_2 \uparrow + H_2O$
12. 写出整流器的六种冷却方式。
13. 选择电镀整流器的原则有哪些？
14. 电镀工艺规程编制的内容有哪些？
15. 简述电镀基本工艺过程。
16. 选择镀层的依据是什么？
17. 零件对镀层的主要技术要求有哪些？
18. 电镀挂具设计原则是什么？
19. 制作挂具的材料应符合哪些要求？
20. 如何确定挂具尺寸？
21. 挂具绝缘处理方法有几种？
22. 电镀挂具为什么要进行绝缘处理？
23. 大型圆柱零件镀硬铬对装挂夹具有什么特殊要求？

24. 制作镀铬挂具时应注意哪些问题？

25. 阳极化零件装夹应注意什么问题？

26. 铝件的阳极氧化挂具有哪些制造要求？

27. 设计制造电镀挂具时，应考虑哪些技术因素？

28. 镀铬工艺为什么采用不溶性阳极？

29. 镀前预处理不良对镀层有什么影响？

30. 喷砂适合哪些零件的镀前预处理？

31. 酸浸蚀后工件表面过腐蚀的原因是什么？ 如何改进？

32. 电解除油造成工件基体过腐蚀的原因是什么？ 如何改进？

33. 为什么要严禁在铁件酸洗槽中进行铜件的酸洗？

34. 氯化钾镀锌的工艺条件有哪些？ 其中，pH 值的高低是如何影响电解液的工作性能和镀层质量的？

35. 采用锌粉处理镀锌溶液时应注意什么？

36. 氯化物镀锌有何特点？

37. 酸性镀锌溶液中硫酸的作用是什么？

38. 配制碱性锌酸盐镀锌溶液时对氢氧化钠有何要求？

39. 光亮镀镍溶液中的光亮剂分为几大类？ 其作用如何？

40. 简述锌镀层钝化膜的形成机理。

41. 锌镀层的钝化处理的目的是什么？ 有哪几种常用的钝化液？

42. 钝化现象对电镀有什么危害？

43. 同高铬钝化比较，低铬钝化有什么优点？

44. 焦磷酸镀铜层光亮度差并有针孔是什么原因造成的？ 如何解决？

45. 酸性光亮镀铜为什么采用含磷铜板作为阳极？ 使用中如何判断含磷量是否正常？

46. 一价铜离子对酸性光亮镀铜有什么影响？ 如何防止一价铜产生？

47. 光亮镍镀层发暗、表层粗糙的原因是什么？ 如何解决？

48. 镀镍溶液中的十二烷基硫酸钠起什么作用？ 如果添加过多会产生什么影响？

49. 用化学法处理镀镍溶液时，加入过氧化氢的作用是什么？

50. 以钢铁基体上镀暗镍，高硫镍，亮镍为例，说明其提高基体金属蚀性能的机理。

51. 光亮镍层上镀装饰铬应注意什么？

52. 镀装饰铬时深镀能力差的原因是什么？

53. 什么是铬上镀铬？ 怎样施镀？

54. 酸性镀锡工艺的特点有哪些？

55. 碱性镀锡溶液中氢氧化钠的含量对电镀有什么影响？

56. 如何获得晶纹锡镀层？

57. 同碱性镀锡相比酸性镀锡的特点有哪些？

58. 如何判断镀锡溶液中有无二价锡离子，如果有应如何排除？

59. 银镀层有哪些用途？ 说出三种以上类型镀银新工艺。

60. 什么叫金属共沉积？

61. 简述铜锡合金镀层的特点和用途。

62. 不合格的镉镀层如何进行补镀？
63. 电镀废水过程一般有几种方法？
64. 电镀废水主要有哪些害物物质，其允许排放浓度标准是多少？
65. 镀层表面缺陷指镀层表面哪些疵病？
66. 电镀件废品包括哪些疵病？
67. 镀层外观检验方法是什么？
68. 塑料镀通常包括几个工序？
69. 简述在塑料电镀中为何要表面粗化处理。
70. 有色金属和黑色金属的脱脂工艺有何不同？
71. 什么叫铝和铝合金的电解着色？
72. 什么是铝合金磷酸阳极化？其作用是什么？
73. 为什么二次镀锌比一次镀锌质量好？
74. 镁合金的酸洗要注意什么问题？
75. 磷化前预处理采用喷砂处理要比酸洗处理好的原因是什么？
76. 钢铁零件发蓝膜的形成分为哪四个阶段？
77. 钢铁件磷化膜结晶粗糙的故障原因有哪些？怎样排除？
78. 用电化学成膜理论解释磷化膜生成过程。
79. 影响镀层质量的主要因素有哪些？
80. 析氢对镀层有什么影响？

## 六、综 合 题

1. 试求水分子中氢原子的含量是多少。
2. 平板零件的外形尺寸为宽 25 mm、长 100 mm，共 10 件，如按 30 $A/dm^2$ 的电流密度施镀，应使用多少安培的电流？
3. 某圆柱形零件的直径为 100 mm、高为 200 mm，共有 8 件须同时入槽电镀，但电流密度为 3 $A/dm^2$ 时，问应用多大的电流？
4. 某正方体工件的边长为 400 mm，若采用 2 $A/dm^2$ 的电流密度进行电镀，整流器的额定输出电流为 1 000 A，每槽最多可镀多少件？
5. 已知某金属元素的原子量为 58.69，求电镀时该元素的电化当量？
6. 使用主轴转速为 2 000 转/分的磨光机磨光工件，选用最佳周转速为 12 m/s，问需采用多大的抛光轮？
7. 滚筒的容积 0.096 $m^3$，滚筒装载量为 80%，若滚筒已装有体积为 0.4 $dm^3$ 的工件 150 个，计算需要加入的滚光液成分各自的量。（滚光液配方硫酸 20 g/L，皂粉 5 g/L）
8. 有一硝酸出光槽，外形尺寸为长 2 000 mm、宽 1 000 mm、高 1 500 mm，如液面距离槽上口距离为 300 mm 时，槽的有效体积为多少升？工艺要求硝酸含量为 300 g/L，化验结果为 280 g/L，如要达到工艺要求还要加入质量分数为 90% 的硝酸多少千克？
9. 40 g NaOH 溶液溶入 1 L 水中，求其物质的量浓度（NaOH 相对分子质量为 40）。
10. 用多少毫升质量分数为 50% 的氢氧化钠溶液，（密度为 1.54 $g/cm^3$），才能和 500 mL 质量分数为 38% 的硫酸溶液（密度为 1.29 $g/cm^3$）完全中和？（相对原子质量：H＝1、O＝16、

Na＝23、S＝32）

11. 有一个 1 000 kg 的镀锌出光槽,如要配置体积分数为 3% 的硝酸溶液,问需要加入多少千克质量分数为 98% 的浓硝酸?

12. 某铝合金阳极氧化溶液的质量分数为 20%,问 1 000 g 阳极化溶液中含有多少克硫酸?

13. 磷酸阳极化槽外形尺寸为长 1 000 mm、宽 800 mm、高 1 000 mm,溶液浓度为 200 g/L,要求液面距离上沿为 200 nm,问需用质量分数为 80% 的磷酸多少千克?

14. 某零件镀锌时通过的电流为 450 A,镀覆时间为 40 min,问需要多少克盐酸才能将镀层全部退除?[锌的电化当量:1.22 g/(A·h)、相对原子质量:Zn＝65、H＝1、Cl＝35.5]

15. 已知镀锌溶液的电流效率为 90%,当阴极电流密度为 1.2 A/cm³ 时,镀 5 μm 的锌镀层需用多少时间?[锌的密度:8.64 g/cm³、锌的电化当量:2.097 g/(A·h)]

16. 当镀锌的电流密度为 2.5 A/dm² 时,共有 30 件,每件 1.2 dm² 的零件同槽电镀,问镀覆电流应为多少?

17. 在高铬钝化液中,要求含铬酐 250～300 g/L,硝酸 30～40 mL/L,硫酸 10～20 mL/L,如要配制 200 L 容液,需加铬酐多少千克? 纯硝酸和纯硫酸各多少升?(按配方的上限含量配制)

18. 某工厂要加工一批磷的质量分数为 0.3% 的铜阳极,如有电解铜 200 kg,全部做成铜阳极,问需要加入多少千克磷?

19. 已知镀铜溶液的电流效率为 98%,施镀的电流密度为 15 A/dm²,求镀 15 μm 的铜镀层需要多少时间?[铜的密度:8.94 g/cm³、铜的电化当量:1.186 g/(A·h)]

20. 如配制 50 kg 焦磷酸铜,需要多少公斤硫酸铜和多少 kg 无水焦磷酸?($2CuSO_4$·$5H_2O+Na_4P_2O_7=Cu_2P_2O_7+2Na_2SO_4+10H_2O$)

21. 现有 1 000 L 镀镍溶液需加入 10 g/L 氯离子,试计算需要质量分数为 90% 的氯化镍多少千克?

22. 有 30 个尺寸为宽 50 mm、长 100 mm 的平板试样,镀镍 35 min,测得镀层厚度为 12 μm,电流效率为 95%,问施镀电流密度为多少?[镍的电化当量:1.095 g/(A·h)、镍的密度:8.8 g/cm³]

23. 某镀镍槽中硫酸镍的含量应为 300 g/L,而实测为 240 g/L,当镀槽的有效尺寸为长 1 200 mm、宽 800 mm、高 800 mm,问需 $NiSO_4$·$7H_2O$ 多少千克?(相对原子质量:Ni＝59、S＝32、O＝16、H＝1)

24. 将 24 kg 氯化镍和 50 kg 硫酸镍同时加入槽中,加入水后完全溶解,测得镀液体积为 600 L,问镀液中含氯化镍的克升浓度为多少?

25. 镀镍的电流密度为 1.5 A/dm²,经过电镀 40 min 后,镀层的厚度为 12 μm,求镀液的电流效率为多少?[镍的密度:8.8 g/cm³,镍的摩尔质量:1.095 g/(A·h)]

26. 在镀镍电解液中,阴极电流密度为 1.2 A/dm²,电解掖的电流效率为 92%,经过 80 min 后,问在阴极上沉积的镍镀层为多少微米?[镍的密度:8.8 g/cm³、镍的电化当量:1.095 g/(A·h)]

27. 若配制快速光亮镀镍电解液 500 L,要求氯离子含量为 14 g/L,问需用 90% 含量的氯化镍($NiCl_2$·$6H_2O$)多少 kg?(原子量:Cl＝35、Ni＝59)

28. 现有普通镀镍电解液 800 L,需补充氯离子 4 g/L,问需向电解液中补加 95% 含量的

氯化镍多少千克?(原子量:Cl=35、Ni=59)

29. 已知阴极电流密度 1.5 A/dm²,电镀时间 34 min,镍镀层厚 10 μm,求此镀液的阴极电流效率?(镍的比重:8.8 g/cm³、电化当量:1.095 g/A·h)

30. 镀铬电解液的电流效率为 13%,通过的电流为 50 A,在阴极上析出金属铬为 1.58 g,求通电时间?[铬的电化当量:0.323 4 g/(A·h)]

31. 某零件镀铬过程中施镀电流为 20 A,经过 2 h 后在阴极上析出铬镀层的质量为 1.8 g,求镀铬溶液的电流效率?[铬的电化当量:0.324 g/(A·h)]

32. 某轴进行尺寸镀铬,采用 40 A/dm² 的阴极电流密度电镀 300 min,轴的直径增加多少毫米?[镀铬的电流效率:13%、铬的密度:7.1 g/cm³,铬的电化当量:0.324 g/(A·h)]

33. 镀铬的电流效率为 13%,当通过电流为 40 A、通电时间为 120 min,问阴极上能析出多少克铬?[铬的电化当量:0.324 g/(A·h)]

34. 某零件进行修复镀铬,采用电流密度为 50 A/dm²,电镀 150 min 后,问零件镀层为多少微米?〔镀铬电流效率:13%、铬的电化当量:0.324 g/(A·h)、铬的密度:7.1 g/cm³〕

35. 现有一镀铬槽长 1 000 mm、宽 800 mm、高 800 mm,经化验电解液中硫酸浓度为 6 g/L,问需要加入 BaCO₃ 多少 kg 才能使电解液中的硫酸浓度降为 2.5 g/L?(液面距槽边为 100 mm。原子量:Ba=137,S=32)

36. 现有长 1 000 mm、宽 800 mm、高 900 mm 的镀铬槽,欲配制槽深为 650 mm 的镀铬标准电解液,问需要铬酐多少 kg 和浓度为 98% 的硫酸多少升?(浓度为 98% 的硫酸密度:1.84 g/cm³)

37. 有一个工件进行镀银处理,施镀时间为 45 min,镀层厚度为 8 μm,镀银溶液的电流效率为 95%,试计算电镀时的电流密度?[银的电化当量:4.025 g/(A·h)、银的密度:10.5 g/cm³]

38. 有 80 件三角铜片,铜片的底为 50 mm,高为 100 mm,如按阳极电流密度 1.2 A/dm² 进行施镀 30 min,试问理论上能析出多少克锡?[锡的电化当量:1.207 g/(A·h)]

39. 碱性镀锡电解液的电流效率为 75%,通电时间为 30 min,阴极上析出金属锡为3.2 g,求通过的电流为多少安?[锡的电化当量:1.014 g/(A·h)]

40. 分散能力和覆盖能力有何因素?

41. 为什么阴极性镀层只有完整无缺和孔隙率尽量少时,才能对基体金属起保护作用?

42. 对镀铬挂具有何特别要求?

43. 氯化钾镀锌工艺配方中各成分的作用是什么?

44. 在酸性镀镉电解液中,硫酸的作用是什么?其含量高低对镀层将产生什么后果?

45. 简述酸性镀铜溶液中各组分的作用是什么。

46. 镀镍电解液中有哪几种有害杂质?它们分别给镀镍过程带来什么故障?

47. 铸铁零件镀不上铬镀层的原因是什么?

48. 简述在镀银生产过程中,为什么要进行镀银前的预处理。

49. 酸性光亮镀锡电解液出现混浊的原因是什么?怎样处理?

50. 要使几种金属共同沉积,在生产中常采取哪些措施?

51. 化学镍镀层后处理的目的是什么?

52. 晶核的生成速度和成长速度与镀层结构有何关系?

53. 要获得均匀的金属镀层,一般可采取哪些措施?

54. 镀液中杂质的来源有几个方面?怎样控制?

# 镀层工(中级工)答案

## 一、填 空 题

1. 正比
2. 13%
3. 电化序
4. 平衡
5. 阴极极化
6. 共沉积
7. 导电性
8. 阴极电流密度
9. 减小
10. 电化学腐蚀
11. 起始阶段
12. 负于
13. 机械
14. 阳极
15. 12～15
16. 防止局部渗碳
17. 20 $\mu$m
18. 孔隙率
19. 阳极性
20. 视图
21. 技术条件
22. 使用条件
23. Ep·Nib
24. Fe/Ct·O
25. 脱脂
26. 固定零件
27. 腐蚀
28. 绝缘座
29. 电解液
30. 浸涂料法
31. 保护阴极
32. 辅助阳极
33. 绝缘性
34. $CO_2$
35. 两性
36. 容易
37. pH
38. 导电
39. 硫酸盐
40. 25～35
41. 锌粉
42. 氧化锌
43. 络合
44. 结晶细致
45. 1～2
46. 驱氢
47. 1 050
48. 6～8
49. 60
50. 六价铬
51. 近沸
52. 232
53. 防止水解
54. 硫酸
55. 预镀层
56. 防渗碳和防渗氮
57. 含磷铜板
58. 焦磷酸盐镀铜
59. 稀硝酸
60. 氯离子
61. 30～45
62. 热水
63. 氯离子
64. 带电
65. 硝酸根
66. 铬雾散落或夹具上的残液
67. 结合力
68. 褐色氧化膜
69. 400～1 200
70. 400～500
71. $2Cr^{3+}+7H_2O-6e \Longrightarrow (Cr_2O_7)^{2-}+14H^+$
72. 8～18
73. 硬铬
74. 可溶性铬
75. 铅锡
76. 2～4
77. 缩小
78. 0.8
79. 网状
80. 六价铬
81. 18～25
82. 钛质蛇形管
83. 硫化物
84. 导电
85. 汞齐化
86. 置换
87. 银
88. 覆盖
89. 游离氰化钾
90. 氰化钾
91. 硫代硫酸铵
92. 接触电阻
93. 结合力
94. 机械强度
95. 阴极性
96. 长毛
97. 四
98. 0.1
99. 醋酸
100. 1.5∶1～2.5∶1
101. 稳定
102. 氢氧化钠
103. 硫酸亚锡
104. 亚锡盐
105. 光亮细致
106. 阴极移动
107. 68～75
108. 氨水
109. 酒石酸钾钠
110. 1～2
111. 7～18
112. 0.3～0.5
113. 还原剂
114. 20
115. 24
116. 20～30
117. 应力
118. 易氧化
119. 催化活性
120. 多触点装挂

121. 基体金属　122. 工艺规范　123. 气体能自由排出　124. 90～100
125. 松孔　126. 电压　127. 封闭　128. 18～22
129. 耐蚀性下降　130. 40　131. 不能形成氧化膜　132. 吸附
133. 600　134. 阻挡　135. 高于　136. 游离铬酸
137. 较脆　138. 花样染色　139. 氧化　140. 铬酸盐
141. 时间　142. 破坏　143. 氢氧化钠　144. 氧
145. 过硫酸盐　146. 3～5　147. 彩虹色或古铜色
148. 通过与标准件比较　149. 热碱　150. 酸
151. 钝化　152. 活化剂　153. 优于　154. 氧化成膜
155. 2～5　156. 黄绿色　157. 单个晶体的长大　158. 成分
159. 90　160. 过低　161. 略微增加　162. 过高
163. 致密而薄　164. 硫酸铜　165. 1　166. 防锈
167. 1 000　168. 难　169. 150　170. 磷酸二氢盐
171. 37～45　172. 磷酸二氢盐　173. 棉絮　174. 不足
175. 过低　176. 脱脂　177. 电泳、涂装

二、单项选择题

1. B　2. B　3. A　4. C　5. B　6. A　7. A　8. D　9. D
10. A　11. C　12. A　13. C　14. A　15. A　16. A　17. C　18. C
19. A　20. B　21. C　22. C　23. C　24. C　25. B　26. D　27. B
28. C　29. A　30. C　31. A　32. B　33. C　34. B　35. D　36. A
37. D　38. A　39. D　40. D　41. C　42. B　43. D　44. C　45. B
46. B　47. C　48. D　49. B　50. D　51. A　52. B　53. A　54. B
55. C　56. C　57. C　58. C　59. B　60. D　61. B　62. C　63. A
64. A　65. B　66. C　67. A　68. A　69. A　70. B　71. A　72. C
73. B　74. D　75. C　76. C　77. D　78. A　79. A　80. C　81. C
82. D　83. D　84. C　85. B　86. C　87. B　88. A　89. A　90. B
91. A　92. A　93. D　94. B　95. A　96. C　97. A　98. B　99. C
100. D　101. B　102. D　103. B　104. D　105. C　106. C　107. A　108. D
109. B　110. B　111. C　112. C　113. B　114. C　115. A　116. C　117. D
118. D　119. B　120. A　121. D　122. C　123. D　124. C　125. C　126. C
127. B　128. B　129. C　130. D　131. C　132. C　133. B　134. C　135. A
136. B　137. B　138. A　139. A　140. D　141. A　142. A　143. C　144. C
145. B　146. D　147. B　148. A　149. B　150. C　151. D　152. D　153. B
154. D　155. A　156. D　157. D　158. A　159. B　160. A　161. D　162. B
163. C　164. A　165. C　166. C　167. A　168. D　169. C　170. C　171. D
172. C　173. B　174. C　175. B　176. B　177. C　178. D　179. B　180. A
181. D　182. C　183. A　184. C　185. B　186. C　187. C　188. B　189. B
190. C　191. A　192. C　193. B　194. D　195. C　196. A　197. A　198. C

199. D　200. C　201. C　202. A　203. C　204. B　205. A　206. B　207. C
208. C　209. B　210. B　211. A　212. A　213. A　214. D　215. B　216. D
217. B　218. D　219. A　220. B　221. D　222. D　223. A　224. B　225. C
226. B　227. A　228. C　229. A　230. C　231. B　232. B　233. A

### 三、多项选择题

1. ABCD　2. ABC　3. BCD　4. ABD　5. BCD　6. ABCD　7. BCD
8. BCD　9. ABC　10. ABC　11. ABD　12. AB　13. ABCD　14. ABC
15. AC　16. ABC　17. AC　18. ABC　19. ABD　20. ABD　21. ABCD
22. ABCD　23. ABCD　24. ABCD　25. ABC　26. BCD　27. ABD　28. BCD
29. ABC　30. ABCD　31. CD　32. ACD　33. ABC　34. ACD　35. ABC
36. ACD　37. ACD　38. ABC　39. ABD　40. CD　41. BCD　42. ABD
43. ACD　44. ABCD　45. BD　46. ABD　47. BCD　48. ACD　49. BCD
50. BC　51. ABCD　52. BCD　53. ABCD　54. BCD　55. AB　56. AD
57. ABD　58. ABCD　59. ABCD　60. ABD　61. ABD　62. ACD　63. ABC
64. ABC　65. ACD　66. ABCD　67. ABC　68. ABC　69. ABCD　70. ACD
71. BCD　72. CD　73. AB　74. AB　75. AD　76. CD　77. ACD
78. ABC　79. BCD　80. ABC　81. ABD　82. ABC　83. ABC　84. ACD
85. AD　86. BC　87. ABC　88. ABC　89. ACD　90. BCD　91. ABC
92. ABD　93. ABC　94. ABCD　95. ABD　96. BCD　97. ABD　98. AB
99. ACD　100. ABC　101. BC　102. ABC　103. ABC　104. ABD　105. ABC
106. ABC　107. ABC　108. BCD　109. ABD　110. ABC　111. ABD　112. ABD
113. ACD　114. ABC　115. ABCD　116. AC　117. AB　118. ABCD　119. ABC
120. ABCD　121. AB　122. AB　123. ABD　124. ABC　125. ABC　126. ABCD
127. ABCD　128. AB　129. ABC　130. ABC　131. ABCD　132. ABC　133. ABC
134. ABCD　135. BCD　136. ABC　137. ABD　138. AB　139. BC　140. ABCD
141. ABC　142. AB　143. ABD　144. ABD　145. ABCD　146. ABC　147. BCD
148. ABC　149. ACD　150. BCD　151. AB　152. BC　153. ABCD　154. ABC
155. ABCD　156. BCD　157. ABCD　158. ABC　159. ABCD　160. ABCD　161. ABCD
162. ABCD　163. ABCD　164. ABCD

### 四、判 断 题

1. √　2. ×　3. ×　4. ×　5. √　6. ×　7. √　8. √　9. ×
10. √　11. √　12. √　13. ×　14. √　15. √　16. ×　17. ×　18. √
19. √　20. √　21. ×　22. ×　23. √　24. √　25. √　26. √　27. √
28. ×　29. ×　30. ×　31. ×　32. ×　33. ×　34. ×　35. ×　36. ×
37. ×　38. √　39. ×　40. √　41. ×　42. √　43. √　44. √　45. ×
46. √　47. √　48. ×　49. ×　50. ×　51. √　52. √　53. √　54. √
55. ×　56. ×　57. ×　58. √　59. √　60. ×　61. √　62. ×　63. √

64. √  65. √  66. ×  67. ×  68. ×  69. √  70. √  71. ×  72. √
73. √  74. √  75. √  76. √  77. √  78. ×  79. √  80. √  81. √
82. √  83. √  84. ×  85. √  86. √  87. ×  88. √  89. √  90. √
91. √  92. √  93. √  94. ×  95. √  96. ×  97. √  98. √  99. √
100. ×  101. ×  102. √  103. √  104. √  105. √  106. √  107. √  108. √
109. √  110. √  111. √  112. √  113. √  114. √  115. ×  116. √  117. 金
118. √  119. √  120. ×  121. √  122. √  123. ×  124. √  125. √  126. √
127. √  128. √  129. √  130. √  131. √  132. √  133. √  134. √  135. √
136. √  137. √  138. √  139. √  140. √  141. √  142. √  143. √  144. √
145. √  146. √  147. √  148. √  149. √  150. √  151. √  152. √  153. ×
154. √  155. √  156. √  157. ×  158. √  159. √  160. √  161. √  162. √
163. √  164. √  165. √  166. √  167. √  168. ×  169. √  170. √  171. √
172. √  173. √  174. √  175. ×  176. √  177. √  178. ×  179. √  180. √
181. ×  182. √  183. ×  184. √  185. √  186. √  187. √  188. √  189. √
190. √  191. √  192. √  193. √  194. √  195. √

## 五、简 答 题

1. 答:在电极上有电流通过时,电极电位偏离平衡电位值的现象叫电极极化(3分)。极化大致可分为电化学极化和浓置极化两类(2分)。

2. 答:电镀溶液产生极化作用的主要原因有两个(1分):一个由于电化学反应速度小于电子运动速度而造成的极化,叫做电化学极化(2分);另一个是由于溶液中的离子扩散速度小于电子运动速度而造成的极化,叫做浓差极化(2分)。

3. 答:物体和周围介质发生化学或电化学作用,使物体损坏的现象,称为腐蚀(1分)。金属与周围介质发生氧化作用而引起的腐蚀,叫做化学腐蚀(2分)。当金属和电解质溶液接触时,由于微电池作用而发生的腐蚀,叫做电化学腐蚀(2分)。

4. 答:电化学腐蚀是由金属和电解质溶液形成的大电池或微电池而引起的(5分)。

5. 答:在弱电解质溶液中,加入与弱电解质具有相同离子的强电解质,使弱电解质的电离度降低的现象,叫做同离子效应(5分)。

6. 答:化学脱脂的原理是利用碱溶液对油脂的皂化作用出去可皂化油脂,利用表面活性剂的乳化作用除去非皂化油脂(5分)。

7. 答:浸蚀:利用化学或电化学方法来除去工件表面的锈皮和氧化膜,使工件表面处于活化状态的加工方法(1分)。

强浸蚀:除去工件表面的氧化皮和表面疏松、硬化、脱碳等浸蚀(2分)。

弱浸蚀:是在稀的浸蚀液中除去金属工件表面上极薄的氧化膜,并使工件表面暴露出金属结晶组织的工艺过程(2分)。

8. 答:提高镀液的分散能力和覆盖能力可采取如下措施:①合理装夹零件,使得电流分布尽量均匀(1分)。②选择最佳的镀覆温度(1分)。③采用短时间的冲击电流施镀(1分)。④合理调整阴、阳极的距离(1分)。⑤增加辅助阳极,改善电流分布(1分)。

9. 答:金属的电结晶过程要经过以下五个阶段:①水化了的金属离子向阴极扩散和迁移(1分)。②水化膜变形(1分)。③金属离子从水化膜中分离出来(1分)。④金属离子被吸引和迁移到阴极上的活性部分(1分)。⑤金属离子还原成金属原子,并排列成一定晶格的金属晶体(1分)。

10. 答:阳极活化剂的阴离子能和阳极溶解下来的金属离子迅速形成水溶性极好的化合物或稳定的络合物,使阳极区的金属离子不至于浓度过高而影响阳极的溶解(5分)。

11. 答:(1)　$H_2SO_4 + 2NaOH \Longrightarrow Na_2SO_4 + 2H_2O$ (2.5分)

　　　(2)　$2HNO_3 + K_2CO_3 \longrightarrow 2KNO_3 + CO_2\uparrow + H_2O$ (2.5分)

12. 答:电镀用的整流器的冷却方式有:自冷式,风冷式,油浸自冷式,油浸水冷式,水冷式和循环水冷式(5分)。

13. 答:选择电镀整流器的原则是:①电镀的电流条件,因镀种和配方而异,不能一概而论,但整流器直流电压是 2~12 V(一般电镀是 15 V)的低电压(3分)。②根据镀层种类和表面积确定所需的电源电流容量(2分)。

14. 答:①总则(1分);②工艺流程(1分);③流程中的主要工序工艺说明(0.5分);④电镀槽液的配制(0.5分);⑤电镀槽液的维护和调整(0.5分);⑥溶液分析项目及周期(0.5分);⑦常见槽液的维护和调整(0.5分);⑧不合格镀层的返修(0.5分)。

15. 答:电镀的基本过程是将零件浸在金属盐的溶液中作为阴极,金属板作为阳极,接通直流电源后,在零件上就会沉积出金属镀层(5分)。

16. 答:选择镀层的依据是:①被覆盖金属的种类和性质(2分);②金属工件的结构、形状和尺寸公差(1分);③金属工件的用途和工作条件(即使用环境和接触偶)(1分);④镀层的性质和用途(1分)。

17. 答:零件对镀层的主要技术要求有:①镀层与基体,包括镀层与镀层之间,应有良好的结合力;②镀层在零件的主要表面上,应有比较均匀的厚度和细致的结构;③镀层应具有规定的厚度和尽可能少的孔隙;④镀层应具有规定的各项指标。(答对一项得两分,多对一项加一分)

18. 答:挂具设计原则是:①挂具的结构应保证镀层厚度的均匀性;②应使装卸工件时操作方便、生产效率最高;③挂具材料和绝缘材料的选择合理;④要有足够的导电截面,保证挂具与镀件接触好,导电良好,满足工艺要求。(答对一项得两分,多对一项加一分)

19. 答:制作挂具的材料是根据工艺要求选定的,总的要求是资源丰富,成本低廉,有足够的机械强度,良好的导电性能,制作加工容易,不易腐蚀,在接触介质和工作时不溶解或熔化,一般常和的材料、钢、紫铜、黄铜、铝及铝合金(5分)。

20. 答:挂具尺寸主要根据工件的大小、镀槽的深度考虑(1分)。挂具底部一般距槽底100~150 mm(1分),挂具离左右槽壁 100~150 mm(1分),液面距工件 40~60 mm(1分),工件之间距离 20~40 mm(1分)。

21. 答:挂具绝缘处理的常用方法有三种:①包扎法;②浸涂料法;③沸腾硫化法。(答出一个得两分,两个四分,三个五分)

22. 答:电镀挂具在溶液中的部分除与工件接触点外,均应进行绝缘处理,否则,将有金属在这些部位沉积,造成电能和金属的损耗,而且造成零件周围电流分布异常,使镀层不均匀,影响电镀质量(5分)。

23. 答:大型圆柱零件的装挂夹具,用紫铜制作,作成两块半圆形,便于夹紧(2分);吊装零件的挂具,由带有轴承的挂钩和铜挂架组合形式,以便于拨动零件(2分);在电镀过程中,每30 min转动零件一次,每次1/4周,以保证镀层均匀(1分)。

24. 答:制作镀铬挂具时应注意一下几个问题:

①使用的材料必须导电良好,导电部位有足够面积和足够强度,材料在溶液中不会溶解(1分)。

②挂具的不导电部位应进行绝缘处理,以防止电能和材料浪费(1分)。

③挂具和零件的接触应有足够的导电面积(1分)。

④复制阳极位置应合理,阴、阳极之间距离应基本一致(1分)。

⑤零件上产生的气体可顺利排出(1分)。

25. 答:阳极化零件装夹前,夹具要经过碱溶液腐蚀,以除去铝表面的陈旧氧化膜,装夹时应卡牢,但不能夹伤零件,要将零件的孔向上,以利于气体排出,否则会使零件局部无氧化膜,为了减少夹具印记,应尽量采用圆柱形夹具并采取点接触(5分)。

26. 答:铝阳极氧化挂具的制造要求:

①导电性能好,用铝或铝合金制成,与导电棒接触处,最好采用紫铜或青铜铸造;

②在保证导电良好的情况下,尽量减少挂具与工件的接触点数;

③为保证电流正常通过,除了专用挂具外,一般用挂具都应有弹性,使之装挂单靠。(答出一个得两分,两个四分,三个五分)

27. 答:技术因素:

①挂具材料必须具有良好的导电能力(1分);

②挂具材料在工作的电镀液中不应产生溶解发生其他化学反应(1分);

③挂具应具有一定的弹性和强度(1分);

④挂具能方便地装卸零件(1分);

⑤挂具的非工作部分应作绝缘处理(1分)。

28. 答:镀铬必须采用不溶性阳极的原因有:

①镀铬阴极电流效率低,若采用金属铬作阳极,其溶液速度远超过沉积速度,造成镀液不稳定;

②在含有铬酸的溶液中电镀,仅有六价铬离子在阴极上放电析铬,而铬阳极以不同价态溶解,破坏的电离子的动态平衡;

③金属铬很脆,不易进行机械加工。(答出一个得两分,两个四分,三个五分)

29. 答:镀前预处理不良会使镀层粗糙,结合力不好,耐蚀性能差,零件表面发花,加热后起泡、脱落,还可能造成零件局部无镀层等缺陷。(任答出五项得满分,一项一分)

30. 答:喷砂使用与焊接件焊缝、铸件、有氧化皮的毛坯件(3分),不易抛光的零件和一些需要消光的零件的镀前预处理(2分)。

31. 答:酸浸蚀后工件表面产生过腐蚀原因:①酸洗时的浓度过大,温度高(1分)。②浸蚀时间过长(1分)。③未加缓蚀剂或缓蚀剂数量不够(1分)。

改进方法:①调整酸液浓度至工艺规范,并按规定温度操作(1分)。②注意浸蚀时间,经常出槽检查(1分)。③补充或添加缓蚀剂(1分)。

32. 答:电化学除油造成工件过腐蚀原因:①工件在浸蚀后没有洗净工件表面上的残留酸液,容易腐蚀部分是盲孔周围,工件与挂具,网筛接触部位。②除油槽液混有氧化物,酸类等物(3分)。

改进方法:①浸蚀后彻底清洗工件表面。②注意除油槽不带进酸类物质(2分)。

33. 答:如果钢铁件酸洗槽中进行铜件的酸洗,大量的铜离子就会进入溶液中,由于铜的电极电位比铁正,酸洗钢铁件时铜就会被置换出来疏松地粘附在钢铁表面上,这层置换出来的铜层与铁结合力不好,如在这样的表面进行电镀,就不可能得到良好的镀层。(5分)

34. 答:氯化钾镀锌的工艺条件有:镀液中成份、温度、电流密度、pH值、时间(3分)。pH值大于6时,能使氢氧化锌沉淀,局部镀层出现黑色条纹(1分);pH值等于3左右时,使电流效率,阴极极化,分散和涂镀性能下降(1分)。

35. 答:在使用锌粉处理镀锌溶液时,锌粉应分几次加入,加入锌粉后,应立即搅拌1 h,然后立即过滤溶液,不要停留时间过长,更不能配置过夜,否则会使金属杂质再度溶解,重新污染溶液(5分)。

36. 答:氯化物镀锌的特点有:①溶液导电性好,槽液电压低、节能。②不含剧毒的氰化物,废水处理设施少。③适用于铸铁零件的电镀。④镀层光亮,可采用低铬钝化。(答对一项得两分,多对一项加一分)

37. 答:酸性镀锌溶液中,硫酸的作用是为了稳定溶液,防止硫酸镉水解。硫酸含量过低,镀层外观发暗,均镀能力下降。所以,溶液中必须含有一定量的硫酸。如果硫酸含量过高,析氢过多,镀层会产生麻点,电流效率下降,阳极溶解加快,镀层结晶粗大(5分)。

38. 答:用于配制碱性锌酸盐镀锌溶液的氢氧化钠的品质对镀层的影响很大,杂质多,镀层发黑、发暗、起雾、光泽性差,所以杂质多的氢氧化钠不能使用。如要加入应加入一定量的酒石酸钾钠,才能得到良好的镀层,最好采用隔膜电解法制造的固体氢氧化钠配制溶液(5分)。

39. 答:光亮镀镍溶液中的光亮剂分为初级光亮剂和次级光亮剂(1分)。初级光亮剂有糖精等(1分),其作用是增强阴极极化,使镀层细致均匀,并扩大电流密度范围,还能使镀层产生压应力(1分);次级光亮剂有1,4-丁炔二醇、香豆素等(1分),其作用是能使镀层达到全光亮,同时也能明显增加阴极极化(1分)。

40. 答:锌镀层在铬酸盐中钝化时,同时进行着锌的溶解,钝化膜的形成和钝化膜的溶解等三个过程,其中膜的生成是重要方面(3分)。不溶解的三价铬化合物是膜的重要成份,稳定性较高给予机械保护;可溶的六价铬化合物起填充作用,并使损伤处再钝化(2分)。

41. 答:锌镀层钝化处理的目的,是为了提高锌镀层表面的光亮和美观,使其表面生成一层组织致密的钝化膜,增加锌镀层的耐腐蚀性能,延长产品的使用寿命,同时,钝化还可以防止锌镀层粘污手印(3分)。常用的钝化液有高铬酸彩色钝化液,低铬酸彩色钝化液和低铬酸白色钝化液(2分)。

42. 答:零件入槽前发生钝化现象,则会影响镀层和基体金属的结合力,严重时会形成废品。(5分)

43. 答:低铬钝化溶液中的铬酐含量低、溶液成本低、废水可以不经处理排放。(5分)

44. 答:其形成原因和解决方法有:①光亮剂不足,应适当添加光亮剂。②溶液pH太高,应适当降低镀液pH值。③有机杂质含量太高,应加活性炭过滤溶液。④溶液流动太慢,应增加搅拌或提高阴极移动速度。(答对一项得2分,多对一项加1分)

45. 答:酸性镀铜电镀时阳极溶解速度过快,会产生很多铜粉,造成镀层粗糙长毛刺,如果在铜阳极中加入一定数量的磷,就会使阳极溶液速度减慢,产生的铜粉数量就会降低,阳极在使用过程中,表面形成棕黑色膜层,如果棕色膜层厚,阳极溶解速度慢,这说明极板中含磷量过高,若不能形成棕黑色膜层说明极板含磷量低。

46. 答:在酸性度同时,阳极主要是以二价铜离子形式溶解,如果产生少量一价铜离子就会使镀层出现局部粗糙或光亮度降低(2分)。其防止措施:①平时可采用压缩空气搅拌溶液,定期加入少量双氧水,来氧化一价铜离子(1分)。②采用含磷铜阳极并加阳极套(1分)。③采用连续过滤溶液的办法等均可防止产生一价铜(1分)。

47. 答:其原因和解决方法有:①镀液中金属杂质多,可分别按各种金属杂质处理方法进行去除。②镀前预处理不良,应加强预处理工序。③阴极泥渣过多,应检查阳极过滤袋,并过滤镀液。④电流密度过大,应降低镀覆电流密度。(答对一项得2分,多对一项加1分)

48. 答:它是一种阴离子型表面活性剂,有很好的润湿作用,能防止镀层产生针孔,所以又叫做防针孔剂。当镀液中添加十二烷基硫酸钠过多时,防针孔作用不但不会提高,还会使镀液中有机杂质增多,降低镀层的光亮度,是镀层发白、脆性增加;若其含量再增加,会使镀层发花、发雾,成桔皮状,严重影响镀层质量(5分)。

49. 答:对镀镍溶液进行化学处理时,加入过氧化氢的第一个作用是利用它的氧化性,将低价铁离子氧化成高价铁离子,然后再 pH 值为 6 左右的情况下、使其形成沉淀而除去;其第二个作用是分解平时溶液中积累的有机杂质,使电镀液再生(5分)。

50. 答:由于这三层镍的电位是暗镍大于亮镍大于高硫镍(2分),因而当腐蚀孔到达暗镍时,暗镍与电位最负的高硫冲击镍之间的电位差最大(2分),所以作为腐蚀原电池阳极的高硫镍首先腐蚀,这样在三层镍体系中的暗镍的防腐能力比双层镍中更高(1分)。

51. 答:由于镍在空气中容易钝化,所以零件镀镍后应马上转到镀铬工序,清洗后镀铬(3分)。如果必须间断时,镀铬前应将零件放入稀硫酸中活化,然后再进行镀铬(2分)。

52. 答:镀装饰铬时深镀能力差的主要原因有:①溶液温度过高,阴极电流密度太小。②溶液中硫酸根含量高,铬酐相对过低。③溶液中铁离子、铜离子过多。④溶液中氯离子过多。(答对一项得2分,多对一项加1分)

53. 答:已有铬镀层的零件,或镀铬过程中中途断电后再继续镀铬的方法,称为铬上镀铬(1分)。其采用的方法有:如果断电时间较长,但零件没有受到污染,应先进行阳极腐蚀,然后转入阶梯给电,最后转入正常电流施镀;如果铬镀层已被污染或磨损,应先进行脱脂,然后进行酸活化处理,再采用上述方法施镀(4分)。

54. 答:酸性镀锡可在室温下进行操作,溶液稳定,分散能力好,电流效率接近 $100\%$(1.5分);酸性镀锡所沉积的锡含量是碱性锡沉积量的两倍,沉积速度快,生产效率高(1.5分);可进行光亮电镀,获得光滑细致、耐蚀性好的镀层,这是酸性镀锡的最大优点(2分)。

55. 答:碱性镀锡溶液中氢氧化钠是络合剂,其主要作用是与锡离子络合形成稳定的锡酸盐,还能起导电的作用,所以控制氢氧化钠的含量比控制主盐浓度还重要,氢氧化钠能使锡酸钠离解度降低,氢的析出电位变负,阴极极化作用提高,可获得细致镀层。随着氢氧化钠含量升高,可保证阳极处理半钝化状态并以四价锡形式溶解(5分)。

56. 答:利用锡有三种同素异形体的特点,将零件上先镀上一层薄锡层,然后烘至230 ℃,使锡层熔融,趁热用冷水喷淋(2分)。浸蚀后在进行二次镀锡,使锡离子在不同的晶系上沉积,从而获得有图案花纹、立体感强的锡镀层,然后在其上涂上透明清漆,即可得到晶纹锡镀层(3分)。

57. 答:酸性镀锡可以在室温下操作,并且不像碱性镀锡那样难以控制阳极(2分)。酸性镀锡溶液稳定,深镀能力好,阴极电流效率高,工作电流密度大,生产效率高,特别是可以进行光亮电镀,能得到光滑细致、耐蚀性能强的镀层(3分)。

58. 答:在操作过程中,如果槽电压高,阳极周围无气泡产生,溶液呈黑色,或阳极发白等现象,则说明溶液中已产生大量二价锡离子(2分)。这时应采取如下措施:①立即取出锡阳极(1分)。②降低溶液温度,加入适量的双氧水,将二价锡氧化成四价锡(1分)。③采用镍板作阳极对溶液进行电解处理(1分)。

59. 答:银镀层的导热、导电和光线反射性能极好,同时还具有良好的耐蚀和焊接性能(2分)。现已开展的无氰镀银工艺,按其使用的络合剂分类,可分为硫代硫酸铵型、亚硫酸盐型、硫氰酸盐型、亚铁氰化钾型等(3分)。

60. 答:在电镀过程中,阴极上有两种或两种以上金属同时沉积的过程,称为金属的共沉积(5分)。

61. 答:铜锡合金镀层又称为青铜镀层,根据合金中锡的含量可分为低锡青铜镀层、中锡青铜镀层和高锡青铜镀层,其中锡的质量分数在 $6\%\sim12\%$ 的铜锡合金镀层,质地柔软,硬度和孔隙率低,具有良好的抛光性能、耐蚀性能(3分);可以直接镀镍和套铬,常作为防护装饰镀层的底层,还可以用于轴和齿轮零件的防渗氮镀层(2分)。

62. 答:对于某些不合格的镉镀层,不必将镀层退除,可先将零件放入电解脱脂槽中将表面的油污和铬酸膜去掉(2分)。然后经过清洗和酸中和活化,清洗后放入镀镉槽中 $10\sim20$ s 就可进行二次电镀(3分)。

63. 答:电镀废水的处理方法有:化学法(1分),离子交换法(1分),活性炭吸附法(1分),电解法(1分),蒸发浓缩法(1分)。

64. 答:氰化物、六价铬、铜、锌、镍、酸碱废水,我国工业废水规定了最高允许排放浓度标准为:

六价铬化合物　$0.5$ mg/L($Cr^{6+}$)(1分),氰化物　$0.5$ mg/L($CN^-$)(1分)

铜及其化合物　$1.0$ mg/L($Cu^{2+}$)(1分),锌及其化合物　$5$ mg/L($Zn^{2+}$)(1分)

镍及其化合物　$5.0$ mg/L($Ni^{2+}$),酸碱液 pH 值　$6\sim9$(1分)

65. 答:常见镀层外观缺陷有:针孔、麻点、起瘤、起皮、起泡、剥落、阴阳面、斑点、烧焦、雾状、树枝状和海绵状沉积层,局部未镀覆的部位。(任答 5 点得 5 分)

66. 答:电镀废品主要包括:①已腐蚀的工件(1分);②发生短路过热烧坏的工件(1分);③不易退除不合格层的工件(1分);④机械损坏的工件(1分);⑤具有大量孔隙,而且用机械方法破坏尺寸后才能消除孔隙的工件(1分)。

67. 答:外观检查是在天热散射光线或无反射光的白色透射光线下目测检查,也可借助放大镜,外观检查是最基本、最常用的检验方法(3分),外观质量不合格的镀件就无需再进行其他项目的测试(2分)。

68. 答:塑料镀通常包括以下几个工序:消除应力(1分)、脱脂(1分)、粗化(1分)、敏化与活化(1分)、化学镀(1分)。

69. 答:在塑料电镀中,粗化处理是为了提高零件表面的亲水性和形成适当的粗糙度,以保证镀层有良好的结合力(5分)。

70. 答:黑色金属的脱脂溶液一般都加入氢氧化钠,其含量控制在 $30\sim50$ g/L 左右,而有色金属脱脂溶液中一般不加入氢氧化钠,即使有加入量也很少(2分);有色金属的脱脂溶液温度比黑色金属的脱脂温度低(2分);在电解脱脂时有色金属一般不采用阳极电解脱脂(1分)。

71. 答:将阳极氧化后的铝和铝合金零件放在金属盐水溶液中,通入交流电进行电解处理,金属离子以胶体的形式沉积于氧化膜孔底部,由于膜孔中微粒对光的散射作用,从而产生各种颜色。这种工艺称为电解着色。电解着色时,一般选用正弦波电源(5分)。

72. 答:铝和铝合金在一定浓度的磷酸溶液中进行阳极化处理,形成一定厚度氧化膜的工艺过程,称为磷酸阳极化(3分)。它的作用是可提高铝及铝合金件胶接时的结合强度(2分)。

73. 答:二次浸锌获得的浸锌层比一次浸锌质量好,这是因为第一次浸锌时,首先要溶解铝表面的自然氧化膜后才发生置换反应,所以浸锌层结晶较粗大疏松。当采用二次浸锌时,经硝酸溶解一次浸锌层后,铝表面呈现均匀细致的活化状态,裸露的晶粒称为二次浸锌的结晶核心,这样二次浸锌层所得到的浸锌层细致、结合力好(5分)。

74. 答:镁合金酸洗,有两点需要注意(1分):①应根据镁合金的型号,表面状态选择适当的酸洗液(2分)。②应严格控制酸洗时间,以免造成过腐蚀或着火燃烧(2分)。

75. 答:因为只经喷砂处理而不经任何酸洗的金属表面所得到的磷化膜,膜层结晶细致,且防锈能力高(1分),经酸洗处理的零件,磷化后的膜层结晶粗大(1分),膜层重(1分),金属基体浸蚀量大(1分),磷化过程析氢也多(1分)。

76. 答:钢铁零件氧化膜的形成分为以下四个阶段:
①零件表面产生溶解,即零件表面和溶液接触形成过饱和的四氧化铁区域(2分)。
②在零件表面局部地区及你不产生磁性氧化膜晶胞(1分)。
③晶胞在一定条件下长大(1分)。
④晶胞不断长大并辖成一片,称为连续的氧化膜层(1分)。

77. 答:毛钢铁件磷化膜结晶粗糙多孔,其原因和解决办法有:磷化液中游离酸含量过高,应分析调整(1分);磷化液中硝酸根不足,应补充硝酸根(1分);磷化表面有残酸,应加强清洗(1分);磷化液中亚铁离子含量过高,应添加双氧水进行调整(1分);磷化件酸洗过度,应控制酸的浓度和酸洗时间(1分)。

78. 答:电化学成膜理论认为,钢铁本身除铁成分外,还含有其他成分和杂质,在磷化溶液中,钢铁表面发生微电池作用,铁作为微电池的阳极,杂质和其他成分作为阴极,铁不断地溶解形成难溶的磷酸亚铁,在金属表面沉积结晶即形成磷化膜(5分)。

79. 答:影响镀层质量的因素有:①基体金属的材料及状态(1分)。②镀前预处理是否良好(1分)。③溶液的性质(1分)。④电镀操作过程及镀后处理(1分)。⑤使用的电源及其他电镀设备(1分)。

80. 答:在电镀过程中,析氢几乎是不可避免的,氢在阴极上析出后,一部分氢经常呈气泡状粘附在镀件表面,使得该部位不能沉积金属,致使镀层产生针孔、麻点等缺陷,另一部分氢以原子氢的状态渗入镀层和基体金属中,是零件产生氢脆,并且当温度上升时,镀层中和基体零件中的氢又会析出,使零件镀层产生气泡,严重影响镀层质量(5分)。

## 六、综 合 题

1. 解:$H/H_2O = 2/18 \times 100\% = 11\%$(10分)
答:水分子中氢原子的含量为11%。

2. 解:$S = 0.25 \times 1 \times 2 \times 10 \ dm^2 = 5 \ dm^2$(5分)
$$I_A = J_A \times S = 5 \ dm^2 \times 30 \ A/dm^2 = 150 \ A(5分)$$

答：使用电流应为 150 A。

3. 解：$S = 8(2\pi r^2 + \pi dh)$

　　　$= 8 \times (2 \times 3.14 \times 0.5^2 \text{ dm}^2 + 3.14 \times 0.5 \times 2 \text{ dm}^2)$

　　　$= 62.8 \text{ dm}^2$（5 分）

　　　$I = J_K S = 62.8 \text{ dm}^2 \times 3 \text{ A/dm}^2 = 188.4 \text{ A}$（5 分）

答：电流应为 188.4 A。

4. 此工件面积是 $S = 4 \times 4 \times 6 = 96 \text{ dm}^2$（3 分）

每件需要的电流是：$96 \times 2 = 192$（A）（3 分）

每槽最高镀件数量是：$1\,000 \div 192 = 5.2$（件）（3 分）

答：每槽最多可镀 5 件。（1 分）

5. 计算公式

$K = \dfrac{A}{nF}$，其中，$K$—电化当量　原子量 $A = 58.69$　法拉第常数 $F = 96\,500$　化合价 $n = 2$　（5 分）

　　故　$K = \dfrac{58.69}{2 \times 96\,500} = 0.304\,1 \times 10^{-3}(\text{g/C}) = 1.094\,4(\text{g/(A·h)})$

　　答：电镀时该元素的电化当量为 1.094 4(g/(A·h))。

6. 解：计算公式 $r = \dfrac{v}{2\pi \cdot n}$（5 分）

　其中：$n$—转速 $= 2\,000 \text{ r/min}$　$v$—$12 \text{ m/s} = 720 \text{ m/min}$

　$r = \dfrac{720}{2 \times 3.14 \times 2\,000} = 0.05 \text{ m} = 50 \text{ mm}$（5 分）

答：需要采用抛光轮的半径为 50 mm。

7. 解：需补加体积 $0.096 \times 10^3 \times 80\% - 0.4 \times 150 = 16.89 \text{ g/L}$（2 分）

硫酸含量：$20 \times 16.8 = 336$（g）（4 分）

皂粉：$5 \times 16.8 = 84$（g）（4 分）

8. 解：设槽的体积为 $V$，需加入质量分数为 90% 的硝酸 $x$ kg

　　　　　$V = 20 \times 10 \times (15-3) \text{dm}^3 = 2\,400 \text{ L}$（5 分）

　　　$x = 2\,400 \times (300-280)/(1\,000 \times 90\%) \text{kg} = 53.3 \text{ kg}$（5 分）

答：槽的体积为 240 L，需加入 53.3 kg 质量分数为 90% 的硝酸。

9. 解：$40 \div 40 \div 1 = 1 \text{ mol/L}$（10 分）

答：物质量浓度为 1 mol/L。

10. 解：根据化学式　　2NaOH　　$H_2SO_4$

　　　　　　　　　$2 \times 40$　　98

　　　　　　　$x \times 1.54 \times 50\%$　　$1.29 \times 38\% \times 500$（5 分）

　　$x = 2 \times 40 \times 1.29 \times 0.38 \times 500/(1.54 \times 0.5 \times 98) \text{mL} = 259.8 \text{ mL}$（5 分）

答：需用质量分数为 50% 的氢氧化钠 259.8 mL。

11. 解：设需要质量分数为 90% 的硝酸 $x$ kg

　　　　　$98\% \times x/1\,000 = 3\%$（5 分）

　　　　$x = 0.03 \times 1\,000/0.98 \text{ kg} = 30.6 \text{ kg}$（5 分）

答:需要质量分数为 98% 的浓硝酸 30.6 kg。

12. 解:设 1 000 g 阳极化溶液中含有硫酸 $x$ g

$$x/1\,000 \times 100\% = 20\% (5\,分)$$

$$x = 200\ g (5\,分)$$

答:1 000 g 阳极化溶液中共含有硫酸 200 g。

13. 解:设需要磷酸 $x$ kg

溶液体积 $V = 1\,000 \times 800 \times (1\,000 - 200)/(100 \times 100 \times 100)L = 640\ L(5\,分)$

$$x = 200 \times 640/(1\,000 \times 80\%)kg = 160\ kg(5\,分)$$

答:需要质量分数为 80% 的磷酸 160 kg。

14. 解:设需用盐酸 $x$ kg。锌镀层的质量 $m = KIt = 1.22 \times 450 \times 40/60\ g = 366\ g$

$$\begin{array}{ccc} Zn & + & 2HCl = ZnCl_2 + H_2\uparrow \\ 65 & & 2 \times 36.5 \\ 366 & & x(5\,分) \end{array}$$

$$x = 2 \times 36.5 \times 366/65\ g = 411\ g(5\,分)$$

答:需用盐酸 411 g。

15. 解:$t = \delta\rho \times 1\,000/(J_K\eta K)(5\,分)$

$$= 0.005 \times 8.64 \times 1\,000/(1.2 \times 90 \times 2.097)h$$

$$= 11.4\ min(5\,分)$$

答:镀 5 mm 原锌镀层需要 11.4 min。

16. 解:零件面积 $S = 30 \times 1.2\ dm^2 = 36\ dm^2(5\,分)$

$$I_A = J_K S = 2.5\ A/dm^2 \times 3.6\ dm^2 = 92\ A(5\,分)$$

答:镀覆电流应为 90 A。

17. 答:铬酐含量 $= 300 \times 200 = 60\,000\ g = 60\ kg(3\,分)$

硝酸含量 $= 40 \times 200 = 8\,000\ mL = 8\ L(3\,分)$

硫酸含量 $= 20 \times 200 = 4\,000\ mL = 4\ L(4\,分)$

18. 解:设应加入磷 $x$ kg

$$x/(x + 200) \times 100\% = 0.3\%(5\,分)$$

$$x = 0.6/0.997\ kg = 0.6\ kg(5\,分)$$

答:需加入磷 0.6 kg。

19. 解:$t = \delta\rho \times 1\,000/(J_K\eta K)(5\,分)$

$$= 0.015 \times 8.94 \times 1\,000/98 \times 1.5 \times 1.186\ h$$

$$= 0.769\ h$$

$$= 46.15\ min(5\,分)$$

答:镀 15 $\mu$m 的铜镀层需要 46.15 min。

20. 解:$2CuSO_4 \cdot 5H_2O + Na_4P_2O_7 == Cu_2P_2O_7 + 2Na_2SO_4 + 10H_2O(2\,分)$

根据反应式
$$\begin{array}{cc} 1)2CuSO_4 \cdot 5H_2O & Cu_2P_2O_7 \\ 2 \times 249.67 & 301.03 \\ x & 50(2\,分) \end{array}$$

$$x = 2 \times 249.67 \times 50/301.03\ kg = 82.94\ kg(2\,分)$$

2)$Na_4P_2O_7$ 　　　　　　$Cu_2P_2O_7$

265.91 　　　　　　　　301.03

$y$ 　　　　　　　　　　50(2分)

$y=265.91×50/301.03$ kg$=44.17$ kg(2分)

答:需用硫酸铜 82.94 kg,需用无水焦磷酸钠 44.17 kg。

21. 解:$NiCl_2 \cdot 6H_2O \longrightarrow 2Cl^-$

238 　　　　　　　71

$x×90\%$ 　　　　　$10×1\,000/1\,000$(5分)

$x=238×10/(71×90\%)$kg$=37.25$ kg(5分)

答:需要质量分数为 90% 的氯化镍 37.25 kg。

22. 解:$J_K=\delta\rho×100\%/(100\,t\eta K)$(5分)

$=12×8.8×100\%/(100×35/60×95×1.095)$ A/dm$^2$

$=1.74$ A/dm$^2$(5分)

答:电流密度为 1.74 A/dm$^2$。

23. 解:设需要七水硫酸镍 $x$ kg

$x=60×12×8×8/1\,000$ kg$=46.08$ kg(2分)

因为 　　　$NiSO_4 \cdot 7H_2O : NiSO_4$

281 : 155

$y$ : 46.08 　(4分)

$y=281×46.08/155$ kg$=83.5$ kg(4分)

答:需要七水硫酸镍 83.5 kg。

24. 解:设氯化镍的 g/L 浓度为 $x$

$x=24×1\,000/600$ g/L$=40$ g/L 　(10分)

答:氯化镍的浓度为 40 g/L。

25. 解:$\eta=(\delta\rho/100)/(tJ_KK)×100\%$(5分)

$=(12\,\mu m×8.8$ g/cm$^3/100)/[1.5$ A/dm$^2×40/60$ h$×1.095$ g/(A·h)$]×100\%$

$=96.44\%$(5分)

答:电流效率为 96.44%。

26. 解:计算公式:

$$\delta=\frac{D_K \cdot t \cdot \eta \cdot K}{1\,000 \cdot P}=\frac{1.2×\frac{80}{60}×92×1.095}{1\,000×8.8}=18.3(\mu m)$$

(公式写出得 5 分,答案正确得 5 分)

答:阴极上沉积的镍镀层为 18.3 $\mu m$。

27. 解:氯离子含量 $500×14=7\,000$ g$=7$ kg(3分)

$NiCl_2 \cdot 6H_2O$ 分子量 237(2分)

设需 $NiCl_2 \cdot 6H_2O$ 　$x$ kg

$x×90\%×\frac{70}{237}=7$ 　(3分)

$x = 26.4\ kg$　（2分）

答：需用90%含量的氯化镍26.4 kg。

28. 解：氯离子含量　$800 \times 4 = 3\ 200\ g = 3.2\ kg$（3分）

$NiCl_2$分子量129（2分）

设需 $NiCl_2$　$x$　kg

$$x \times 95\% \times \frac{70}{129} = 3.2\ (3分)$$

$$x = 6.2\ kg（2分）$$

答：需向电解液中补加95%的氯化镍6.2 kg。

29. 解：计算公式 $\eta = \dfrac{1\ 000 \cdot \rho \cdot \delta}{D_K \cdot K \cdot t}$（5分）

其中 $\eta$—镀液的阴极电流效率，金属密度 $\rho = 8.8\ g/cm^3$，镀层厚度 $\delta = 0.01\ mm$，阴极电流密度 $D_K = 1.5\ A/dm^2$，电化当量 $K = 1.095\ g/(A \cdot h)$，电镀时间 $t = 34/60(h)$

$$\eta = \frac{1\ 000 \times 8.8 \times 0.005}{1.5 \times 1.095 \times 34/60} = 0.95（5分）$$

答：此镀液的电流效率为95%。

30. 解：计算公式：$t = \dfrac{m}{\eta \cdot I \cdot K}$　（5分）

其中：$m = 1.58\ g, \eta = 13\%, I = 50\ A, K = 0.323\ 4\ g/(A \cdot h)$

$$t = \frac{1.58}{0.13 \times 50 \times 0.324} = 0.75(h) = 45\ min（5分）$$

答：通电时间为45 min。

31. 解：$\eta = m/(KIt) \times 100\%$（5分）

$\qquad = 1.8/(0.324 \times 20 \times 2) \times 100\%$

$\qquad = 13.9\%$（5分）

答：镀铬溶液的电流密度为13.9%。

32. 解：$\delta = J_K(t\eta K)/\rho \times 1\ 000$（3分）

$\qquad = 40 \times (300/60) \times 13 \times 0.324/(7.1 \times 1\ 000)mm$

$\qquad = 0.118\ 6\ mm$（3分）

直径 $= 2\delta$（2分）

$\qquad = 2 \times 0.118\ 6\ mm = 0.237\ 2\ mm$（2分）

答：轴的直径增大0.237 2 mm。

33. 解：计算公式：$m = \eta \cdot I \cdot t \cdot K$（5分）

$m$—析出金属克数(g)，$\eta$—电流效率13%，$I$—通过电流40 A，$t$—时间120 min = 120/60(h)，$K$—电化当量 = 0.324 g/(A·h)

$$m = 0.13 \times 40 \times 120/60 \times 0.324 = 3.3(g)（5分）$$

答：阴极上能析出3.3 g铬。

34. 解：计算公式：$\delta = \dfrac{D_K \cdot K \cdot \eta \cdot t}{1\ 000 \cdot \rho}$（5分）

其中，$\delta=$镀层厚度，$D_K=50$ A/dm$^2$，$t=150$ min$=\dfrac{150}{60}$(h)，$K=0.324$ g/(A·h)，$\eta=13\%$，$\rho=7.1$ g/cm$^3$

代入公式 $\delta=\dfrac{50\times0.324\times13\times\dfrac{150}{60}}{1\,000\times2.1}=74.1(\mu m)$（5分）

答：零件镀层为 74.1 $\mu m$。

35. 解：镀铬槽容积：$10\times8\times7=560$ L（2分）

$H_2SO_4$ 含量 $560\times6=3\,360$ g$=3.36$ kg

$\qquad560\times2.5=1\,400$ g$=1.4$ kg

$\qquad3.36-1.4=1.96$ kg（2分）

反应方程式：$H_2SO_4+BaCO_3=\!=\!=BaSO_4\downarrow+H_2CO_3$

$\qquad\quad\begin{matrix}1.96 & x\\ 98 & 197\end{matrix}\qquad$（3分）

$\qquad\quad x=\dfrac{1.96\times197}{98}=3.94$ kg　（3分）

36. 解：标准镀铬配方：$CrO_3$：250 g/L　　$H_2SO_4$：2.5 g/L

镀铬液容积：$10\times8\times6.5=520$ L（1分）

$CrO_3$ 含量　$520\times250=13\,000$ g$=13$ kg（3分）

$H_2SO_4$ 含量　$520\times2.5=1\,300$ g$=1.3$ kg　（3分）

$\qquad\quad1.3\div1.84\div98\%=0.721$ L　（3分）

37. 解：$J_K=\delta\rho\times1\,000/(t\eta K)$（5分）

$\qquad=0.008\times10.5\times1\,000/(45/60)\times95\times4.025$ A/dm$^2$

$\qquad=0.3$ A/dm$^2$（5分）

答：镀银时的电流密度为 0.3 A/dm$^2$。

38. 解：$I=J_K S=80\times0.5\times0.5\times1\times2\times1.2$ A$=48$ A（5分）

$\qquad m=KIt=1.207$ g/(A·h)$\times48$ A$\times30/60$ h$=26.568$ g（5分）

答：理论上析出锡 26.568 g。

39. 解：计算公式：$I=\dfrac{m}{\eta\cdot K\cdot t}$，其中：$m=3.2$ g　$\eta=75\%$　$t=30$ min$=\dfrac{30}{60}=0.5$ h

$K=1.014$ g/(A·h)　（5分）

$I=\dfrac{3.2}{0.75\times\dfrac{30}{60}\times1.014}=8.4$(A)（5分）

答：通过的电流为 8.4 A。

40. 答：①电镀槽的几何形状，电极的形状和大小，电极间距离，电极在槽中的装挂方式等几何因素（2分）。②基体金属的表面状况，开电方式，氢在基体金属上过电位的大小（2分）。③阳极上的电流效率（2分）。④镀液的电导率（2分）。⑤阳极极化度（2分）。

41. 答：当阴极性镀层有缺陷而使基体金属外露时，则基体与镀层形成腐蚀电池，因基体标准电位较负，故作为阳极发生溶解（3分）；而镀层作为阴极，氢离子在阴极上获得电子并放出氢气,这就造成基体金属优先被腐蚀(3分);且腐蚀一般从孔隙下开始,接着很快在镀层下蔓延开,造成镀层起皮脱落(3分)。因此,阴极性镀层只有在完整无缺,孔隙率尽量少时,才能对基体起到保护作用(1分)。

42. 答:对镀铬挂具的要求有:

①为获得较均匀的铬镀层,常常需要采用带有辅助阳极和保护阴极的挂具(2分)。

②镀铬时电流效率低,电镀时有大量气体析出,所以设计的挂具和工件悬挂位置层利于气体的逸出,防止因气体的滞留造成镀层不连续,麻坑和波纹等缺陷(3分)。

③由于镀铬时使用较高的电流密度,还要求挂具有足够的载面,而且要求挂具的挂钩夹紧或弹性工件(3分)。

④内孔镀铬夹具应使孔与阳极同心,并保证气体逸出和镀液对流(2分)。

43. 答:氯化钾镀锌工艺配方中各成份的作用是:

①氯化锌是镀液中的主盐,含量高时,允许阴极电流密度高,但分散能力差,含量低时,工件边缘易烧焦,但分散能力较好(2分)。

②氯化钾是导电盐,大量氯离子存在,可提高阴极极化作用,含量过高,镀液温度低于 5℃时,有结晶析出,含量过低,会降低分散能力和深镀能力(2分)。

③硼酸在镀液中起缓冲作用,使镀液 pH 值相对稳定在 5 左右(2分)。

④光亮剂可显著提高阴极极化作用,使镀层细致光亮,当镀液温度低时,可少加些,反之,应多加些。

⑤柠檬酸钾能改善镀液的分散能力和深镀能力。

44. 答:在酸性镀镉溶液中,为了稳定镀液防止硫酸镉水解,镀液中必须含有一定量的硫酸。(4分)硫酸含量过低,镀层外观发暗,均镀能力下降(3分);硫酸含量过高,析氢太多,镀层产生麻点,电流效率低,加速阳极溶解,镀层结晶粗大(3分)。

45. 答:①硫酸铜是溶液的主盐,其含量低时,允许电流密度的上限较低,镀层孔隙率增加,光亮度下降,含量过高时,在槽底、槽壁和阳极上易析出硫酸铜结晶,影响电镀(5分)。

②硫酸有导电和增强阴极极化作用,适当提高其含量,可提高溶液的电导及极化作用,提高溶液的分散能力,但镀层的光亮度和整平能力则下降,太低时,阳极溶解可能产生一价铜,水解生成氧化亚铜,造成镀层长刺(5分)。

46. 答:镀镍溶液中有铁、铜、锌、铬及有机杂质等有害杂质(2分)。

铁杂质:可使镀层产生针孔,在镀层上形成斑点,并产生粗糙的镀层,会使镀镍层变脆(2分);

铜杂质:会影响镀层和底层的结合力(2分);

锌杂质:含量过高会产生白色的镀层,在低电流密度区产生暗色的镀层,甚至形成亮黑的条纹,在暗镍的溶液中,镍含量为 $0.02\sim0.06$ g/L 时,可能产生发亮的镍镀层(2分)。

有机杂质:镀层出现变暗,有时产生斑点、条纹、针孔、桔皮、发花、脆性等(2分)。

47. 答:铸铁零件镀不上铬镀层的原因有:零件镀前预处理时酸浸蚀过度,造成零件表层气孔增多,零件实际受镀面积增大,冲击电流相对变小(5分);另外零件表层石墨裸露后使得铬的析出电位发生变化,零件表面析氢扬中,使镀层难以沉积(5分)。

48. 答:镀银前的预处理主要有两方面原因,一方面大多数金属都比银的电极电位负,当零件进入镀银溶液,镀银溶液中银离子与零件金属发生置换反应。结果导致银镀层疏松结合力不好(5分)。另一方面,置换反应中析出置换银的同时,还有等摩尔的铜离子产生并进入溶液造成铜离子杂质对镀液的污染。使镀层产生缺陷。为避免上述批并弊病镀银前一定要进行预处理(5分)。

49. 答:酸性光亮镀锡溶液中,由于二价锡的氧化,水解生成不溶性四价锡化合物,这种沉淀物,呈游离胶体,使镀液混浊(5分)。当镀液混浊出现时,采用 SY-800 处理剂进行处理,处理方法为:每升混浊液加入 30 mL 左右 SY-800 处理剂,在室温下搅拌,即出现棉絮状固体物,并开始沉淀,镀液变清,过滤后再适量添加 SS820 光亮剂,并按工艺添加 NSR-840 稳定剂,调整硫酸亚锡和硫酸含量,之后正常生产(5分)。

50. 答:生产中常采取以下措施:

①采用络合物溶液,使金属的沉积电位相接近,从而使金属能够共沉积(2分)。

②采用适当的添加剂,也是使其在阴极上共同沉积的有效办法(2分)。

③选择适当的电流密度,提高阴极电流密度,有利于金属的沉积电位向负方向移动(3分)。

④借助于金属共沉积时电位较负金属的去极化作用,它可使沉积电位向正方向移动(3分)。

51. 答:化学镀镍层后处理的目的是:

①消除镀覆过程中吸附的氢,降低内应力,提高镀层与基体的结合强度(2分)。

②改变镀层组织结构和物理性能,提高镀层的硬度和耐磨性(2分)。

③提高镀层的耐蚀性或耐变色性(2分)。

④双中镀层还可改善某些性质,例如化学镀镍后再镀硬铬和锌(2分)。

⑤使镀层具有某些功能特性(2分)。

52. 答:当晶核生成速度大于晶核的成长速度时,晶核的数目多,晶体的成长在很多晶体上同时进行,且速度较慢,获得的电结晶颗粒就较细,则镀层结晶细致紧密,晶核的生成速度比成长速度大的越多,镀层的防护性能和外观质量也就越好(5分);如果晶核的成长速度小于晶体长大速度,生成的晶核数目少,晶体长大速度快,结晶总是在原来晶面上进行,获得的结晶粒就粗,只能得到结晶粗大的镀层(5分)。

53. 答:要获得均匀的金属镀层一般可采取如下措施:①选取理想的络合剂和添加剂,以提高阴极极化度(2分)。②添加碱金属盐或其他强电解质,以提高镀液的导电性(2分)。③适当加大镀件与阳极的距离(2分)。④采用象形阳极,使零件整个表面同阳极距离尽量相同(2分)。⑤采用辅助阳极和保护阴极(2分)。

54. 答:镀液中杂质的来源主要有以下六个方面,应针对性地采取相应措施予以控制:

①镀液中加入的化学药品纯度低,应采用纯度较高的药品,并应定点进货(2分)。

②阳极材料纯度低,应采用纯度高的极板(2分)。

③挂具和镀件材料溶解到镀液中,挂具和镀件带入了其他镀槽的镀液(2分)。

④镀件掉入镀液中没有及时取出而形成的腐蚀产物,应防止镀件掉入镀槽,掉入的镀件应及时取出(2分)。

⑤镀液使用中产生的分解产物,应及时进行处理(1分)。

⑥空气中的粉尘落入镀槽,镀槽不使用时应加盖(1分)。

# 镀层工(高级工)习题

## 一、填 空 题

1. 电化学是研究( )导体界面的性质及其界面上所发生的变化的科学。

2. 电镀过程中,( )在电解液中以三种方式移动,即电迁移、扩散、对流。

3. 任何金属浸在它的盐的电解质溶液中即可组成( )。

4. 在电极与溶液界面上存在着的大小相等、电荷符号相反的电荷层,叫做( )。

5. 阴极效率往往小于100%的原因,除了金属沉积外,常伴有( )和杂质金属离子析出等副反应发生。

6. 阳极效率大于100%的原因,除了阳极金属( )溶解外,还进行着化学溶解。

7. 所谓平衡电位,是指金属在它的盐的电解液中当( )达到平衡时的电极电位。

8. 所谓标准电位,是指按规定电解液的温度为25 ℃,离子浓度为1 g/L时,相对( )所测得的平衡电位。

9. 当电极电位偏离其标准电位时,金属开始析出时的电位,称为该金属的( )电位。

10. 电镀合金时,必须使两种金属离子的( )相同或相近,才能使它们共同放电而镀出合金镀层。

11. 阴极上发生极化时,其电极电位是随着电流密度的增大而不断( )。

12. 阳极上发生极化时,其电极电位是随着电流密度的增大而不断( )。

13. 描述电流密度和电极电位之间的关系曲线称为( )。

14. 在电极上有电流通过时,无论可逆电极还是不可逆电极均会产生( )现象。

15. 在电解液中,当有外加电流作用时,阴极上将发生( ),阳极上将发生氧化反应。

16. 提高电解液温度和采用( )措施,都可以在较高的电流密度和较高的电流效率下得到致密的镀层。

17. 阳极发生钝化时的最小电流称为( )。

18. 当有电流通过时,阴极的电极电位向负的方向偏移的现象称为( )。

19. 提高金属电结晶时的( )作用,可以提高晶核的生成速度,便于获得结晶细致的镀层。

20. 电流密度在阴极上分布的( ),受电镀槽的尺寸、阴极与阳极之间的距离、阴极零件的形状及其悬挂方式和位置等几何因素影响。

21. 离子在电解液中的扩散速度,是随着扩散层中浓度差异的增大、温度的升高、黏度的下降而( )的。

22. 影响电流在阴极表面分布的电化学因素是极化度和电解液的( )。

23. 所谓电流的初次分布,是指由于近阴极、远阴极与( )之间的电解液电阻不同而引起的电流分布的不均匀性。

24. 电镀中常用（    ）效应来抑制水解或减少电解液的交叉污染。

25. 镀层起泡的原因,是吸附在基体金属微孔内的氢,当周围介质温度升高时,造成氢的（    ）而使镀层产生小鼓泡的。

26. 添加剂按其（    ）可分为无机添加剂和有机添加剂。

27. 光亮剂消耗随电解液（    ）升高而加大。

28. 光亮剂在镀层中夹杂会使镀层的（    ）增加,造成镀层起皮,破裂和裂纹。

29. 化学镀溶液中的金属离子,是依靠（    ）的氧化来供给所需要的电子。

30. 导电盐多选用（    ）,一般为碱金属或碱土金属的盐,它们在电镀液中能够完全电离。

31. 为保持阳极（    ）,通常采用的方法是在络合物电解液中保持定量的游离络合剂;在简单盐电解液中添加适当的阳极活化剂。

32. 生产中一般不采用（    ）的方法来改善镀层结晶,其原因是主盐浓度低的电解液导电性差,不允许大电流密度下工作,同时电流效率低,最终导致生产效率降低。

33. 换向电流能溶解镀层上的（    ）部分,具有整平作用,可使镀层结晶致密。

34. 考虑到几何因素对电流密度在阴极表面分布的影响,若阴极、阳极都是一块平板时,在电解液中必须使阴极与阳极平行,为防止阴极、阳极边缘电力线密集,还需采用（    ）。

35. 电镀槽的导电杠,应能满足通过槽子所需的（    ）、承受工件的重量以及便于擦去锈蚀。

36. 抛光机主轴的同心度越高,抛光时的（    ）就越高。

37. 通常喷砂机使用的空气压力不宜超过（    ）kPa。

38. 滚光机适用于大批量的对表面（    ）不做特殊要求的表面处理的工件。

39. 振动抛光机是在振动作用下,工件与一定量的（    ）在密封的工作筒内互相摩擦,从而使工件抛光。

40. 工件沉入电镀液的深度为距离电镀液面的（    ）mm。

41. 挂具提杆的位置应高于电镀液面的（    ）mm 以上。

42. 为防止工件（    ）或表面水迹影响镀层质量,最后一道工序是对工件进行干燥。

43. 为保证电镀液稳定,应使用循环过滤机,对电镀液的（    ）杂质清除。

44. （    ）试验仪是控制电镀质量和选择最佳电镀工艺条件的试验设备。

45. 磁性测厚仪是测定（    ）基体上的镀层厚度的。

46. 检测镀层厚度时,工件上凡直径（    ）mm 的钢球所能接触到的部位,均应符合厚度系列规定的最低值。

47. 用于电镀电源的晶闸管,主要是（    ）反向阻断晶闸管。

48. 在滚桶中,工件的装料量为（    ）的容量,才能保证工件翻滚良好。

49. 负压吸酸机的两个高位密封储酸罐应比酸洗槽高出（    ）m 以上,才能保证酸罐内的酸自动流向酸洗槽内。

50. 金属铝是（    ）金属,在酸、碱溶液中不稳定,在其表面上电镀是较困难的。

51. 当铝制品表面油污较少时,可以不经过（    ）而直接进行碱性浸蚀。

52. 铝件经过常规预处理后,应立即镀上一层过渡金属层或导电多孔性的（    ）层,以使随后的电镀得以正常进行。

53. 铝件浸锌时,为了保证锌层质量,生产中多采用(  )浸锌。

54. 铝件阳极氧化后,经稀的(  )活化一下,清洗干净,可立即带电入槽并施以冲击镀。

55. 铝制品若不经(  )直接镀镍,则必须经过二次浸锌处理。

56. 铝件经过化学浸(  )处理后,可以在其上直接镀亮镍。

57. 对高纯度铝件电镀时,可以采用直接电镀一层薄(  )层的特殊预处理。

58. 提高铝上镀层(  )的关键在于清除铝表面上的自然氧化膜并防止它重新生成,通常要在铝基上预镀一层与之结合牢固的底层或中间层。

59. 铝件的化学脱脂时间不可过长,脱脂溶液中一般不加(  )。

60. 铝件电镀前进行碱浸蚀时,为了使其表面浸蚀的更加均匀,常常在浸蚀液中加入(  )g/L 的氯化物或氟化物。

61. 铝件的浸蚀是为了达到活化基体和提高镀层结合力的目的,只可用(  )浸蚀。

62. 喷砂后的铝及铝合金工件经脱脂、出光,在盐酸、硫酸或碱的浸蚀液中活化后即可直接电镀(  )。

63. 铸铝件(  )阳极氧化后,可立即进行电镀。

64. 铝件浸锌时,常在浸锌溶液中加入少量的(  )、锌和铁共沉积可改善镀层结合力和提高耐蚀性。

65. 当在铝合金上电镀硬铬、锌或氰化镀黄铜时,(  )后可直接电镀,而不必预镀。

66. 铝及铝合金二次镀锌时,第二次浸锌时间要(  )一些。

67. 在铝件浸锌处理时,由于氢在锌表面的过电位较高,在强碱电解液中氢离子浓度非常低,所以基体不会受到(  )。

68. 铝件电镀前进行碱浸蚀时,为了使其表面浸蚀得更为均匀,常常在浸蚀液中加入(  )g/L 的氯化钠或氟化物。

69. 铝体电镀前常用的特殊预处理工艺有:化学浸锌、化学浸锌合金、化学(  )、阳极氧化处理、不对称交流电电镀黄铜等。

70. 铝件化学镀镍后的镀层厚度均匀且无孔,一般达(  )μm 即可。

71. 对于形状复杂并要求进行焊接的高纯铝件,最好采用浸锌和(  )联合法处理。既可避免焊接部位的腐蚀又可防止深凹处镀不上锌的弊病。

72. 非金属制品表面电镀的目的,是使该制品获得某些(  )的性能,如耐磨性、导电性、导热性、导磁性、易焊接以及不易变形的性能。

73. 不锈钢零件镀前(  )的三种主要方法是:阴极活化处理法、活化预镀联合法和活化预镀一步法。

74. 不锈钢的(  )工艺,主要有低温氧化着色、铬酸氧化着色和电解着色,此外还有化学氧化法和硫化法等。

75. 不锈钢电化学脱脂所用的溶液与普通钢铁件相同,但不锈钢一般采用(  )电解脱脂。

76. 去除不锈钢件氧化皮,一般都需要经过松动、浸蚀氧化皮及(  )等三个阶段。

77. 对于不锈钢氧化着色,采取低温氧化法与采取铬酸氧化法相比,前者具有能在较低温度下生成稳定的(  )的特点。

78. 不锈钢表面一般都附有一层致密难溶的氧化皮或钝化膜,其中大多数都含有氧化铬、氧化镍和十分难溶的（　　）等。

79. 铁基粉末冶金件经过表面处理与（　　）后，即可按正常条件电镀。

80. 锌合金铸件酸浸后，一般先要进行（　　）或预镀铜后，才能电镀其他金属，以保证镀层与基体的结合力。

81. 锌铜合金镀层，主要防护-装饰性镀层的底层或中间层，以代替（　　）层。

82. 锌合金压铸件一般是应选用含铝质量分数为（　　）左右的锌合金材料，以提高电镀产品的合格率。

83. 锌合金压铸件的预镀层如果采用铜层，应镀厚一些，至少（　　）以上。

84. 锌合金压铸件表面疏松，在磨光和抛光时表层去除量不要超过（　　）mm。

85. 锌合金压铸件不能采用（　　）的强碱和强酸进行前处理。

86. 锌合金上的不合格镀层无论采用何种退除方法均会对底层造成（　　），严重时会使工件报废。

87. 由于锌合金压铸件具有硬度低、表面无孔、表层以下基体（　　）的特点，所以不宜采用磨轮抛光。

88. 由于锌铝压铸件表面成分易产生（　　），所以镀前预处理时，应选用弱碱和低浓度酸进行脱脂和浸蚀，且温度不易过高，时间不易过长。

89. 锌合金压铸件预镀铜时，镀层（　　）的原因主要有：(1)研磨抛光过度；(2)零件脱酯未净；(3)镀液 pH 值过高；(4)电镀时间太长。

90. 锌合金压铸件采用氰化预镀铜时，为保证镀层与基体有良好的结合力，电解液中不能加入氢氧化钠，且氰化钠含量不能太高，溶液的 pH 值应控制在（　　）以下。

91. 粉末冶金工件无论是镀氰化铜、镀铬、镀锌均应带电入槽，先以高于正常电流密度（　　）倍的冲击电流密度施镀 5～30 s，再转为正常电流密度电镀，以提高镀层与基体的结合力。

92. 粉末冶金件表面是（　　）的，在镀前处理或电镀过程中容易渗入酸、碱和电解液，造成镀后泛点和孔蚀。

93. 粉末冶金件采用有机溶剂清除其孔隙中的油污，效果较差，必须继续采取（　　）处理。

94. 铁基粉末冶金件的（　　）方法，有煮沸蒸馏水封孔、浸高熔点石蜡封孔和硬脂酸锌填充封孔等。

95. 铸铁件在电镀前，必须彻底清除其表面的油污、氧化皮和较多的（　　）等不溶性杂质。

96. 铸铁件酸洗，应根据材质和（　　）的不同，分别采用盐酸、硫酸、氢氟酸或氢氟酸-盐酸混合溶液等进行化学或电化学酸洗。

97. 铸铁件碱性镀锌时，为防止气体析出，工件入槽应立即用（　　）进行短时间"冲击镀"，然后再恢复到正常电流密度进行电镀。

98. 由于镀镍的电解液属于（　　），pH 值在 3～6，同时氢在镍层上过电压小，所以镍的吸氢程度较大。

99. 化学镀镍只有在（　　）的情况下，镀层厚度才能随时间增加而增加。

100. 铸铁件镀硬铬前应进行（　　）活化处理。

101. 深孔零件镀硬铬时,阳极挂在零件内孔中心,并且保持阳极与内孔同心,阳极面积为阴极面积的(　　)。

102. 铸铁件镀硬铬时,为防止(　　)而镀不上铬,应先进行喷砂后和短时间的阳极电解脱脂等表面预处理后再镀硬铬。

103. 钢铁铸件电镀时,镀前浸蚀不能时间过长,以免产生过腐蚀,铸铁件表面析出(　　),影响镀层质量。

104. 铸铁件(　　)性镀锌时,采用冲击电流电镀可以获得质量良好的镀层。

105. 铸铁件碱性镀锌时,大量析出氢的主要原因之一是铸铁中的(　　)能降低氢析出的过电位。

106. 银镀层表面受紫外线作用时,由于银可以吸收紫外线而转变为(　　),因而加速了银变色。

107. 使用胶态钯活化液对玻璃和陶瓷件进行活化,活化后还必须进行一道特别的处理工序,称之为(　　)。

108. 对非金属材料零件表面进行粗化处理,以增加零件表面的真实面积,可达到提高镀层与基体(　　)的目的。

109. 化学镀镍层经过热处理后,镀层的(　　)与塑性随着处理温度的提高而提高。

110. 铸铁件化学镀镍时,为获得良好的结合力和耐蚀性,最好先预镀(　　)μm的镍层。

111. 已上釉的陶瓷,均应先用(　　)的石英砂喷砂后再进行化学粗化。

112. 对非金属制品表面进行电镀,一般是为了解决非金属制品的(　　)、导磁和焊接性能以及提高其耐磨、粘结和装饰性能等。

113. 目前用作装饰性的塑料电镀件,主要是(　　)塑料,其次是改性聚丙乙烯和聚丙乙烯塑料。

114. 塑料零件对(　　)的要求是:应力越大越好,韧性越大越好,中间镀层与塑料应有十分接近的膨胀系数、良好的韧性和足够的厚度。

115. 非金属材料零件经敏化和活化后,在金属表面生成具有(　　)微粒,这些微粒主要是一些贵金属。

116. 当对玻璃和陶瓷件进行(　　)时,烧渗温度太低,银层结合不牢;烧渗温度太高,对基体不利或无法成膜。

117. 烧渗法处理,是对经过脱脂清洗后的陶瓷零件表面涂沫银浆,然后经高温处理渗覆银膜,从而使非金属零件表面(　　)的过程。

118. 通用挂具(　　),适用于大多数镀件的多种镀种。

119. 主杆材料一般采用(　　)mm的黄铜制作。

120. 支杆材料一般采用(　　)mm的黄铜制作。

121. 挂钩在挂具上的分布要适当,杯状件之间的间隔应为其(　　)的1.5倍。

122. 挂钩在挂具上的分布要适当,中小板型镀件之间的间隔应为(　　)mm。

123. 通用挂具除与镀件和极杆接触的导电部位外,其余部位均应进行(　　)。

124. 挂具绝缘处理可以使(　　)集中在被镀工件上,可节约金属材料和电能消耗,延长挂具使用寿命。

125. 夹紧式挂钩利用(　　)夹紧镀件的某一部位,这种方式导电性良好。

126. 当镀件形状复杂或受（　　）条件限制,使用通用挂具达不到镀件质量要求时,需要使用专用挂具。

127. 使用辅助阳极的主要目的是把阳极电流引到镀件（　　）等难镀部位。

128. 辅助阳极一般通过（　　）固定在挂具上,以保持它与镀件的相对位置。

129. 使用保护阴极是为了减少或防止镀件边缘部位出现（　　）等疵病。

130. 保护阴极使用的材料在镀液温度低于（　　）℃时,常采用聚氯乙烯。

131. 保护阴极使用的材料在镀液温度高于 600 ℃时,常采用（　　）、聚四氟乙烯。

132. 只有使用（　　）才能防止工件尖端部位电力线几种造成的出现毛刺现象。

133. 局部电镀时,涂漆保护的目的是保护工件重要表面防止其（　　）。

134. 涂漆保护使用的涂料应当能耐受（　　）的腐蚀。

135. 工件局部电镀时,（　　）保护实现起来最简单。

136. 由于涂蜡保护是蜡与镀件粘结性好,适合于对（　　）尺寸公差要求高的镀件。

137. 涂蜡镀后用热水烫、煮去镀件上的蜡,然后再用（　　）清洗。

138. 电镀液分析的基本原理与化学分析的基本原理是完全（　　）的。

139. 电镀技术人员应通过分析,不断摸索找出适合自己车间的基本（　　）,选择电镀零件的最佳工艺控制数据。

140. 常用的电解液（　　）方法有容量法、比重法和重量法。

141. 由于分析人员的粗心大意导致的误差属于（　　）。

142. 容量分析中的高锰酸钾法所用强酸以（　　）为最好,应避免使用盐酸或硝酸。

143. 容量分析法可根据（　　）的不同,分为酸碱滴定法、沉淀滴定法、氧化还原法和铬合滴定法四类。

144. 相对偏差是指（　　）除以平均值。相对偏差越小,说明分析结果准确度越高。

145. 在化学分析中,物质的量浓度称为摩尔浓度。若 1 L 溶液中溶解 20 g 氢氧化钠,则此溶液的摩尔浓度为（　　）mol/L。

146. 用高锰酸钾标准溶液进行分析滴定时,一般不需要在电解液中加入（　　）。

147. 在化学分析中,不可以直接用（　　）来配制硫酸溶液。

148. 重量法分析结果的（　　）较高,但不适用于微量组分的测定。

149. 用能称出 0.001 g 的分析天平称得的某药品的质量是 1.682 g,其中的数字"2"是（　　）。

150. 用强酸滴定强碱时用（　　）作指示剂。

151. 用强碱滴定强酸时用（　　）作指示剂。

152. 氧化还原法可根据使用的（　　）的不同,分为高锰酸钾法、重铬酸钾法、碘量法。

153. 氧化还原滴定法,是以溶液中氧化剂与还原剂之间的（　　）为基础的滴定法。

154. 定性分析的目的是鉴定物质组成,在电解液分析中,主要用于分析（　　）。

155. 影响酸碱指示剂（　　）范围的因素有:温度、指示剂用量和滴定的顺序等。

156. 在酸碱滴定中,指示剂的用量一般以（　　）为好,否则会使终点颜色变色不明显,导致测定结果偏高。

157. 随着温度升高,酸性指示剂的变色范围会逐渐向（　　）方向移动。

158. 称量时,在左边天平盘上放（　　）,在右边天平盘上加砝码。

159. 通常阴极电流效率 $\eta_k$ 通常都（　　）100%。

160. 霍尔槽因阴极两端的阳极（　　）不等,有远端和近端之分,远端的阴极电流密度最小,近端的阴极电流密度大。

161. 霍尔槽的阳极应与生产中使用的阳极为（　　）材料,并做成瓦楞状或网状。

162. 霍尔槽试片,一般是采用紫铜片或黄铜片,也可根据镀种的不同而采用钢铁片。同时,试片的（　　）应有一定的要求或与生产中零件相同。

163. 用霍尔槽做光亮镀液试验条件为:时间一般为（　　）min,电流取 1～2 A,采用空气或机械搅拌。

164. 霍尔槽样片为（　　）mm 的经抛光的黄铜或钢板,厚度约 0.5 mm。

165. 霍尔槽有两种规格,一种是 1 000 mL,另一种是（　　）mL。

166. 霍尔槽试验中,因阳极面积小、电流密度大、易产生（　　）,故霍尔槽阳极宜做成楞形或网状。

167. 在一个经过试验的霍尔槽样板上,左方是近端,右方是远端,在样板 1/2 高处画一条虚线,在距上方 1 cm 处再画一条虚线,此二线间的状况就可作为样板的（　　）。

168. 通过霍尔槽试验,可简单、快速地找出电镀（　　）;并可了解镀液成分、电镀条件和杂质影响等。

169. 外观检验可将镀件分为合格、不合格和（　　）三类。

170. 钢铁磷化膜的外观由（　　）到灰黑色。

171. 镁合金氧化后外观应致密均匀、呈（　　）色。

172. 镀层厚度的测定方法,按镀层是否因测试而被（　　）,分为无损法和破坏法。

173. 镀层厚度的测定方法,按（　　）方法,又可分为化学法和物理法。

174. （　　）测厚是一种特殊的液流法,试验溶液以逐滴的方式与被测镀层以点状接触,并在其上面保留一段时间后擦去,再滴上新溶液,此法误差太大。

175. 金属材料在氢和（　　）的联合作用下产生的早期脆裂现象,叫做氢脆。

176. 镀层中的内应力若（　　）镀层与基体的结合力时,镀层可能产生起皮、破裂;反之,镀层则产生微裂纹。

177. 测定镀层（　　）的方法,有金属杯突法和静压挠曲试验法。

178. 常用的（　　）测试方法有缓慢弯曲实验和挤压实验。

179. 在镀层耐腐蚀试验方法中,能真实地评定镀层耐蚀性能的是（　　）试验。

180. 在大气暴露试验中,暴露架面的最低处高度为 0.8～1 m,暴露架应面朝（　　）,与水平方向成 45°角。

181. 中性盐雾试验,是在一个能恒温、能恒湿、能（　　）的启闭式密封箱中进行的。

182. 对镀层进行（　　）腐蚀试验,包括盐雾实验、腐蚀膏实验、电解腐蚀实验、工业性气体腐蚀实验等。

183. 薄铬镀层（　　）,适用于测定镀层厚度不超过 1.2 μm 的装饰性铬镀层厚度,试验溶液是盐酸。

184. 采用点滴法做发蓝膜耐蚀试验时,应采用含 3% 的硫酸铜试验液,当 30 s 未出现（　　）时,即为合格。

185. 最外层为（　　）镀层的试样,计时液流法测定镀层厚度时,一般应先擦除钝化层。

186. 库仑法对电解液有如下要求:(1)电解液对镀层无化学腐蚀;(2)镀层阳极溶解效率

（　　　）；(3)镀层溶解露出一定面积的基体时,电解池的电压应突变。

187. 采用金相显微镜法测厚时,试样镶嵌前,镀层上应加镀不少于(　　　)μm 的其他金属镀层,以保护待测镀层的边缘。

188. 显微硬度是通过金刚石压头(　　　)的大小换算出来的。

189. 有色金属氧化膜的耐磨性试验是通过称取落下砂子的(　　　)作为耐磨性的标志。

190. 镀层上孔隙的多少会影响镀层的耐蚀性能。孔隙率是(　　　)性镀层质量的重要指标。

191. 贴滤纸法,适用于钢、铜及其合金、铝及其合金等材料的单层或多层(　　　)性镀层孔隙率的测定。

192. 测定(　　　)的方法有流布面积法和润湿时间法两种。

193. 润湿考验法测试钎焊性能时是观察试样全部润湿所需时间,(　　　)钎焊性能越好。

194. 电镀生产中的废水,主要有酸碱废水、含氰废水,及其他(　　　)废水。

195. 电镀废气的治理方法,有加入(　　　)抑制废气逸出法和物理吸收法。

196. 采用硫酸亚铁-石灰法处理镀铬废水时,投加硫酸亚铁不但能将(　　　)还原,同时还能起凝聚和吸附作用,可加速沉淀物的沉淀。

197. 采用离子交换法处理含铬废水的优点,是在处理过程中不产生废渣、没有(　　　),且占地面积小。

198. 采用(　　　)处理含铬废水的优点是,在处理过程中不产生废渣、没有第二次污染,且占地面积小。

199. 所有处理含六价铬废水的还原反应都要求在(　　　)条件下进行,而沉淀却要求在碱性条件下进行。

200. 采用离子交换法处理含铬废水时,在双阴柱的基础上再增加(　　　)的目的,是可以提高出水质量而达到回用水的目的。

201. 碱性氯化法处理含氰废水是利用活性氯的氧化作用,把氰化物氧化成(　　　),再进一步氧化,则生成二氧化碳和氮气,达到消除废水中氰化物的目的。

202. 当需要采用静态回收槽收集含镍废水时,则要求清洗水中不能含(　　　)太多,才能保证树脂对镍的交换效果。

203. 用电解法处理含氰废水投加(　　　)具有增大废水的电导率、降低槽电压,从而减少电能消耗的作用。

204. 化学镀溶液中的金属离子,是依靠还原剂的氧化来供给所需的电子,而(　　　)成相应的金属原子,并沉积到被镀零件表面上的。

## 二、单项选择题

1. 法拉第常数等于(　　　)C/mol。
(A)965　　　　　　(B)9 650　　　　　　(C)96 500　　　　　　(D)965 000

2. 下列物质中(　　　)是第一类导体。
(A)电解质溶液　　(B)熔融电解质　　(C)半导体　　　　(D)固体电解质

3. 标准氢电极的电极电位在(　　　)条件下均为零。
(A)任何温度　　　(B)0 ℃　　　　　(C)100 ℃　　　　(D)绝对零度

4. 没有电流通过时,可逆电极所具有的电极电位叫做(　　)。

(A)非平衡电位　　(B)平衡电位　　(C)稳定电位　　(D)非稳定电位

5. 在可逆电极上有(　　)反应。

(A)两对　　　　　(B)一对　　　　　(C)多对　　　　　(D)四对

6. 当有(　　)通过时,阳极的电极电位向正方向偏移的现象称为阳极极化。

(A)阳离子　　　　(B)阴离子　　　　(C)电流　　　　　(D)金属的水化离子

7. 某电极在给定的电流密度下的电极电位,与其起始电位之差,叫做(　　)。

(A)过电位　　　　(B)析出电位　　　(C)极化度　　　　(D)极化值

8. 电镀时,(　　)会降低电化学极化作用。

(A)加入络合剂　　　　　　　　　　(B)加入添加剂

(C)升高电镀液的温度　　　　　　　(D)提高电镀液的浓度

9. 电镀时,采用机械搅拌或压缩空气搅拌来加强电镀液的对流,可以(　　)。

(A)提高电化学极化作用　　　　　　(B)降低电化学极化作用

(C)提高浓差极化作用　　　　　　　(D)降低浓差极化作用

10. 当电流通过电极时,电流密度发生单位数量变化,所引起的电极电位改变的程度,叫做(　　)。

(A)析出电位　　　(B)极化度　　　　(C)极化值　　　　(D)过电位

11. 电化学反应的速度用(　　)来表示。

(A)极限电流密度　(B)极化度　　　　(C)过电位　　　　(D)电流密度

12. 要想提高整个电极过程的速度,必须首先采取措施提高(　　)的反应速度。

(A)速度控制步骤　(B)液相传质步骤　(C)电子转移步骤　(D)新相生成步骤

13. 将锌片浸在硫酸锌电解液中,金属锌与其表面附近电解液之间形成的双电层的带电荷情况是(　　)。

(A)锌带负电,附近电解液带正电　　　(B)锌带正电,附近电解液带负电

(C)锌与附近电解液都带正电　　　　(D)锌及附近电解液都带负电

14. 将吸管内吸取的标准溶液放入锥形瓶中时,正确的做法是(　　)。

(A)吸管不能紧贴在锥形瓶的内壁上　　(B)吸管出口端处轻靠在锥形瓶内壁上

(C)把吸管内最后一滴溶液吹入锥形瓶内　(D)气管出口放入锥形瓶底流出

15. 标准电位是在电解液温度和离子浓度分别为(　　)时,相对标准氢电极所测得的平衡电位。

(A)20 ℃,1 g/L　(B)25 ℃,1 mol/L　(C)25 ℃,1 g/L　(D)20 ℃,1 mol/L

16. 在络合物电解液中,为了保持阳极能正常溶解,常采用(　　)。

(A)添加适当的阳极活化剂　　　　　(B)增加阳极电流密度

(C)保持定量的游离络合剂　　　　　(D)提高电解液温度

17. 在镀镍电解液中,阳极活化剂常采用(　　)。

(A)碱金属阳离子盐　　　　　　　　(B)有机添加剂

(C)氯离子等阴离子盐类　　　　　　(D)碱土金属阳离子盐类

18. 润湿剂在阴极表面吸附时,润湿剂的(　　)分别在阴极表面排列并对氢气产生亲和力。

(A)疏水基团和亲水基团　　　　　　　　(B)亲水基团

(C)分子两端　　　　　　　　　　　　　　(D)疏水基团

19. 在镀金电解液中,(　　)镀金电解液是无毒的。

(A)氰化物　　　　(B)柠檬酸盐酸性　　　(C)亚硫酸盐　　　　(D)耐磨镀金

20. 在(　　)镀金镍合金电解液中,镍与金能共沉积,可以得到含镍量范围宽广的合金镀层。

(A)氰化　　　　　(B)中性　　　　　　　(C)酸性　　　　　　(D)碱性

21. 在镀铂和镀钯电解液中,对(　　)杂质最敏感。

(A)镍离子　　　　(B)银离子　　　　　　(C)铜离子　　　　　(D)氯离子

22. 铝件浸锌处理时,最好采用(　　)浓度的浸锌溶液。

(A)高　　　　　　(B)中等　　　　　　　(C)低　　　　　　　(D)任意

23. 当对一般不锈钢件进行浸蚀时,采用(　　)型浸蚀溶液对基体腐蚀小,但溶液需要加温且浸蚀后的零件表面有挂灰。

(A)硫酸-盐酸　　　　　　　　　　　　　(B)硝酸-硫酸-氢氟酸

(C)高铁盐　　　　　　　　　　　　　　　(D)硝酸-盐酸-氢氟酸

24. 铁基粉末冶金件常采用(　　)脱脂方法。

(A)有机溶剂　　　(B)碱性化学　　　　　(C)电解　　　　　　(D)高温烧油

25. 利用下列两个反应方程式分析碳酸钡含量,此法属于(　　)。

$$BaCO_3+2HCl(过量)\!=\!=\!=\!BaCl_2+H_2O+CO_2\uparrow$$
$$HCl(剩余量)+NaOH\!=\!=\!=\!NaCl+H_2O$$

(A)直接滴定法　　(B)返滴定法　　　　　(C)沉淀滴定法　　　(D)置换滴定法

26. 含有(　　)的溶液不显紫红色。

(A)$MnO_4^-$　　　　(B)$COY_2^-$　　　　　　(C)$MnY_2^-$　　　　　(D)$FeY^-$

27. 用间接碘量法分析电解液的组分是基于碘离子的(　　)。

(A)氧化性　　　　(B)还原性　　　　　　(C)络合作用　　　　(D)变色性

28. 分析合有少量 $Mg^{2+}$ 离子的镀镍电解液时,若直接用 EDTA 滴定 $Ni^{2+}$,为防止 $Mg^{2+}$ 的干扰,宜选用(　　)作掩蔽剂。

(A)氟化物　　　　(B)酒石酸　　　　　　(C)柠檬酸　　　　　(D)氯化物

29. 分析镀液组含量时,取样数量一般为(　　)ml。

(A)50～100　　　　(B)100～150　　　　　(C)150～200　　　　(D)200～250

30. 测定镀镍溶液中的硼酸含量,最好采用(　　)。

(A)直接滴定法　　(B)间接滴定法　　　　(C)置换滴定法　　　(D)返滴定法

31. 某电解液的 pH 值为 2～3,在此条件下,若下述四种离子同时存在,可直接用 EDTA 滴定(　　)离子。

(A)$Fe^{3+}$　　　　　(B)$Pb^{2+}$　　　　　　(C)$Ni^{2+}$　　　　　(D)$Ca^{2+}$

32. 配制 500 mL 浓度为 0.2 mol/L 的 $K_2Cr_2O_7$ 溶液,应使用(　　)。

(A)玻璃量杯　　　(B)玻璃容量瓶　　　　(C)玻璃量筒　　　　(D)玻璃烧杯

33. (　　)离子只能采用间接滴定法测定。

(A)$Ca^{2+}$　　　　　(B)$Ag^+$　　　　　　　(C)$Ni^{2+}$　　　　　(D)$Cu^{2+}$

34. 用刚清洗过并带一定温度的容器吸取电解液进行分析时,采取(　　　)方法才不致于引起误差。

(A)冷却后取样　　　　　　　　　　　(B)用少量电解液摇洗内壁后取样

(C)水洗冷却后取样　　　　　　　　　(D)直接取样

35. 滴定管的正确读数方法是(　　　)。

(A)同一水平上弯月面最低点　　　　　(B)凭经验

(C)弯月面最高点　　　　　　　　　　(D)无明显界限视情况而定

36. 库仑计(电量计)中应用最广的是(　　　)。

(A)银库仑计　　　(B)铜库仑计　　　(C)碘库仑计　　　(D)气体库仑计

37. 某镀种的阴极电流效率小于100%,而阳极电流效率大于100%,这是因为(　　　)造成的。

(A)阳极金属自溶解　　　　　　　　　(B)电化学溶解

(C)阳极电流密度大于阴极电流密度　　(D)阳极钝化

38. 湿热试验是考核(　　　)在湿热气候环境条件下的耐腐蚀性能。

(A)电镀件　　　　　　　　　　　　　(B)塑料件

(C)包括电镀件的产品组合件　　　　　(D)产品零件

39. 中性盐雾试验所用的喷雾盐水,氯化钠的浓度为(　　　)g/L。

(A)30±5　　　　(B)40±5　　　　(C)50±5　　　　(D)60±5

40. 在电镀液的导电过程中,(　　　)主要发生在阴、阳极附近。

(A)对流　　　　(B)扩散　　　　(C)电迁移　　　　(D)沉积

41. 在电镀液中,络合剂常保持一定的游离量。游离络合剂含量高,则(　　　)。

(A)沉积速度高　　　　　　　　　　　(B)分散能力和覆盖能力较差

(C)阴极电流效率降低　　　　　　　　(D)结晶粗大

42. 电镀时,发生"烧焦"现象,是因为(　　　)。

(A)电流密度过小　　　　　　　　　　(B)电流密度过大

(C)电镀液温度过高　　　　　　　　　(D)结晶粗

43. 电镀(　　　)时,电源的波纹越小越好。

(A)氰化铜　　　(B)金合金　　　(C)银　　　　　(D)铬

44. 下列镀液中(　　　)的阴极电流效率随着电流密度增大而降低。

(A)氰化镀铜　(B)硫酸盐光亮镀铜　(C)镀铬　　　(D)钾盐镀锌

45. 硫酸盐镀铜溶液中,加入硫酸,主要作用就是(　　　)。

(A)光亮剂　　　(B)导电盐　　　(C)络合剂　　　(D)缓冲剂

46. 焦磷酸盐镀铜溶液中添加二氧化硒,可以作为(　　　)。

(A)光亮剂　　　(B)导电盐　　　(C)络合剂　　　(D)缓冲剂

47. 在镀镍溶液中,阳极活化剂采用(　　　)。

(A)有机添加剂　(B)硫酸　　　(C)络合剂　　　(D)含氯离子的盐类

48. 缓冲剂通常是(　　　)。

(A)有机添加剂　　　　　　　　　　　(B)碱金属或碱土金属的盐

(C)弱酸、弱碱或其盐　　　　　　　　(D)含氯离子的盐类

49. 不锈钢的精密零件,要求浸蚀后表面光洁,应采用(　　)型浸蚀液。
(A)高铁盐 　　　　　　　　　　　　(B)硫酸-盐酸
(C)硝酸-硫酸-氢氟酸 　　　　　　　(D)硝酸

50. 有机添加剂对镀层的内应力有显著的影响,是因为(　　)。
(A)添加剂的物理吸附 　　　　　　　(B)镀层中夹杂添加剂的还原产物
(C)添加剂的化学吸附 　　　　　　　(D)添加剂的选择性吸附

51. 有些有机添加剂,例如(　　)它们本身并不在电极上发生还原反应,然而在电极上有较强的吸附作用,是优良的晶粒细化剂。
(A)炔醇 　　　　　　　　　　　　　(B)酮类
(C)聚乙二醇、聚乙烯醇 　　　　　　(D)醛类

52. 钢铁工件的氧化和磷化处理,应采用(　　)制作挂具或挂篮。
(A)塑料 　　　　(B)钢及其合金 　　　(C)钢铁 　　　(D)铝及其合金

53. 在铜的氧化物中,氧化亚铜呈(　　)。
(A)红色 　　　　(B)黑色 　　　　　　(C)蓝色 　　　(D)绿色

54. 镀前对铝件进行磷酸阳极氧化处理时,生成的氧化膜的孔隙率与溶液中磷酸含量的多少(　　)。
(A)成正比关系 　　(B)成反比关系 　　(C)成正弦关系 　　(D)成余弦关系

55. 在铁的化合物中,呈黄棕色的是(　　)。
(A)氧化亚铁 　　(B)氯化铁 　　　　　(C)硫化铁 　　(D)四氧化三铁

56. 电源设备中能发出最平直的电流电波形的是(　　)。
(A)晶闸管整流器 　　(B)硒整流器 　　(C)直流发电机组 　　(D)脉冲电源

57. 制造浸酸槽的材料宜采用(　　)。
(A)钢板 　　　　(B)水泥制品 　　　　(C)不锈钢板或钛板 　　(D)钢板衬塑料

58. 喷砂用的压缩空气在进入喷砂室前,必须经过(　　)。
(A)烘干处理 　　　　　　　　　　　(B)油水分离净化处理
(C)过滤固体杂质处理 　　　　　　　(D)加湿处理

59. 在高速电镀方法中,适用于大型构件局部电镀及小零件电镀的方法是(　　)。
(A)平行液流法 　　　　　　　　　　(B)喷流法
(C)阴极高速旋转法 　　　　　　　　(D)阴极振动法

60. 在高速电镀方法中,适用于形状较为复杂的零件电镀的是(　　)。
(A)平行液流法 　　　　　　　　　　(B)阴极高速旋转法
(C)阴极振动法 　　　　　　　　　　(D)珩磨法

61. 在干法镀方法中,最有发展前途的工艺方法是(　　)。
(A)热蒸发镀 　　(B)离子镀 　　　　(C)低温磁控镀 　　(D)溅射镀

62. 对于油污严重、复杂形状的铸件,应采用(　　)脱脂。
(A)化学 　　　　(B)喷砂 　　　　　　(C)阴极电解 　　(D)阳极电解

63. 烧渗法处理对于(　　)电镀有独特的优点。
(A)塑料件
(B)要求耐磨性能的玻璃或陶瓷件

(C)要求黏结性能的玻璃或陶瓷件

(D)要求钎焊性能的玻璃或陶瓷件

64. 用于喷砂的石英砂粒度通常为（　　）。

(A)大于 1 mm　　(B)1～3 mm　　(C)3～5 mm　　(D)大于 5 mm

65. 当清理滚筒的内切圆直径大于或等于 500 mm 时，为防止工件因撞击过于剧烈而受到损伤，常采用的滚筒形状为（　　）。

(A)六角形　　(B)八角形　　(C)十角形　　(D)圆形

66. 下列金属工件中适宜滚镀的是（　　）工件。

(A)易粘贴的薄片　　　　　　(B)有棱角的

(C)镀层厚度超过 10 μm　　　(D)皮箱包角

67. 最难滚镀的镀层是（　　）。

(A)锌镀层　　(B)铬镀层　　(C)锡镀层　　(D)铜镀层

68. 在卧式滚桶中，工件装料量应占滚桶容积的（　　）较为合适。

(A)1/3　　(B)1/2　　(C)2/3　　(D)80%

69. 对精度要求较高的工件，应采用（　　）滚镀槽。

(A)卧式　　(B)倾斜潜浸式　　(C)微型　　(D)大型

70. 将酸液自酸坛中压出，所用压缩空气的最高工作压力为（　　）kPa。

(A)40　　(B)60　　(C)80　　(D)100

71. 用（　　）测量镀层厚度，对镀层有破坏作用。

(A)磁性厚度计　　(B)涡流测厚仪　　(C)库仑测厚仪　　(D)X 射线衍射仪

72. 测量阴、阳极极化曲线的试验设备是（　　）。

(A)盐雾试验箱　　　　　　(B)霍尔槽试验仪

(C)电镀参数测试仪　　　　(D)电镀溶液检测仪

73. 在不破坏镀层的情况下，测量钢铁件镍镀层的厚度应选用（　　）。

(A)磁性测厚仪　　(B)库仑测厚仪　　(C)涡流测厚仪　　(D)溶解法

74. 具有体积小、效率高、寿命长的直流电源是（　　）。

(A)硅整流器　　(B)硒整流器　　(C)接触整流器　　(D)直流发电机组

75. 当镀件表面积恒定需长时间连续通电镀硬铬时，应选用（　　）控制。

(A)自动恒电压　　　　　　(B)自动恒电流

(C)自动恒电流密度　　　　(D)脉冲电流密度

76. 能在负载电流增加的同时，自动升高输出电压的是（　　）控制。

(A)自动恒电压　　　　　　(B)自动恒电流

(C)自动恒电流密度　　　　(D)脉冲电流密度

77. 硒整流器的冷却方式常用（　　）。

(A)空冷　　(B)油冷　　(C)水冷　　(D)风冷

78. 铝及其合金件的阳极氧化挂具应采用（　　）材料制作。

(A)聚氯乙烯塑料板　　　　(B)钢铁

(C)铝及其合金或钛　　　　(D)铜及其合金

79. 采用压缩空气搅拌电镀液时，让气泡从（　　）进行搅拌较为合适。

(A)镀件下方向上　　　　　　　　　(B)槽面向下

(C)槽底向上　　　　　　　　　　　(D)槽边向水平方向

80.采用水冷却的电源不要安装在(　　)的地方。

(A)离镀槽太近　　(B)温度太高　　(C)0 ℃以下　　(D)水压太高

81.在振动擦光机中,工件是与一定量的(　　)在密封的工作筒内经过强烈的机械振动而进行擦光的。

(A)磨料　　　　(B)油料　　　　(C)酸或碱　　　　(D)磨料及油料

82.电镀槽内需要通过最大的电流为750 A,所选用的黄铜(H62)杠的直径应为(　　)。

(A)30 mm　　　(B)40 mm　　　(C)20 mm　　　(D)10 mm

83.倾斜潜浸式滚镀槽的最大装料量应为(　　)。

(A)2/3桶容积　　(B)1/2桶容积　　(C)15 kg以下　　(D)25 kg以下

84.对于有反冲的预涂助滤剂过滤机,只要开启反冲泵,就能自动地把(　　)冲洗掉。

(A)原预涂层　　(B)固体大颗粒　　(C)固体小颗粒　　(D)溶解性杂质

85.适于中小厂使用的安全自动供酸装置是(　　)。

(A)压缩空气输送装置　　　　　　(B)高位槽自流输送装置

(C)负压吸酸机　　　　　　　　　(D)耐酸泵

86.光亮电镀用的电源宜采用(　　)控制。

(A)自动恒电压　　　　　　　　　(B)自动恒电流

(C)自动恒电流密度　　　　　　　(D)间隙电流和周期换向

87.晶闸管整流器具有(　　)特点。

(A)不需要变压器　　　　　　　　(B)不需要转换器和饱和电抗器等控制器

(C)冷却风扇的噪声最小　　　　　(D)不需要冷却设备

88.对于三端子反向阻断晶闸管,当在(　　)的脉冲信号时,从阳极到阴极就有电流通过。否则,没有电流通过。

(A)控制极、阴极之间加入正向

(B)控制极、阳极之间加入正向

(C)控制极、阳极之间加入反向

(D)控制极、阴极之间加入反向

89.在中性盐雾试验时,对所喷盐雾中氯化钠的质量分数国内外广泛采用的是(　　)。

(A)2%　　　　(B)3%　　　　(C)5%　　　　(D)6%

90.铝件电化学脱脂应当采用(　　)。

(A)阴极电解脱脂　　　　　　　　(B)阳极电解脱脂

(C)先阴极后阳极电解脱脂　　　　(D)先阳极后阴极电解脱脂

91.当化学镀铜产生不良的非催化性反应时,将有(　　)产生。

(A)$Cu$　　　　(B)$CuO$　　　　(C)$Cu_2O$　　　　(D)$H_2$

92.化学镀钢时,溶液的pH值一般应保持在(　　)范围内。

(A)2～3　　　(B)5～6　　　(C)8～9　　　(D)10～12

93.目前国内外对塑料件的镀前处理广泛应用的是(　　)粗化方法。

(A)机械　　　(B)有机溶剂　　　(C)化学　　　(D)喷砂

94. 化学镀镍溶液的 pH 值,对沉铜速度有很大的影响,一般应控制在( )。
(A)9　　　　　　(B)10　　　　　　(C)11　　　　　　(D)12

95. 目前我国应用最广、生产规模最大的合金镀种是( )。
(A)镀铜锌合金　　(B)镀铜锡合金　　(C)镀锌基合金　　(D)镀铅基、锡基合金

96. 对于焦磷酸钾-锡酸钠镀铜锡合金电解液,pH 为( )左右时,电解液最稳定。
(A)8　　　　　　(B)11　　　　　　(C)12　　　　　　(D)13

97. 生产中应用较多的锡镍合金镀层是成分为( )的合金镀层。
(A)含锡 65%、镍 35%　　　　　　(B)含锡 40%、镍 60%
(C)含锡 80%、镍 20%　　　　　　(D)含锡 92%、镍 8%

98. 电镀锡镍合金最常采用( )电解液。
(A)焦磷酸盐　　(B)氟化氢铵　　(C)氟硼酸盐　　(D)柠檬酸盐

99. 常用的镀铅锡合金电解液是( )电解液。
(A)焦磷酸盐　　(B)氟化氢铵　　(C)氰化物　　(D)氟硼酸盐

100. 塑料的镀前预处理各工序中,最关键的是( )工序。
(A)粗化　　　　(B)敏化　　　　(C)活化　　　　(D)化学镀

101. 对铝件进行有机溶剂脱脂,溶剂最好采用( )。
(A)汽油　　　　　　　　　　(B)酒精
(C)三氯乙烯　　　　　　　　(D)四氯乙烯或四氯乙烯与三氯乙烯的混合物

102. 当对含镍、锰、硅的铝合金出光时,一般是使用体积比为( )的溶液。
(A)1+1 盐酸　　　　　　　　(B)20%硫酸
(C)1+1 硝酸与氢氟酸混合酸　　(D)1+1 硝酸

103. 含镁、铜、硅量较高的铝合金进行浸锌处理时,常在溶液中加入( )。
(A)氢氧化钾和氯化钠
(B)三氯化铁和酒石酸钾钠
(C)氯化钠和氟硼酸钾
(D)氯化钠和酒石酸钾钠

104. 铝件电镀前进行化学镀镍的镀层特点是( )。
(A)镀层光亮　　(B)镀层均匀无孔　　(C)镀层孔隙率高　　(D)基体结合好

105. 铝及铝合金工件经脱脂、出光后可直接电镀硬铬,开始的数分钟内电流密度应当( ),然后施加正常电流密度。
(A)用小电流密度活化
(B)用 2 倍于正常电流密度进行冲击
(C)用 10 倍于正常电流密度进行冲击
(D)阶梯式给电,逐步升高电流密度

106. 下列镀种中,不能用于铝件预镀的是( )。
(A)氰化镀黄铜　　(B)预镀中性镍　　(C)硫酸盐镀铜　　(D)焦磷酸盐镀铜

107. 锌合金压铸件一般应选用含铝质量分数为( )左右的锌合金材料,以提高电镀产品的合格率。
(A)7%　　　　　(B)4%　　　　　(C)12%　　　　　(D)6%

108. 锌合金预镀氰化铜时,游离氰化钠的浓度不宜太高,一般不加(　　)。
(A)酒石酸钾钠　　　　(B)碳酸钠　　　　(C)氢氧化钠　　　　(D)硫氰酸钠

109. 为了去除含铜的铝件经脱脂或碱浸蚀后残留在其表面上的灰黑色膜,常常在(　　)的溶液中出光。
(A)1∶1盐酸溶液
(B)1∶1硝酸与氢氟酸的混合酸
(C)1∶1硝酸溶液
(D)质量分数为20%硫酸

110. 对于油污严重、复杂形状的铸件,应采用(　　)脱脂。
(A)化学　　　　(B)喷砂　　　　(C)阴极电解　　　　(D)阳极电解

111. 对不锈钢件进行浸蚀时,(　　)型仅是效果好,对基体金属腐蚀得比较缓慢,但溶液需要加温且浸蚀后的工件表面有较多残渣。
(A)盐酸-硝酸
(B)硝酸-氢氟酸
(C)硝酸-氢氟酸-盐酸
(D)盐酸-硫酸

112. 对精密的不锈钢件进行浸蚀时,采用(　　)型溶液浸蚀后表面光洁。
(A)盐酸-硝酸
(B)硝酸-氢氟酸
(C)硝酸-氢氟酸-盐酸
(D)盐酸-硫酸

113. 锌合金压铸件磨光和抛光时,去除工件表面层的厚度尽量不要超过(　　),以防止和减少表面孔隙的暴露。
(A)0.05～0.1 mm
(B)0.001～0.01 mm
(C)0.5～1 mm
(D)0.2～0.5 mm

114. 锌合金压铸件电化学脱脂应当采用(　　)。
(A)先阴极后阳极电解脱脂
(B)阳极电解脱脂
(C)阴极电解脱脂
(D)先阳极后阴极电解脱脂

115. 锌合金压铸件的预镀层如果采用铜层,应镀厚一些,镀层厚度不应少于(　　)。
(A)7 mm　　　　(B)70 μm　　　　(C)0.7 μm　　　　(D)7 μm

116. 下列材料中(　　)镀前不能采用喷砂处理。
(A)锌合金压铸件
(B)铝合金件
(C)不锈钢件
(D)粉末冶金件

117. 钢铁铸件含碳量和含(　　)量较高,表面大都有较厚的氧化皮和残存硅砂等杂质,表面粗糙,基体疏松多孔。
(A)铝　　　　(B)硅　　　　(C)锰　　　　(D)钒

118. 镀厚铬时工件边缘出现毛刺,最好采取(　　)的措施。
(A)减小电流密度
(B)使用保护阴极
(C)增大阳极面积
(D)使用辅助阳极

119. 为保证管状工件内壁镀铬层厚度均匀,最好采取(　　)的措施。
(A)使用辅助阳极
(B)使用保护阴极
(C)将管口朝向阳极
(D)将管口背向阳极

120. 当工件不锈部分边缘尺寸精度要求高,选用(　　)绝缘方法最好。
(A)涂漆保护　　　　(B)涂蜡保护　　　　(C)相互屏蔽保护　　　　(D)辅助阳极

121. 涂漆保护不能用(　　)方法去除。

(A)水煮　　　　　　(B)溶剂溶解　　　　(C)剥离　　　　　　(D)机械加工

122. 局部电镀中(　　)容易对电镀液造成污染。

(A)涂漆保护　　　　(B)胶带保护　　　　(C)相互屏保护　　　(D)涂蜡保护

123. 电镀挂具绝缘不宜用(　　)方法。

(A)包扎聚氯乙烯薄膜　　　　　　　　　(B)浸过氯乙烯清漆

(C)涂刷塑料涂料　　　　　　　　　　　(D)涂蜡

124. 电镀工件上有不通孔或凹形部位时,在装挂时其口部应(　　)。

(A)稍朝上倾斜　　(B)稍朝下倾斜　　　(C)垂直向上　　　(D)垂直向下

125. 下列分析方法中,属于滴定分析法的是(　　)。

(A)沉淀滴定分析法　　　　　　　　　　(B)分光光分析法

(C)色谱分析法　　　　　　　　　　　　(D)重量分析法

126. 下列造成误差的原因中,不属于系统误差的是(　　)。

(A)蒸馏水不纯造成的误差

(B)仪器精密度不够造成的误差

(C)温度偏低造成的误差

(D)由于分析人员的主观因素所造成的操作误差

127. 以下误差减免的方法中,属于偶然误差的减免方法的是(　　)。

(A)使用比较纯的试剂,如分析纯(AR)或者优级纯(GR)

(B)做空白实验

(C)选择合适的方法

(D)做几次平行测定取其平均值

128. 下列方法中,属于过失误差的是(　　)。

(A)读错了刻度值　　　　　　　　　　　(B)室内湿度太大

(C)环境温度太高　　　　　　　　　　　(D)所用试剂纯度不够

129. 以下原因所造成的可疑数据必须舍弃的是(　　)。

(A)在溶液摇动过程中测得的数值

(B)选用的试剂错误

(C)做三次重复测定值中,数据差别最大的那个值

(D)在不同温度下测得的数值

130. 下列测量数据中,数字"0"不是有效数字的是(　　)。

(A)1.563 0　　　(B)68.705　　　(C)0.145 6　　　(D)5.094 2

131. 下列指示剂中属于自身指示剂的是(　　)。

(A)高锰酸钾　　　(B)淀粉　　　　(C)铬黑 T　　　(D)酚红

132. 可以用直接法配置的标准溶液是(　　)。

(A)盐酸标准溶液　　　　　　　　　　　(B)氢氧化钠标准溶液

(C)高锰酸钾标准溶液　　　　　　　　　(D)碘标准溶液

133. 下列方法中属于络合滴定法的是(　　)。

(A)用硝酸银滴定 $CN^-$ 离子　　　　　(B)用碘量法滴定次亚磷酸钠

(C)用氢氧化钠滴定 $H^+$ 离子　　　　(D)用硝酸银滴定 $Cl^-$ 离子

134. 下列方法中采用的是沉淀滴定法的是（　　）。

(A)用硝酸银滴定 $CN^-$ 离子　　　　　　(B)用高锰酸钾法滴定 $Fe^{2+}$ 离子

(C)用盐酸溶液滴定氢氧化钠　　　　　　(D)用硝酸银滴定 $Cl^-$ 离子

135. 一般认为,下列基体的覆盖能力最好的是（　　）。

(A)镍基体　　　　(B)黄铜基体　　　　(C)铜基体　　　　(D)钢基体

136. 在硫酸盐镀锌工艺配方中,下列成分是主盐的是（　　）。

(A)硫酸钠　　　　(B)硫酸锌　　　　(C)硫酸铝　　　　(D)硫酸铝钾

137. 在氰化镀铬电镀液中,碳酸盐含量过多的主要弊病是造成（　　）的原因。

(A)镀层结合力降低　　　　　　(B)阴极电流效率低

(C)阳极不能正常溶解　　　　　　(D)沉淀速度降低

138. 以下原因不会产生有机杂质的是（　　）。

(A)添加剂的加入　　　　　　(B)光亮剂的加入

(C)脱脂不彻底带入　　　　　　(D)阳极不纯带入

139. 下列方法不能去除碳酸钠的是（　　）。

(A)采用冷却结晶后过滤　　　　　　(B)熟石灰水沉淀

(C)氢氧化钡沉淀　　　　　　(D)加热挥发

140. 碱性镀锡溶液中二价锡的去除可通过（　　）方法去除。

(A)冷却过滤　　　(B)加入双氧水　　　(C)加热　　　(D)活性炭过滤

141. 在碱性镀锡电镀液中,对电镀液最有害且最敏感的金属杂质是（　　）。

(A)铝　　　　(B)锡　　　　(C)二价锡　　　　(D)铁

142. 在塑料制品的活化液类型中,具有一次性投入成本低,但溶液不够稳定的是（　　）型。

(A)硝酸银　　　(B)氯化钯　　　(C)胶态钯　　　(D)氯化亚锡

143. 镀铬溶液中加入 F-53 抑雾剂,是利用（　　）治理。

(A)化学沉淀法　　　　　　(B)蒸发浓缩法

(C)物理吸收法　　　　　　(D)加表面活性剂抑制废气的逸出

144. 在电镀过程中,要求临界电流（　　）。

(A)越大越好　　　(B)适中　　　(C)越小越好　　　(D)恒定不变最好

145. 霍尔镀槽试验未能解决（　　）。

(A)不能分析的组分　　　　　　(B)分析时间较长的组分

(C)镀液组分含量　　　　　　(D)对镀层有影响的微量组分

146. 从霍尔槽试验得到的样板不能看出（　　）。

(A)温度和电流密度的关系

(B)电镀工作条件的变化所引起的镀层改变

(C)电镀液中主要成分和添加剂的影响

(D)镀液中添加剂的准确含量

147. 霍尔槽试验所得到样片若低电流密度区没有镀镍层沉积,即镀液分散能力变差,则说明镀液（　　）。

(A)初级光亮剂浓度偏低　　　　　　(B)光亮剂浓度过高或存在有机杂质

(C)含有金属或有机杂质　　　　　　　　(D)六价铬污染或存在过氧化氢等氧化剂

148. 利用霍尔槽试验不宜研究(　　)。

(A)添加剂的最佳含量　　　　　　　　(B)电流密度范围

(C)深镀能力　　　　　　　　　　　　(D)分散能力

149. 霍尔槽试验不能应用在(　　)。

(A)分析故障原因　　　　　　　　　　(B)选择适当的操作条件

(C)故障预测　　　　　　　　　　　　(D)测定电流效率

150. 霍尔槽试验能够测定镀液的(　　)。

(A)电流效率　　　(B)电导率　　　　(C)分散能力　　　(D)覆盖能力

151. 霍尔槽阴极上某点的电流密度值与(　　)关系。

(A)距近端距离的对数成反比

(B)距远端距离的对数成反比

(C)距近端距离的对数成正比

(D)距远端距离的对数成正比

152. 某组学员共用一个霍尔槽分析电解液中某一组分对电镀过程的影响,试验都是在未更换霍尔槽的电解液中反复进行 6～7 次,得到的结果却相差甚远,这种电解液是(　　)。

(A)镀锌液　　　(B)镀铬液　　　　(C)镀镉液　　　(D)镀镍液

153. 霍尔槽的阴极试片一般是用厚 1～2 mm 的铁或铜(黄铜)薄片制成,外形为(　　)。

(A)没有具体要求　　(B)正方形　　　(C)长方形　　　(D)任意形状

154. 在霍尔槽的几种规格中,以(　　)的应用最广。

(A)1 000 mL　　(B)400 mL　　　(C)250 mL　　　(D)500 mL

155. 下列镀种中,必须采用预镀一层中间层提高结合力的是(　　)。

(A)氰化镀锌　　　(B)镀镉　　　　(C)镀银　　　　(D)酸性镀锌

156. 镀层外观检验时,能直接判断为废品的情况是(　　)。

(A)表面明显的树枝状结瘤　　　　　　(B)过腐蚀镀件

(C)镀层光亮不够　　　　　　　　　　(D)镀层光亮不够

157. 金属线材电镀层结合力最好用的检验方法是(　　)。

(A)弯曲法　　　(B)锉刀法　　　　(C)热震法　　　(D)划格法

158. 当电镀层比较厚时,选择(　　)进行镀层结合力检验。

(A)锉刀法　　　(B)划痕法　　　　(C)弯曲法　　　(D)热震法

159. 在复杂大型零件的角、棱、边处,虽有轻微粗糙,但不影响装配质量和结合力的铜镀层,属于(　　)。

(A)正常外观　　　(B)允许缺陷　　　(C)不允许缺陷　　(D)不合格产品

160. 在镀层厚度的测量方法中,(　　)属于破坏性测量方法。

(A)金相显微镜法　　　　　　　　　　(B)涡流法

(C)磁性法　　　　　　　　　　　　　(D)β 射线反散射法

161. 对钢铁金属上锌镀层采用液流法测量镀层厚度时,测量终点的特征是(　　)。

(A)黑色斑点　　　(B)玫瑰红斑点　　(C)黄色斑点　　　(D)蓝色斑点

162. 采用液流法测量钢基体上的低锡青铜镀层厚度时,测量终点的特征是(　　)。

(A)黑色斑点　　　　(B)玫瑰红斑点　　　　(C)黄色斑点　　　　(D)蓝色斑点

163. 采用贴滤纸法检验以基体金属或下层金属为钢铁的镀层孔隙率时,滤纸上呈观的斑点特征为(　　)。

(A)红褐色　　　　(B)黄色　　　　(C)蓝色　　　　(D)银白色

164. 在镀层测厚的方法中,既属于破坏法又属于物理法的是(　　)。

(A)库仑法　　　　(B)液流法　　　　(C)金相显微镜法　　　　(D)点滴法

165. 涡流法主要用于测量(　　)厚度。

(A)磁性基体上的非磁性镀层

(B)非磁性金属基体上非导电性镀层

(C)金属基体上的金属覆盖层

(D)非金属基体上的金属覆盖层

166. 在镀层结合强度的测试方法中,(　　)适用于检验较薄的镀层。

(A)摩擦抛光试验　　　　　　　　(B)剥离试验

(C)锉刀试验　　　　　　　　　　(D)钢球摩擦抛光试验

167. 采用缠绕试验方法测试镀层的结合强度,适用于(　　)镀层。

(A)印刷线路上导体和触点上　　　　(B)薄及软的

(C)线材和带材上　　　　　　　　(D)棒材上

168. 人工加速(　　)试验,最适用于考核钢铁件锌镀层钝化膜的质量。

(A)中性盐雾　　　　(B)腐蚀膏　　　　(C)二氧化硫　　　　(D)电解腐蚀

169. 镀层起泡现象,是由于(　　)在一定条件下造成的。

(A)氢原子渗入镀层　　　　　　　(B)吸附在基体金属微孔内的氢

(C)氢气泡滞留在镀件表面上　　　　(D)氢原子渗入到基体内

170. 某产品在无明确规定评定标准时,盐雾实验腐蚀结果如下,色泽暗淡,镀层出现连续的均匀或不均匀氧化膜,镀层腐蚀面积小于3%,评定结果为(　　)。

(A)优秀　　　　(B)良好　　　　(C)合格　　　　(D)不合格

171. (　　)测量镀层厚度方法属于电化学方法。

(A)库仑法　　　　(B)涡流法　　　　(C)溶解法　　　　(D)液流法

172. 涡流法是测量非磁性金属基体上(　　)厚度的方法。

(A)导电层　　　　(B)非导电层　　　　(C)任何镀层　　　　(D)氧化膜

173. (　　)常作为其他测厚方法的仲裁,用此法测量精度较高。

(A)库仑法　　　　(B)涡流法　　　　(C)溶解法　　　　(D)金相显微镜法

174. (　　)特别适用于 Cu/Ni/Cr 装饰性镀层的加速腐蚀试验。

(A)NSS 试验　　　　　　　　　(B)ASS 试验

(C)CASS 试验　　　　　　　　　(D)CORR 试验

175. 阳极库仑法测厚时(　　)可判断镀层溶解完毕。

(A)电流突变　　　　(B)电压突变　　　　(C)颜色突变　　　　(D)电流密度突变

176. 测量小型镀件的镀层平均厚度应用(　　)。

(A)计时液流法　　　　(B)溶解法　　　　(C)阳极库仑法　　　　(D)磁性测厚法

177. 下面方法适用于测量钢基体上所有镀层孔隙率的是(　　)。

(A)涂膏法　　　　(B)浸渍法　　　　(C)贴滤纸法　　　　(D)金相法

178.摩尔是物质的(　　)。

(A)质量单位　　　(B)数量单位　　　(C)量的单位　　　(D)体积单位

179.污水池水位应控制在(　　)。

(A)1/3处　　　　(B)1/2处　　　　(C)3/4处　　　　(D)2/3处

180.稀释硫酸时,操作顺序应该是(　　)。

(A)把硫酸倒入水中

(B)把硫酸倒入水中并不停地搅拌

(C)把水倒入硫酸中

(D)把水倒入硫酸中并不停地搅拌

181.污水调节池水位应控制在(　　)。

(A)1/2处　　　　(B)2/3处　　　　(C)1/5处　　　　(D)1/4处

182.污水池水位过高时,应将出口控制门(　　)。

(A)不动　　　　(B)向上拉　　　　(C)向下拉　　　　(D)完全打开

183.斜管沉淀池正常工作时,应(　　)。

(A)定期抽污水　　(B)连续抽污水　　(C)白班抽污水　　(D)夜班抽污水

184.第一类工业废水中有(　　)种物质能在环境中或植物内蓄积,对人体健康产生长远影响的有害物质。

(A)10　　　　　　(B)5　　　　　　(C)14　　　　　　(D)8

185.下列废水处理方法中,不能用于含铬废水处理的是(　　)。

(A)反渗透法　　　(B)电解法　　　　(C)离子交换法　　　(D)蒸发浓缩法

186.下列废水处理方法中,可用于含氰废水处理的方法是(　　)。

(A)物理吸收法　　(B)电解法　　　　(C)离子交换法　　　(D)蒸发浓缩法

187.二氧化硫处理含铬废水,是利用(　　)来治理。

(A)亚硫酸氢钠法　　　　　　　　　(B)亚硫酸钠兰西法

(C)中和法　　　　　　　　　　　　(D)物理吸收法

188.国家对六价铬的工业废水所规定的最高允许排放标准为(　　)。(按$Cr^{6+}$计)

(A)0.5 mg/L　　　(B)1 mg/L　　　　(C)5 mg/L　　　　(D)10 mg/L

189.渗透法处理含镍废水使用的醋酸纤维素膜,该膜只允许(　　)通过。

(A)镍离子　　　　(B)氯离子　　　　(C)铜离子　　　　(D)水分子

190.用亚硫酸钠-兰西法处理含铬废水时,在化学清洗槽溶液中,当六价铬含量为100 mg/L时,则亚硫酸氢钠的浓度应为(　　)g/L。

(A)0.5～1.5　　　(B)2～3　　　　(C)4～5　　　　(D)6～8

191.用电解法处理含铬废水时,处理前废水中的六价铬浓度应控制在(　　)以下。

(A)50 mg/L　　　(B)100 mg/L　　　(C)200 mg/L　　　(D)500 mg/L

192.电镀生产中产生的氰化氢在空气中允许的最高含量为(　　)mg/m³。

(A)0.01　　　　(B)0.1　　　　　(C)0.3　　　　　(D)0.6

193.按处理程度,废水处理一般可分成三级,其中二级处理的任务是(　　)。

(A)去除悬浮状固体污染物

(B)去除微生物不能分解的有机物

(C)大幅度地去除有机污染物

(D)去除微生物和分解后的有机物

194. 砂滤罐出水不清洁时,应（　　）。

(A)反冲洗　　　　　(B)减少出水量　　　(C)加大出水量　　　(D)先用大量水冲洗

195. 溶气泵两端轴承发热超过规定值,应（　　）。

(A)浇水降温　　　　(B)停泵检查　　　　(C)紧盘根　　　　　(D)松盘根

196. 污水站处理后的水质发生变化时,应（　　）。

(A)调节加药量　　　(B)调整出水量　　　(C)调整砂滤回水量　(D)调整进水量

197. 污水调节池内的水位逐渐下降,应（　　）。

(A)调节出水量　　　(B)调节药量　　　　(C)调节污泥量　　　(D)调节进水量

198. CDA 是表示水中有机污染程度常用指标之一,它的含义是（　　）。

(A)化学耗氧量　　　　　　　　　　　　(B)生物化学耗氧量

(C)溶解氧　　　　　　　　　　　　　　(D)有机化学耗氧量

199. （　　）能更有效地保护环境。

(A)控制排放浓度　　　　　　　　　　　(B)提高污染物排放标准

(C)控制排放总量　　　　　　　　　　　(D)降低污染物排放标准

200. 水泵运转时产生振动,其原因是（　　）。

(A)轴承缺油　　　　(B)负荷过大　　　　(C)地角螺栓松动　　(D)水泵水量不足

201. （　　）是污水处理投加的混凝剂。

(A)聚合氯化铝　　　(B)氢氧化钠　　　　(C)氯化钠　　　　　(D)次氯酸钠

202. 污水站开始运行时,应先起动（　　）。

(A)砂滤泵　　　　　(B)污水提升泵　　　(C)气浮系统　　　　(D)混凝剂添加器

203. （　　）可确定某一区域的环境质量。

(A)环境分析　　　　(B)环境监测　　　　(C)化学分析　　　　(D)物理分析

204. 聚合氯化铝是一种（　　）。

(A)单质　　　　　　(B)化合物　　　　　(C)混合物　　　　　(D)有机物

205. 气浮系统压力低应（　　）。

(A)起动空压机　　　(B)减少流量　　　　(C)增大流量　　　　(D)水泵出水量过大

206. 污水提升泵抽不上水主要是由于（　　）。

(A)底网堵塞　　　　(B)水泵负荷过大　　(C)水泵出水量小　　(D)水泵出水量过大

207. 气浮池进行正常时,气浮池表面（　　）。

(A)有较大起泡　　　(B)有均匀小气泡　　(C)有水翻花　　　　(D)无明显反应

208. 气浮罐压力过高时是由于（　　）。

(A)空压机坏了　　　(B)电压太低　　　　(C)强行降压　　　　(D)强行升压

## 三、多项选择题

1. 为达到装饰性、耐蚀性的目的,对镀层的基本要求有（　　）。

(A)结合力好　　　　(B)孔隙率小　　　　(C)厚度均匀　　　　(D)良好的理化性能

2. 清洁生产的内容,主要包括( )。

(A)清洁的能源　　(B)清洁的产品　　(C)清洁的生产　　(D)工艺技术

3. 电镀生产过程中排放的( )是环境的主要污染源。

(A)废品　　(B)废水　　(C)废气　　(D)废渣

4. 电镀用剧毒化学药品应该( ),以免发生药品流失,导致中毒事故发生。

(A)专库　　(B)专柜储存　　(C)单人管理　　(D)标识清晰

5. 当发现有机溶剂中毒时,应立即采取的措施是将中毒者( )。

(A)立即送医院　　(B)将头部放低　　(C)横卧或仰卧　　(D)移至通风处

6. NaOH 很容易吸收空气中的水蒸气,使晶体表面变的潮湿,这种现象不是( )。

(A)结晶　　(B)溶解　　(C)风化　　(D)潮解

7. 下列属于结晶水合物的是( )。

(A)胆矾　　(B)绿矾　　(C)石膏　　(D)$H_3BO_3$

8. 下列反应属于复分解反应的是( )。

(A)$H_2SO_4 + 2NaOH = Na_2SO_4 + 2H_2O$　　(B)$H_2SO_4 + BaCl_2 = BaSO_4 \downarrow + 2HCl$

(C)$2Al + 6HCl = 2AlCl_3 + 3H_2 \uparrow$　　(D)$BaCl_2 + Na_2SO_4 = BaSO_4 \downarrow + 2NaCl$

9. 元素周期表与原子结构关系有( )。

(A)原子序数=核电核数　　(B)周期序数=核外电子数

(C)主族序数=最外层电子数　　(D)0 族元素最外层电子数为 8

10. 下列导体中,( )属于第一类导体。

(A)金属　　(B)石墨　　(C)电解质　　(D)半导体

11. 下列物质中( )是第二类导体。

(A)电解质溶液　　(B)半导体　　(C)熔融电解质　　(D)固体电解质

12. 导体的导电是靠( )的运动来实现的。

(A)电子　　(B)分子　　(C)离子　　(D)原子

13. 电解质在水中发生的反应是( )。

(A)电离反应　　(B)阳极反应　　(C)阴极反应　　(D)化合反应

14. 下列金属中( )为正电性金属,在阴极上容易镀出。

(A)金　　(B)银　　(C)铝　　(D)铜

15. 金属放在( )溶液中,一般都形成不可逆电极。

(A)酸　　(B)碱　　(C)盐　　(D)含该金属盐

16. 电极过程是由系列性质各异的单元步骤组成,主要包括( )三个单元步骤。

(A)液相传质　　(B)电子转移　　(C)新相生成　　(D)速度控制

17. 电镀时,( )不会影响电化学极化作用。

(A)加入络合剂　　(B)加入添加剂

(C)升高电镀液的温度　　(D)提高电镀液的浓度

18. 电镀时,采用机械搅拌或压缩空气搅拌来加强电镀液的对流,不会( )。

(A)提高电化学极化作用　　(B)降低电化学极化作用

(C)提高浓差极化作用　　(D)降低浓差极化作用

19. 电解液是通过阴、阳离子的移动来导电,其传质方式有( )。

(A)扩散　　　　　(B)对流　　　　　(C)传导　　　　　(D)电迁移

20. 在电沉积时,可溶性阳极有(　　　)的作用。

(A)导电　　　　　(B)控制电流分布　　　(C)扩散　　　　　(D)补充阳离子

21. 在电沉积时都伴随着析氢现象,会使镀层产生(　　　)缺陷。

(A)鼓泡　　　　　(B)发黑　　　　　(C)针孔　　　　　(D)麻点

22. 被镀工件表面状态为(　　　)时,容易产生析氢现象。

(A)表面粗糙　　　(B)磨光　　　　　(C)抛光　　　　　(D)过腐蚀

23. 电镀添加剂包括(　　　)等能够概述镀液性能的化合物。

(A)主盐　　　　　(B)导电盐　　　　(C)缓冲剂　　　　(D)络合剂

24. 在电镀液中,络合剂常保持一定的游离量。游离络合剂含量低,则(　　　)。

(A)覆盖能力较差　　　　　　　　(B)分散能力差

(C)阴极电流效率降低　　　　　　(D)镀层的结晶粗

25. 影响镀层性能的工艺参数有(　　　)。

(A)阴极电流密度　(B)镀液温度　　　(C)镀液搅拌　　　(D)电源波形

26. 电解时,电极上形成的产物的质量与(　　　)。

(A)电流成正比　　(B)电压成正比　　(C)时间成正比　　(D)电荷量成正比

27. 液相传质过程可以有(　　　)几种方式。

(A)电迁移　　　　(B)聚合　　　　　(C)对流　　　　　(D)扩散

28. 镀液的组分一般由(　　　)组成。

(A)主盐　　　　　(B)导电盐　　　　(C)缓冲剂　　　　(D)添加剂

29. (　　　)是影响电沉积过程的主要因素。

(A)电流密度　　　(B)镀液温度　　　(C)搅拌　　　　　(D)施电方式

30. 为了达到防护的目的,覆盖层必须(　　　)的基本要求。

(A)结合力好　　　(B)孔隙率小　　　(C)理化性能好　　(D)均匀细致

31. 焦磷酸盐镀铜溶液中添加二氧化硒,不是作为(　　　)。

(A)光亮剂　　　　(B)导电盐　　　　(C)络合剂　　　　(D)缓冲剂

32. 缓冲剂是用于平衡镀液的 pH 值,通常不采用(　　　)。

(A)有机添加剂　　　　　　　　　(B)碱金属或碱土金属的盐

(C)弱酸、弱碱或其盐　　　　　　(D)含氯离子的盐类

33. 电镀中常用的有机添加剂,如(　　　)在金属离子还原的同时也被阴极还原。

(A)炔醇　　　　　　　　　　　　(B)酮类

(C)聚乙二醇、聚乙烯醇　　　　　(D)醛类

34. 在大气条件下,下列镀层属于阴极性镀层的是(　　　)。

(A)钢铁基体镀铜层　　　　　　　(B)钢铁基体铜、镍镀层

(C)钢铁基体铜、镍、铬镀层　　　(D)钢铁基体锌镀层

35. 零件三视图的特性有(　　　)。

(A)主、俯视图宽相等　　　　　　(B)主、俯视图长对正

(C)主、左视图高平齐　　　　　　(D)俯、左视图宽相等

36. 图中标注 $\phi 20^{+0.01}_{-0.01}$ 镀后合格品是(　　　)mm。

(A)20.01　　　　(B)20.00　　　　(C)19.99　　　　(D)20.02

37. 对于（　　）等,酸洗时只能进行弱酸洗,电化学脱脂是只可进行阳极脱脂。

(A)薄壁件　　　　(B)弹性件　　　　(C)高强度件　　　　(D)铆装件

38. 下列各种物质属于皂化油的是（　　）。

(A)石蜡　　　　(B)凡士林　　　　(C)动物油　　　　(D)植物油

39. 常用的有机溶剂有（　　）。

(A)汽油　　　　(B)润滑油　　　　(C)丙酮　　　　(D)苯

40. 通常,钢铁、镍、铬等硬质金属抛光时,一般不采用的圆周速度为（　　）。

(A)10～15 m/s　　　　(B)15～20 m/s　　　　(C)20～25 m/s　　　　(D)30～35 m/s

41. 喷砂过程中,喷嘴与被处理工件之间不合适的距离是（　　）。

(A)100 mm　　　　(B)200 mm　　　　(C)300 mm　　　　(D)400 mm

42. 粘结40目左右的金刚砂时,水与胶之比不应为（　　）。

(A)8：2　　　　(B)7：3　　　　(C)6：4　　　　(D)5：5

43. 对于铝、锡等软质金属抛光时,抛光轮转速不应在（　　）左右。

(A)1 000 r/min　　　　(B)1 200 r/min　　　　(C)1 400 r/min　　　　(D)1 600 r/min

44. 抛光操作时,白色抛光膏可用于（　　）。

(A)铝　　　　(B)不锈钢　　　　(C)有机玻璃　　　　(D)铜

45. 与化学抛光相比,电化学抛光特点是（　　）。

(A)抛光后的工件表面更光亮　　　　(B)抛光溶液使用寿命更长

(C)不产生 $NO_2$（黄烟）等有害气体　　　　(D)可以抛光形状更复杂的工件

46. 对强酸性镀液,阴阳极面积比（　　）都不合适。

(A)1：2　　　　(B)1：1.5　　　　(C)1：1　　　　(D)1：0.5

47. 下列物质不能使用强碱性溶液进行脱脂处理的是（　　）。

(A)不锈钢　　　　(B)铜　　　　(C)锌及其合金　　　　(D)铝及其合金

48. 一般情况下,通过（　　）挂钩上的电流密度可超过 1 $A/mm^2$。

(A)钢质　　　　(B)黄铜　　　　(C)紫铜　　　　(D)锡

49. 在（　　）过程中都可能有氢析出,形成氢脆。

(A)电镀　　　　(B)化学脱脂　　　　(C)电化学脱脂　　　　(D)酸洗

50. 工件表面的（　　）等缺陷都会影响镀层的质量。

(A)机械损伤　　　　(B)无倒角　　　　(C)毛刺　　　　(D)油脂

51. 工程中,常见的（　　）是既溶于酸又溶于碱的两性金属。

(A)铁　　　　(B)锌　　　　(C)铜　　　　(D)铝

52. 在电镀锌中阳极与阴极之间的距离不应为（　　）。

(A)≤ 5 cm　　　　(B)≤ 10 cm　　　　(C)20～25 cm　　　　(D)≥ 30 cm

53. 滚镀锌时装载量要根据实际情况,一般是滚筒的（　　）为宜。

(A)1/2　　　　(B)1/3　　　　(C)1/4　　　　(D)1/3～1/4

54. 应用于电镀的整流器中,（　　）易老化、早已被淘汰。

(A)氧化铜整流器　　　　(B)硒整流器　　　　(C)硅整流器　　　　(D)可控硅整流器

55. 电源设备中不能发出最平直的电流电波形的是（　　）。

(A)晶闸管整流器　　(B)晶体管整流器　　(C)直流发电机组　　(D)脉冲电源

56. 下列镀种中,(　　)的输出电压控制在+12V 以内。

(A)镀锌　　　　　　(B)镀镍　　　　　　(C)镀铜　　　　　　(D)镀铬

57. 脉冲电源通常有(　　)个独立参数可调。

(A)脉冲电压　　　　(B)脉冲电流密度　　(C)导通时间　　　　(D)通断时间

58. 汇流条都用铜板或铝板制成,涂以色漆区别、阳极一般使用(　　)。

(A)红色　　　　　　(B)黄色　　　　　　(C)蓝色　　　　　　(D)绿色

59. 汇流条都用铜板或铝板制成,涂以色漆区别、阴极一般使用(　　)。

(A)红色　　　　　　(B)黄色　　　　　　(C)蓝色　　　　　　(D)绿色

60. 通常(　　)用于金属制件的镀前表面预处理,抛光可应用于镀后的精加工。

(A)喷砂　　　　　　(B)抛丸　　　　　　(C)磨光　　　　　　(D)刷光

61. 根据金属工件的表面粗糙程度,磨光轮一般采用(　　)等不同粒度的金刚砂轮。

(A)60#　　　　　　(B)120#　　　　　　(C)240#　　　　　　(D)320#

62. 为防止工件镀后锈蚀或表面水迹影响镀层质量,最后一道工序是进行干燥,常见方法有(　　)。

(A)自然干燥　　　　(B)压缩空气吹干　　(C)热空气吹干　　　(D)锯末干燥

63. 镀液的过滤方法(　　),耗时长、效率低,只适用于少量贵金属镀液。

(A)自然沉降　　　　(B)常压过滤　　　　(C)板框过滤　　　　(D)滤芯过滤

64. 下列材料(　　)适合制作挂具吊钩。

(A)铅　　　　　　　(B)黄铜　　　　　　(C)铜　　　　　　　(D)钢

65. 通用挂具上具有导电部位的是(　　)。

(A)挂钩　　　　　　(B)主杆　　　　　　(C)吊钩　　　　　　(D)提杆

66. (　　)适于做挂具的挂钩材料。

(A)铅丝　　　　　　(B)磷青铜丝　　　　(C)钢丝　　　　　　(D)铝丝

67. 使用辅助阳极设计可以(　　)。

(A)使镀层各处的厚度均匀　　　　　　(B)改变电流极性

(C)使电流在被镀工件上分布均匀　　　(D)增加溶液导电性

68. 镀铬时辅助阳极材料常用(　　)。

(A)铅丝　　　　　　　　(B)铅管　　　　　　　　(C)镀铅的铁阳极

(D)铜棒　　　　　　　　(E)铁板

69. 下面情况中(　　)可用胶带保护实现局部电镀。

(A)不镀部分形状复杂　　　　　　(B)不镀内孔

(C)不镀管状工件外壁　　　　　　(D)不镀平面

70. 铝件电镀前常用的特殊预处理工艺有(　　)。

(A)浸锌　　　　　　(B)阳极氧化　　　　(C)电镀铬　　　　　(D)盐酸侵蚀

71. 铁基粉末冶金件的封孔方法有(　　)。

(A)有机溶剂　　　　(B)石蜡封孔　　　　(C)硬脂酸锌封孔　　(D)沸水封孔

72. 锌镀层的钝化膜在(　　)环境下几乎不发生变化,有很好的防锈性能。

(A)空气　　　　　　(B)酸雾　　　　　　(C)汽油　　　　　　(D)含 $CO_2$ 的潮湿水汽

73. 氯化物镀锌工艺的溶液配制时,(　　)用热水溶解后加入槽内能。

(A)氯化锌　　　　　(B)氯化钾　　　　　(C)氯化钠　　　　　(D)硼酸

74. 氯化物镀锌工艺中,(　　)为导电盐还可提高阴极极化和镀液的分散能力。

(A)氯化锌　　　　　(B)氯化钾　　　　　(C)氯化钠　　　　　(D)硼酸

75. 氯化物镀锌工艺中,(　　)为产生镀层光亮度差的原因。

(A)光亮剂不足　　　(B)pH 值过高　　　(C)温度过高　　　　(D)硼酸少

76. 氯化物镀锌工艺中,(　　)为产生镀液浑浊的原因。

(A)光亮剂不足　　　(B)pH 值过高　　　(C)温度过高　　　　(D)金属杂质多

77. 氯化物镀锌工艺中,(　　)为产生镀液深度性能差的原因。

(A)光亮剂不足　　　(B)pH 值过高　　　(C)锌高氯化物低　　(D)金属杂质多

78. 氯化物镀锌工艺中,(　　)为产生镀层雾状、烧焦的原因。

(A)光亮剂过多　　　(B)pH 值过高　　　(C)锌量低　　　　　(D)硼酸少

79. 氯化物镀锌工艺中,(　　)是产生镀层针孔、条纹状、脆性大的原因。

(A)光亮剂过多　　　(B)pH 值过高　　　(C)锌量低　　　　　(D)硼酸少

80. 硫酸盐镀锌工艺的溶液配制时,(　　)需用热水搅拌溶解。

(A)硫酸锌　　　　　(B)硫酸铝　　　　　(C)硫酸钠　　　　　(D)硼酸

81. 硫酸盐镀锌工艺中,(　　)为产生镀层粗糙、灰暗、镀液浑浊的原因。

(A)光亮剂不足　　　(B)pH 值过高　　　(C)电流密度低　　　(D)缓冲剂不足

82. 硫酸盐镀锌工艺中,(　　)为造成沉积速度慢的原因。

(A)导电盐不足　　　(B)pH 值过高　　　(C)锌量低　　　　　(D)电流密度低

83. 硫酸盐镀锌工艺中,(　　)为产生镀层产生灰斑的原因。

(A)电流密度低　　　(B)pH 值过高　　　(C)光亮剂不足　　　(D)金属杂质多

84. 硫酸盐镀锌工艺中,(　　)为镀层易烧焦的原因。

(A)锌浓度低　　　　(B)pH 值过高　　　(C)导电盐多　　　　(D)光亮剂不足

85. 锌酸盐镀锌工艺中,(　　)为造成镀液分散能力差的原因。

(A)添加剂不足　　　(B)温度过高　　　(C)锌低碱高　　　　(D)电流密度低

86. 锌酸盐镀锌工艺中,(　　)为造成镀层阴阳面的原因。

(A)光亮剂不足　　　(B)金属杂质多　　　(C)含锌高　　　　　(D)电流密度低

87. 锌酸盐镀锌工艺中,(　　)为造成镀层灰暗、无光泽的原因。

(A)光亮剂不足　　　(B)金属杂质多　　　(C)温度过高　　　　(D)电流密度低

88. 锌酸盐镀锌工艺中,(　　)为造成沉积速度慢的原因。

(A)含锌高　　　　　(B)电流密度低　　　(C)温度过低　　　　(D)金属杂质多

89. 锌酸盐镀锌工艺中,(　　)为镀层易烧焦的原因。

(A)电流密度高　　　(B)pH 值过高　　　(C)锌高碱低　　　　(D)主添加剂不足

90. 锌酸盐镀锌工艺中,(　　)为造成镀层脆性大、有麻点的原因。

(A)光亮剂不足　　　(B)有机杂质多　　　(C)温度过低　　　　(D)电流密度低高

91. 镀锌层低铬彩色钝化工艺中,(　　)会造成钝化膜色浅或无彩色膜。

(A)铬酐少　　　　　(B)钝化剂不足　　　(C)pH 值过高或低　(D)钝化时间长

92. 镀锌层低铬彩色钝化工艺中,(　　)会造成钝化膜有白蒙。

(A)铬酐少　　　　　(B)钝化剂不足　　　(C)pH 值过高或低　(D)钝化时间长

93. 镀锌层低铬彩色钝化工艺中,( )会造成钝化膜有白蒙。

(A)镀锌层有雾　　(B)活化剂不足　　(C)出光液含锌高　　(D)钝化时间长

94. 镀锌层低铬彩色钝化工艺中,( )会造成钝化膜光泽差。

(A)镀锌层粗糙　　(B)硝酸不足　　(C)出光液不好　　(D)出光时间长

95. 镀锌层低铬彩色钝化工艺中,( )会造成钝化膜脱落。

(A)钝化时间长　　(B)酸量不足　　(C)钝化液温度高　　(D)醋酸少

96. 锌镀层的退除一般不使用( )。

(A)盐酸　　(B)硫酸　　(C)硝酸　　(D)磷酸

97. 冬天为了提高氰化镀铜的沉积速度,常( )含量。

(A)提高氰化物总量　　　　　　　　(B)降低氰化钠

(C)加入酒石酸钾钠　　　　　　　　(D)提高氢氧化钠

98. 酸性镀铜工艺中,( )使镀层沉积太慢、边缘疏松并有脱落现象。

(A)酸度不够　　(B)温度过高　　(C)电流密度过大　　(D)金属杂质多

99. 酸性镀铜工艺中,( )使镀层与基体结合力不牢。

(A)时间不够　　(B)预处理不好　　(C)温度过低　　(D)铜量过高

100. 焦磷酸盐镀铜工艺中,为了防止阳极钝化常加入( )。

(A)柠檬酸盐　　(B)碳酸钠　　(C)焦磷酸钾　　(D)酒石酸钾钠

101. 镍镀层的孔隙率较高,镀层在( )时才无孔。

(A)10 μ　　(B)20 μ　　(C)25 μ　　(D)30 μ

102. 镀光亮镍时,镀液 pH 值对镀层质量影响较大,pH 值在( )为不合理。

(A)3.2~3.8　　(B)4~4.5　　(C)5~5.5　　(D)3.8~4.0

103. 镍镀层为稍带淡黄的银白色,不容许缺陷有( )。

(A)盐类痕迹　　(B)树枝状　　(C)斑点　　(D)轻微不均

104. 硫酸镀镍液通电后阳极易钝化,加入( )离子不能起到活化阳极的作用。

(A)镍　　(B)硫酸根　　(C)钠　　(D)氯

105. 镍镀层在有机酸中恒稳定,在( )中溶解缓慢或不稳定。

(A)盐酸　　(B)硫酸　　(C)稀硝酸　　(D)浓硝酸

106. 镍镀液中 $Cu^{2+}$ 易使低电流密度区镀层呈灰色甚至黑色,出现( )等不良镀层。

(A)粗糙　　(B)疏松　　(C)海绵状　　(D)针孔

107. 镍镀液中铁是主要杂质,夹杂于镀层中出现( )等不良镀层。

(A)粗糙　　(B)疏松　　(C)斑点　　(D)针孔

108. 铬镀层具有良好的稳定性,但容易溶于( )中。

(A)盐酸　　(B)碱　　(C)稀硝酸　　(D)热硫酸

109. 镀铬采用不溶性的铅和铅合金作为阳极,其阴阳极面积比为( )。

(A)1:2　　(B)2:1　　(C)3:2　　(D)1:1

110. 镀铬溶液对杂质不很敏感,当( )时,将影响镀层质量。

(A)Fe>10 g/L　　(B)Cu>4 g/L　　(C)Zn>2 g/L　　(D)$Cl^-$<0.1 g/L

111. 镀铬时,调整溶液中( ),对提高零件深凹处镀出镀层的能力的作用不明显。

(A)铬酐含量　　(B)硫酸根含量　　(C)三价铬含量　　(D)温度

112. 三价铬镀铬溶液的主盐不是( )。
(A)氯化铬 (B)铬酐 (C)重铬酸钾 (D)重铬酸钠

113. 镀黑铬是为了提高零件的( )性能。
(A)装饰 (B)耐磨 (C)消光 (D)润滑

114. 零件银镀层目的不是为了( )。
(A)增加美观 (B)抗蚀性 (C)导电 (D)耐磨

115. 镀银前除按常规进行脱脂和酸洗外,还需采用( )进行预处理。
(A)汞齐化 (B)浸银 (C)预镀银 (D)涂银

116. 零件银镀层防银变色处理的方法有( )。
(A)化学钝化 (B)电化学钝化 (C)有机涂层 (D)变色后处理

117. 目前国内对银的回收采用得最多的方法是( )。
(A)沉积法 (B)电解法 (C)离子交换法 (D)过滤法

118. 银镀层与大气中硫化物作用会发生变色,会影响银镀层的( )。
(A)反光 (B)耐蚀性 (C)钎焊性 (D)导电性

119. 锡镀层化学稳定性高,在大气中( )几乎无反应。
(A)盐酸 (B)硫酸 (C)硝酸 (D)加热浓酸

120. 对于( )基体镀锡后需要焊接件,应预镀铜层打底。
(A)铜 (B)铜合金 (C)黄铜 (D)钢铁

121. 在高温、潮湿和密封条件下能长出结晶须的镀层有( )。
(A)锡镀层 (B)锌镀层 (C)镉镀层 (D)镍镀层

122. 在碱性镀锡电解液中,对( )等杂质不敏感。
(A)锌 (B)镍 (C)镉 (D)铜

123. 在碱性镀锡电解液中,对( )则有明显影响。
(A)氯 (B)硝酸根 (C)锌 (D)铜

124. 酸性光亮镀锡工艺中,( )为造成镀层发雾的原因。
(A)金属杂质多 (B)有机杂质多 (C)四价锡过多 (D)电流密度低

125. 酸性光亮镀锡工艺中,( )为造成镀层发脆、脱落的原因。
(A)光亮剂过多 (B)电流密度过高 (C)温度太低 (D)电流密度低

126. 酸性光亮镀锡工艺中,( )会造成镀层光亮度不够。
(A)光亮剂少 (B)主盐浓度过高 (C)温度过高 (D)电流密度低

127. 酸性光亮镀锡工艺中,( )会造成镀层发黄。
(A)光亮剂少 (B)电流密度过高 (C)温度过高 (D)镀后清洗不净

128. 锌镍合金镀层具有( )的特点,现在被机电行业广泛运用。
(A)耐蚀性好 (B)导电性好 (C)氢脆性小 (D)焊接性好

129. 所谓仿金镀,就是在铜锌合金镀液中加入( )来改变镀层的外观。
(A)锡 (B)钴 (C)镍 (D)镉

130. 仿金镀中,由于( )会使镀层有红、有黄。
(A)游离氰化钠低 (B)氨水含量低 (C)温度过高 (D)添加剂不足

131. 化学镀镍层具有很好的( )。

(A)耐化学蚀性　　(B)耐气体蚀性　　(C)耐高温性　　(D)耐色变性

132. 为保证化学镀镍层的结合力,对于无催化作用且电位较正的(　　)需闪镀一次层镍。

(A)铜　　　　　　(B)锌　　　　　　(C)铜合金　　　　(D)不锈钢

133. 在化学镀镍过程中,由于(　　),会造成反应慢、沉积速度低。

(A)pH 值低　　　(B)温度过低　　　(C)次磷酸不足　　(D)pH 值高

134. 在化学镀镍过程中,由于(　　),会造成反应剧烈、呈沸腾状。

(A)温度过高　　　(B)装载量过大　　(C)次磷酸过高　　(D)pH 值太高

135. 在化学镀镍过程中,(　　),会造成槽壁和槽底沉积金属镍。

(A)温度过高　　　(B)装载量过大　　(C)镀槽破损　　　(D)pH 值太高

136. 在化学镀镍过程中,由于(　　),会造镍镀层易剥落。

(A)温度波动大　　(B)前处理不彻底　(C)次磷酸过高　　(D)金属杂质污染

137. 化学镀镍层的后处理一般具有(　　)的作用。

(A)驱氢降应力　　(B)改变组织及性能(C)提高耐蚀性　　(D)具有特殊性

138. 由于塑料不导电,无法直接通电沉积,需进行(　　)预处理。

(A)消除应力　　　(B)脱脂　　　　　(C)粗化　　　　　(D)敏化与活化

139. 塑料的敏化、活化与还原出来的目的,是在其表面生成(　　)的贵金属晶核。

(A)连续的　　　　(B)不连续的　　　(C)有催化能力　　(D)有导电能力

140. 塑料等非金属材料化学镀铜的优点是(　　)。

(A)韧性好　　　　(B)内应力小　　　(C)耐蚀性好　　　(D)镀液稳定

141. 塑料等非金属材料化学镀镍的优点是(　　)。

(A)耐蚀性好　　　(B)结晶细致　　　(C)内应力小　　　(D)镀液稳定

142. 铝及铝合金的化学氧化中,(　　)会造成膜层有亮点、长条纹。

(A)表面油污未除尽(B)表面不均匀　　(C)硼酸过高　　　(D)出光不好

143. 铝及铝合金的化学氧化中,(　　)会造成膜层疏松。

(A)氟化物过高　　(B)硼酸过低　　　(C)磷酸过高　　　(D)出光不好

144. 铝及铝合金的电化学氧化工艺可分为(　　)等阳极氧化法。

(A)硫酸法　　　　(B)草酸法　　　　(C)铬酸法　　　　(D)瓷质阳极化

145. 铝及铝合金的硫酸阳极氧化中,(　　)会造成膜层光泽性差、发暗。

(A)硫酸浓度低　　(B)过程断电　　　(C)电解液浓度过高(D)碱蚀时间长

146. 铝及铝合金的硫酸阳极氧化中,(　　)会造成工件与夹具处烧伤。

(A)挂具未除尽接触不良　　　　　　　(B)工件与挂具接触太小

(C)电流密度过高　　　　　　　　　　(D)温度过高

147. 铝及铝合金的硫酸阳极氧化中,(　　)会造成氧化膜耐蚀性耐磨性差。

(A)电解液温度高而电流密度低　　　　(B)电解液浓度高而氧化时间长

(C)合金组织不均　　　　　　　　　　(D)基体处理不良

148. 铝及铝合金的硫酸阳极氧化中,(　　)会造成氧化膜发脆或有裂纹。

(A)阳极电流密度过高　　　　　　　　(B)溶液温度太低

(C)干燥温度太高　　　　　　　　　　(D)溶液温度太高

149. 草酸铝阳极氧化在不含铜的铝合金上,可获得(　　)的装饰性膜层。
(A)白色　　　　(B)黄铜色　　　　(C)黄褐色　　　　(D)黑色

150. 铝及铝合金的草酸阳极氧化中,(　　)会造成氧化膜薄。
(A)草酸浓度低　　　　　　　　(B)溶液温度低于10 ℃
(C)电压低于110 V　　　　　　(D)氧化时间长

151. 铝及铝合金的草酸阳极氧化中,(　　)会产生电腐蚀现象。
(A)电接触不良　　(B)电压升高太快　　(C)空气搅拌不足　　(D)材质有问题

152. 铝及铝合金的草酸阳极氧化中,(　　)会造成膜层疏松或被溶解。
(A)草酸浓度低　　　　　　　　(B)铝离子超过3 g/L
(C)氯离子大于0.2 g/L　　　　(D)温度过高

153. 铝及铝合金的铬酸阳极氧化中,(　　)会造成工件烧伤。
(A)接触不良　　(B)氧化升压太快　　(C)阴阳极短路　　(D)氧化时间长

154. 铝及铝合金的铬酸阳极氧化中,(　　)会使膜层薄、发白。
(A)接触不良　　(B)阳极电流太小　　(C)阴阳极短路　　(D)氧化时间短

155. 铝及铝合金的铬酸阳极氧化中,(　　)会造成氧化膜发红或有绿斑点。
(A)预处理不良　　(B)接触不良　　(C)阴阳极短路　　(D)材质不纯

156. 铝及铝合金的铬酸阳极氧化中,(　　)会造成工件上有白粉。
(A)接触不良　　(B)氧化电流大　　(C)溶液温度过高　　(D)氧化时间长

157. 铝及铝合金的阳极氧化膜的化学着色中,(　　)会造成工件着不上色。
(A)染料已分解　　(B)pH值太高　　(C)着色不及时　　(D)氧化膜太薄

158. 铝及铝合金的阳极氧化膜的化学着色中,(　　)会使工件着色后呈白色水雾。
(A)氧化膜孔内有水气　　　　　(B)返工件退色液浓度高
(C)返工件退色时间长　　　　　(D)氧化膜太薄

159. 铝及铝合金的阳极氧化膜的化学着色中,(　　)会造成工件染色易擦掉。
(A)氧化温度过高　　(B)溶液浓度过高　　(C)着色时间过长　　(D)氧化膜太薄

160. 铝及铝合金的阳极氧化膜的镍-锡电解着色中,(　　)会造成工件上色速度慢。
(A)电压低或导电不良　　　　　(B)硫酸亚锡不足
(C)着色时间短　　　　　　　　(D)硫酸含量不宜

161. 铝及铝合金的阳极氧化膜的镍-锡电解着色中,(　　)会造成工件完全不上色。
(A)氧化膜极薄　　　　　　　　(B)接电错位
(C)硫酸亚锡低于1 g/L　　　　(D)硫酸含量过高

162. 铝及铝合金的阳极氧化膜的封闭处理,(　　)会使封闭效果差。
(A)封闭剂浓度低　　　　　　　(B)温度低或时间短
(C)pH值过高或过低　　　　　　(D)杂质累积超标

163. 为提高镁合金的耐蚀性能,一般在氧化后进行(　　)。
(A)喷涂油漆　　(B)喷涂树脂　　(C)喷涂塑料　　(D)着色处理

164. 钢铁件高温发蓝时,(　　)会造成发蓝膜上附着红色挂灰。
(A)氢氧化钠量太高　　　　　　(B)溶液温度过高
(C)溶液含铁过高　　　　　　　(D)发蓝时间短

165. 钢铁件高温发蓝时,(　　)会造成发蓝膜发花、色泽不均。
(A)氢氧化钠量不足　(B)溶液温度过高　　(C)脱脂不尽　　　　(D)发蓝时间短

166. 钢铁件高温发蓝时,发蓝膜很薄、甚至不成膜,是由(　　)造成。
(A)脱脂不尽　　　(B)溶液温度过低　　(C)溶液浓度低　　　(D)发蓝时间短

167. 钢铁件高温发蓝时,局部无发蓝膜或局部发蓝膜脱落,是由(　　)造成。
(A)脱脂不尽　　　(B)工件重叠脱脂　　(C)溶液温度高　　　(D)发蓝时间长

168. 钢铁件高温发蓝时,(　　)会造成发蓝膜上出现白斑或白色挂霜。
(A)氢氧化钠量过高　　　　　　　(B)填充液水质硬
(C)氧化后清洗不尽　　　　　　　(D)发蓝时间短

169. 钢铁件常温发蓝时,(　　)会造成发蓝膜表面发花。
(A)预处理不尽　　(B)残液未洗尽　　(C)工件抖动太快　(D)工件重叠

170. 钢铁件常温发蓝时,发蓝膜表面上黑或局部不黑,是由(　　)造成。
(A)表面油污严重　(B)溶液成分失调　(C)工件重叠　　　(D)发蓝时间短

171. 钢铁件常温发蓝时,发蓝膜黑度差、色泽浅,是由(　　)造成。
(A)溶液浓度高　　(B)溶液成分失调　(C)溶液酸度低　　(D)发蓝时间短

172. 钢铁件高、中温磷化时,磷化膜不易生成,是由(　　)造成。
(A)表面有硬化层　(B)溶液杂质多　　(C)总酸度低　　　(D)磷化时间短

173. 钢铁件高、中温磷化时,(　　)会造成磷化膜薄、无明显结晶。
(A)总酸度过高　　(B)表面有硬化层　(C)溶液温度低　　(D)$Fe^{2+}$过低

174. 钢铁件常(低)温磷化时,(　　)会造成磷化膜不完整、发花、色泽不均。
(A)脱脂不尽　　　　　　　　　　(B)表面局部钝化
(C)温度低、pH 值高　　　　　　　(D)前处理不尽

175. 钢铁件常(低)温磷化时,磷化膜结晶不致密,是由(　　)造成。
(A)总酸度过低　　　　　　　　　(B)表面有硬化层
(C)$Fe^{2+}$含量低　　　　　　　　(D)温度低、时间短

176. 钢所谓"四合一"磷化,就是将(　　)四个主要工序在一个槽中完成。
(A)脱脂　　　　　(B)酸性　　　　　(C)磷化　　　　　(D)钝化

177. 分析误差是表示分析结果和真实值之间的差值,一般包括(　　)。
(A)系统误差　　　(B)偶然误差　　　(C)过失误差　　　(D)实际误差

178. 要保证分析数据的正确,操作时一般要做到(　　)。
(A)标液配制要准　　　　　　　　(B)滴定分析终点要看的准
(C)溶液取量要准　　　　　　　　(D)计算数据要准

179. 根据分析过程所利用的化学反应不同,滴定法可分为(　　)。
(A)中和滴定法　　(B)氧化还原滴定法　(C)络合滴定法　　(D)沉淀滴定法

180. 根据分离试样中被测组分和其他组分的途径不同,最为常用的重量分析法是(　　)。
(A)汽化法　　　　(B)电解法　　　　(C)萃取法　　　　(D)沉淀法

181. 用于指示氧化还原滴定终点的指示剂主要由(　　)。
(A)金属指示剂　　　　　　　　　(B)氧化还原型指示剂

(C)自身指示剂　　　　　　　　　　(D)专属指示剂

182. 下列方法中属于氧化还原滴定法的是（　　）。

(A)银量法　　　　　　　　　　(B)高锰酸钾法

(C)碘量法　　　　　　　　　　(D)用硝酸银标准溶液滴定氰离子的方法

183. 下列条件属于沉淀滴定法符合的条件是（　　）。

(A)生成沉淀物的溶解度必须很小

(B)沉淀反应必须能迅速、定量的进行

(C)能够用适当的指示剂或其他的方法确定滴定的重点,沉淀的吸附现象应不妨碍滴定终点的确定

(D)沉淀的现象应该不妨碍滴定结果

184. 使用银量法可以测定的离子有（　　）。

(A)$Cl^-$　　　　(B)$Br^-$　　　　(C)$CN^-$　　　　(D)$NO_3^-$

185. 下列指示剂属于酸碱指示剂的是（　　）。

(A)邻苯氨基苯甲酸　　　　　　(B)甲基橙

(C)酚酞　　　　　　　　　　(D)淀粉

186. 下列化学药品不可以用玻璃器皿盛放的是（　　）。

(A)盐酸　　　　(B)碳酸钠　　　　(C)氢氟酸　　　　(D)浓 NaOH

187. 标准溶液浓度的表示方法有（　　）。

(A)质量分数　　　(B)摩尔浓度　　　(C)滴定度　　　(D)质量百分比浓度

188. 钢铁件氧化后下面（　　）外观为不合格。

(A)局部淬火等部位色泽有差异　　(B)表面有未氧化部位

(C)工件表面有过腐蚀　　　　　(D)外观为浅灰色

189. 铝、镁及其合金的化学保护层出现（　　）现象为不合格。

(A)有夹具印痕　　　　　　　(B)有破坏氧化膜的明显擦伤

(C)氧化膜有疏松和花斑　　　　(D)硬质阳极氧化为灰黑色

190. 测试电镀液分散能力可用（　　）方法。

(A)远近阴极法　　(B)直角阴极法　　(C)弯曲阴极法　　(D)凹穴试验法

191. 测试电镀液深镀能力可用（　　）方法。

(A)直角阴极法　　(B)内孔法　　(C)弯曲阴极法　　(D)凹穴试验法

192. 镀层外观检验时,以下（　　）情况能直接判断为有癣病的镀件。

(A)需要新抛光镀件

(B)需退除不合格镀层而重新电镀的镀件

(C)有机械损坏的镀件

(D)过腐蚀的镀件

193. 下面几种方法中（　　）方法可以测量镀镍层厚度。

(A)电击穿法　　(B)金相显微镜法　　(C)弯曲法　　(D)溶解法

194. 下面几种方法中,（　　）可以测量铝氧化膜厚度。

(A)热震法　　(B)金相测厚法　　(C)计时液流法　　(D)涡流测厚仪

195. 测定铜和铜合金基体上铬及镍镀层孔隙率时,可选用（　　）方法。

(A)贴滤纸法　　　　(B)浸渍法　　　　(C)涂膏法　　　　(D)金相法

196. 镀层厚度的破坏性检验方法有(　　　)。

(A)计时液流法　　　　　　　　(B)溶解法

(C)阳极溶解库仑法　　　　　　(D)金相测厚法

197. 铝氧化膜厚度的检验方法有(　　　)。

(A)电击穿法　　　(B)质量法　　　(C)金相测厚法　　　(D)涡流测厚法

198. 镀层钎焊性的检验方法有(　　　)。

(A)贴滤纸法　　　(B)润湿法　　　(C)涂膏法　　　(D)浸渍法

199. 镀层钎焊性的测试方法有(　　　)。

(A)流布面积法　　　(B)润湿考验法　　　(C)溶解法　　　(D)蒸汽考验法

200. 处理含铬废水时,因氢氧化铬呈两性,适用的 pH 值为(　　　)。

(A)2.5～3　　　(B)>5.6　　　(C)6.7～7　　　(D)<8

201. 硫酸氢钠法处理含铬废水的投料比控制为(　　　)。

(A)亚硫酸氢钠:六价铬=4:1　　　(B)焦亚硫酸钠:六价铬=3:1

(C)硫代硫酸钠:六价铬=2:1　　　(D)亚硫酸钠:六价铬=4:1

202. 处理含氰废水的方法很多,但生产中应用最多、最广泛的是(　　　)。

(A)碱性氧化法　　　(B)硫酸亚铁法　　　(C)臭氧法　　　(D)反渗透法

203. 生产线排出的含有多种金属阳离子及阴离子的混合碱性废水可采用(　　　)来处理。

(A)投药中和　　　(B)离子交换　　　(C)酸性废水中和　　　(D)酸性废气中和

204. 酸洗间排出的混合废水,多为酸性、生产中采用(　　　)来处理。

(A)投药中和　　　(B)过滤中和　　　(C)碱性废水中和　　　(D)活性炭

205. 生产中采用(　　　)来抑制铬酸雾。

(A)十二烷基酸钠　　　(B)塑料球　　　(C)F-53 活性剂　　　(D)尿素

206. 铬酸具有(　　　)的特点,宜采用网格式铬雾回收器,净化铬酸废气。

(A)密度大　　　(B)溶解度大　　　(C)挥发性小　　　(D)易凝聚

## 四、判 断 题

1. 一些导体依靠电子的移动来导电,称为离子导体或第一类导体。(　　　)

2. 任何金属浸在它的盐的电解质溶液中即组成电极。(　　　)

3. 标准氢电极的电极电位在任何温度下均为零。(　　　)

4. 在电解质溶液中,任何电极上都同时进行着氧化反应和还原反应。(　　　)

5. 平衡电位、标准电极电位和析出电位名称虽然各不相同,但含义都是相同的。(　　　)

6. 极化是指电流通过电极时,电极电位偏离平衡电位的现象。(　　　)

7. 过电位即极化值只可以为正,不能为负。(　　　)

8. 在电镀过程中,产生阴极极化的原因,往往是电化学极化和浓差极化都存在,只是电解液的工艺条件不同,有所侧重而已。(　　　)

9. 在电解液中,当有外加电流作用时,阴极都有金属沉积,阳极都有金属溶解。(　　　)

10. 在电解液中,当某一组分的还原电位比金属离子的还原电位要正时,则金属离子不可能在电极上还原。(　　　)

11. 对于同一种镀层,由络盐电解液中得到的镀层质量一般要比由简单盐电解液中所得到的镀层质量要好。( )

12. 电极上通过的电流密度越大,电极电位偏离平衡电位的绝对值也越大。( )

13. 使用具有较大的阴极极化度的电解液,在工艺规定的电流密度范围内,电解液的分散能力和覆盖能力都较好。( )

14. 电解液的传质方式——扩散,主要发生在整个电解液内部。( )

15. 在电解液中,只要电极电位足够负,任何金属都能在电极上还原或电沉积。( )

16. 提高电解液的阴极电流密度,应根据主盐的浓度、电解液的 pH 值、温度和搅拌等因素而定,否则会影响镀层质量。( )

17. 析氢不仅在酸性电解液中发生,而且也在中性和碱性电解液中发生。( )

18. 电镀和酸洗过程都有可能造成镀层渗氢,而碱性电解脱脂却不可能。( )

19. 金属放在酸、碱、盐溶液中,在任何条件下,均形成可逆电极。( )

20. 电极在不同的电流密度下,其过电位或极化值也是不相同的。( )

21. 极化值不仅适用于可逆电极,也适用于不可逆电极。( )

22. 在电镀时,电化学极化与浓差极化可能同时存在,当电流密度较小时,以浓差极化为主;而在高电流密度下,电化学极化占主要地位。( )

23. 在电镀中,使阴极发生较大的电化学极化作用,对于获得高质量的结晶镀层是十分重要的。( )

24. 提高阴极极化度,可以提高电镀液的分散能力和覆盖能力。( )

25. 当其他条件不变时,极化度较大的电镀液,其分散能力较好。( )

26. 电极过程主要包括三个单元步骤:液相传质步骤、电子转移步骤、新相生成步骤。( )

27. 当电极过程受到几个步骤共同控制时的过电位,等于这几个步骤独自作为控制步骤时的过电位的总和。( )

28. 电镀液是通过阴、阳离子的移动来导电的,其传质方式为扩散、对流和电迁移。( )

29. 电镀形状复杂的零件或用于预镀时,一般采用浓度较高的电镀液。( )

30. 在不同的金属上的氢过电位是不同的。氢过电位越大,析氢越困难;反之,氢过电位越小,析氢越容易。( )

31. 络合剂能增大阴极极化,使镀层结晶细致,并能促进阳极溶解和提高阴极电流效率。( )

32. 选用络合剂时,除了应考虑它与金属离子生成的络离子的稳定性外,同时还要考虑络合剂本身的化学和电化学稳定性。( )

33. 阳极电流密度过高,光亮剂分解加快。( )

34. 缓冲剂通常是弱酸、弱碱或弱酸、弱碱的盐,在电镀液中的电离程度比较小,能够使电镀液的 pH 值保持稳定。每种缓冲剂只能在一定的 pH 值范围内起作用。( )

35. 有机添加剂对金属电解析出过程的影响,都是通过在金属溶液界面上的吸附作用来实现的。有机添加剂本身不参加反应。( )

36. 有机添加剂的光亮作用,是有机添加剂在阴极表面的吸附和阻挡作用的结果,吸附越强,光亮作用越大。( )

37. 添加剂能吸附在阴极表面,提高阴极极化,使得晶核的生长速度大于晶核的生成速度,从而获得晶粒细小而平滑的镀层。( )

38. 编制零件加工详表时,必须把产品上的每一种零件受镀面积逐一计算,不允许以代表性零件的受镀面积进行折合计算。(　　)

39. 阴极电流密度越大,阴极极化作用也越大,镀层结晶越细致紧密。(　　)

40. 升高电镀液的温度,通常会加快阴极反应速度和离子扩散速度,降低阴极极化作用,因此一定会使镀层结晶变粗。(　　)

41. 对于镀镍、镀铜、镀铬的电镀液,升高电镀液温度可以提高电镀液的导电性,促使阳极溶解,提高阴极电流效率,减少镀层针孔,降低镀层内应力。(　　)

42. 采用搅拌电镀液可以提高电流效率、较高的电流效率下可以得到紧密细致的镀层。(　　)

43. 电镀槽对导电杠的要求是只要导电杠能承受工件的重量就行。(　　)

44. 工件电镀后采用自然干燥仅适用于允许有少量斑点的工件,如铸铁镀件。(　　)

45. 对细长型工件电镀,多采用横挂的方法,但为了让电镀液更好地落下,最好采用倾斜挂法。(　　)

46. 对特殊形状的工件,如不锈钢手术钳等,可在钟形滚光机中进行处理。(　　)

47. 采用三氯乙烯清洗设备时,三氯乙烯蒸汽层的高低是由设备中冷却管的高低所决定的。(　　)

48. 电热鼓风干燥箱,不能既作镀件干燥用,又作镀件除氢处理用。(　　)

49. 为了加快电镀液的澄清速度,使用筒式滤芯过滤机时应选择致密的滤芯。(　　)

50. 在阴极移动搅拌时,如果让阴极以振幅为 $1\sim100$ mm、频率为 $10\sim1\,000$ Hz 振动,就可以进行高速电镀。(　　)

51. 含有添加剂的电镀液,不能采用压缩空气搅拌的原因是空气中的氧能使添加剂分解。(　　)

52. 表面粗糙度测量仪是用于测量金属材料及工件镀层上某一点的粗糙度值的。(　　)

53. 盐雾试验箱是在自然气候中"三防"试验设备之一。(　　)

54. 库仑测厚仪和多层镍耐蚀性测厚仪的使用都对镀层产生破坏作用。(　　)

55. 电镀整流器在环境恶劣的场所只适宜用空冷和水冷,而不宜用油冷。(　　)

56. 在晶闸管整流器中,不必设置硒整流器所必需的转换器和饱和电抗器等控制器。(　　)

57. 在三氯乙烯中清洗设备,工件是由三氯乙烯溶液浸洗干净的。(　　)

58. 微型滚镀机自带电力传动卧式滚筒,全机重量为 6 kg 左右。(　　)

59. 电热鼓风干燥箱仅有一个排气管与外界大气相通,它同时起着排气和更换箱内空气的作用。(　　)

60. 由于硅整流元件上已装有散热器,所以在电路上可不必另外装备其他保护设备。(　　)

61. 实施自动恒电压控制和自动恒电流控制后,当输入电压及负载有变动时,即能使输出电压和输出电流保持稳定。(　　)

62. 由于硅整流器的瞬间过载能力和耐冲击电压都比硒整流器要好,所以硅整流器得到了广泛应用。(　　)

63. 金属铝是两性金属,在酸、碱溶液中不稳定,在其表面上电镀是比较容易的。(　　)

64. 当铝制品表面油污较少时,可以不经过脱脂而直接进行碱性浸蚀。(　　)

65. 铝件经过常规预处理后,应立即镀上一层过渡金属层或导电多孔性的化学膜层,以使随后的电镀得以正常进行。(　　)

66. 铝件浸锌时,为了保证锌层质量,生产中多采用浓度相对较低的化学浸锌溶液。(　　)

67. 铝件阳极氧化后,经稀的氢氟酸活化一下,清洗干净,可立即进行电镀。电镀时应带电入槽并施以冲击镀。(　　)

68. 铝制品若不经镀铜直接镀镍,则必须经过二次浸锌处理。(　　)

69. 对高纯度铝件电镀时,可以采用直接电镀一层薄锌层的特殊预处理。(　　)

70. 提高铝上镀层结合力的关键在于清除铝表面上的自然氧化膜并防止它重新生成,通常要在铝基上预镀一层与之结合牢固的底层或中间层。(　　)

71. 铝件经过化学浸锌镍合金处理后,即可在其上直接镀亮镍。(　　)

72. 对高纯度铝件电镀时,可以采用直接电镀一层薄锡层的特殊预处理。(　　)

73. 铝件的化学脱脂时间不可过长,脱脂溶液中一般不加氢氧化钠。(　　)

74. 铝件的浸蚀是为了达到活化基体和提高镀层结合力的目的,只可用碱浸蚀。(　　)

75. 经过碱浸蚀和酸浸蚀出光的铝及铝合金工件,表面去除了油污露出了新鲜的基体,可以直接在电镀液中电镀。(　　)

76. 喷砂后的铝及铝合金工件经脱脂、出光,在盐酸、硫酸或碱的浸蚀液中活化后即可直接电镀铜或镍。(　　)

77. 铸铝件磷酸阳极氧化后,可立即进行电镀。(　　)

78. 铝件浸锌时,常在浸锌溶液中加入少量的三氯化铁、锌和铁共沉积可改善镀层结合力和提高耐蚀性。(　　)

79. 当在铝合金上电镀硬铬、锌或氰化镀黄铜时,浸锌后可直接电镀,而不必预镀。(　　)

80. 铝及其合金经浸锌或电镀薄锌后预镀一层铜,即可作为电镀其他镀层的底层。预镀铜可采用光亮硫酸盐镀铜。(　　)

81. 铝及铝合金二次镀锌时,第二次浸锌时间要短一些。(　　)

82. 不锈钢电化学脱脂所用的溶液与普通钢铁件相同,但不锈钢采用阴极电解脱脂,一般不适用阳极脱脂。(　　)

83. 去除不锈钢件氧化皮,一般都需要经过松动、浸蚀氧化皮及清除挂灰等三个阶段。(　　)

84. 当不锈钢件浸蚀后出现浮灰(黑膜)时,可用稀酸漂洗干净。(　　)

85. 采用不锈钢分别活化和预镀工艺获得的镀层结合力并不是最好的,常用于单件或小批工件的电镀。(　　)

86. 对于不锈钢氧化着色,采取低温氧化法与采取铬酸氧化法相比,前者具有能在较低温度下生成稳定的氧化物着色膜的特点。(　　)

87. 粉末冶金件最有效最简便的表面处理方法是喷砂处理。(　　)

88. 铁基粉末冶金件经过表面处理与封孔处理后,即可按正常条件电镀。(　　)

89. 锌合金铸件酸浸后,一般先要进行预镀镍或预镀铜后,才能电镀其它金属,以保证镀层与基体的结合力。(　　)

90. 因为铜与锌的标准电极电位分别为 $+0.52$ V 与 $-0.76$ V,相差较大,所以即使在氰化电解液中电镀它们也不可能发生共沉积。(　　)

91. 锌合金压铸件一般是应选用含铝质量分数为 4% 左右的锌合金材料,以提高电镀产品的合格率。(　　)

92. 锌合金压铸件的预镀层如果采用铜层,应镀薄一些,不能超过 7 $\mu m$。(　　)

93. 锌合金压铸件表面疏松,在磨光和抛光时表层去除量应大一些。(　　)

94. 锌合金压铸件不能采用浓的强碱和强酸进行前处理。(　　)

95. 粉末冶金工件无论是镀氰化铜、镀铬、镀锌均应带电入槽,先以高于正常电流密度 $1\sim1.5$ 倍的冲击电流密度施镀 $5\sim30$ s,再转为正常电流密度电镀,以提高镀层与基体的结合力。(　　)

96. 钢铁逐渐电镀时,镀前浸蚀不能时间过长,以免产生过腐蚀,铸铁件表面析出碳和硅,影响镀层质量。(　　)

97. 锌合金上的不合格镀层无论采用何种退除方法均会对底层造成腐蚀,严重时会使工件报废。(　　)

98. 铸铁件碱性镀锌时,采用冲击电流电镀可以获得质量良好的镀层。(　　)

99. 对于氧化层较厚的铸铁件,可采用普通碱液进行化学脱脂。(　　)

100. 球墨铸铁件比灰铸铁件镀铬还要困难些。(　　)

101. 铸铁件碱性镀锌时,大量析出氢的主要原因之一是铸铁中的石墨能降低氢析出的过电位。(　　)

102. 使用胶态钯活化液对玻璃和陶瓷件进行活化,活化后还必须进行一道特别的处理工序,称之为敏化。(　　)

103. 当对玻璃和陶瓷件进行烧渗银时,烧渗温度太低,银层结合不牢;烧渗温度太高,对基体不利或无法成膜。(　　)

104. 对非金属材料零件表面进行粗化处理,以增加零件表面的真实面积,可达到提高镀层与基体结合力的目的。(　　)

105. 化学镀镍层经过热处理后,镀层的硬度与塑性一样随着处理温度的提高而提高。(　　)

106. 塑料工件经化学镀以后,可直接镀高浓度的硫酸铜。(　　)

107. 无论已上釉的陶瓷还是素烧陶瓷,均应先用 $120\sim180$ 目的石英砂喷砂后再进行化学粗化。(　　)

108. 电镀挂具的设计主要考虑的就是承受悬挂镀件的重量。(　　)

109. 挂具材料要求导电性能良好,机械强度高,成本低,不易受腐蚀。(　　)

110. 吊钩既要承受挂具和镀件的全部重量又要保证极杆上的电流能顺利到达施镀件。(　　)

111. 挂具提杆用于操作时将挂具提起,要保证有一定强度。(　　)

112. 挂具支杆与主杆之间以及支杆与挂钩之间要有良好的导电性能。(　　)

113. 通用挂具上除与镀件和极杆接触的导电部位以外,其他各部位均应进行绝缘处理。(　　)

114. 挂具绝缘处理可以使电流集中在被镀工件上,可节约金属材料和电能消耗。(　　)

115. 悬挂式挂钩镀件自由悬挂在挂钩上，适用于电流密度较大镀件的电镀。（　　）

116. 悬挂式挂钩装卸方便，可利用抖动转换接触点，挂具印迹不明显。（　　）

117. 夹紧式挂钩利用弹性夹紧镀件的某一部位，这种方式导电性良好。（　　）

118. 当镀件形状复杂使用通用挂具达不到镀件质量要求时，需要使用专用挂具。（　　）

119. 专用挂具不包括辅助阳极、保护阴极。（　　）

120. 使用专用挂具主要目的是使电镀时电流分布更加均匀。（　　）

121. 使用辅助阳极的主要目的是加大阳极面积，防止阳极钝化。（　　）

122. 使用辅助阳极的主要目的之一是把阳极电流引到镀件内孔等难镀部位。（　　）

123. 辅助阳极一般通过绝缘物固定在挂具上以保持它与镀件的相对位置。（　　）

124. 使用保护阴极是为了减少或防止镀件边缘部位出现毛刺、结瘤等疵病。（　　）

125. 保护阴极是为了在电镀中保护镀件、防止其划伤。（　　）

126. 保护阴极使用的材料不能在电镀液中溶解或与电镀液起化学反应。（　　）

127. 只有使用导电材料才能防止工件尖端部位电力线集中造成的出现毛刺现象。（　　）

128. 涂漆保护是指镀件局部电镀时在工件上不需要镀层的部分涂上绝缘漆或其他涂料。（　　）

129. 局部电镀时，涂漆保护的目的是保护工件重要表面防止其碰伤划伤。（　　）

130. 涂漆保护使用的涂料应当能耐受电镀液的腐蚀。（　　）

131. 局部电镀时涂蜡保护实现起来最简单。（　　）

132. 当电镀液温度较高时（>40 ℃），需选用特定的蜡制剂来实现涂蜡保护。（　　）

133. 由于仪器精密度不够所造成的误差属于系统误差。（　　）

134. 电镀液分析的允许误差为±0.5%。（　　）

135. 指示剂的变色范围越窄越不好。（　　）

136. 法拉第定律不仅适用于金属的析出及溶解，也适用于所有的电解反应。（　　）

137. 电镀生产过程中化验电解液的目的只是为了了解电解液的成分及含量，以便能正确地分析判断电镀故障。（　　）

138. 高锰酸钾滴定法是氧化还原滴定法中的很常见的一种。（　　）

139. 电解液温度的变化是不会对指示剂的变色范围产生影响的。（　　）

140. 采用容量分析法分析电解液时，可以直接从滴定管上读至0.01 mL。（　　）

141. 对阴极保护框电镀方法的电解液取样分析时，提取框内或框外的电解液皆可。（　　）

142. 用亚铁标准溶液滴定镀铬电解液中铬酐含量，属于氧化还原滴定法。（　　）

143. 不同指示剂的使用条件和范围是相同的。（　　）

144. 完成一次实验的全部称量只能用同一台天平和砝码。（　　）

145. 用能称出0.001 g的分析天平称得的某药品的质量是8.6470 g，数字0不属于有效数字。（　　）

146. 试样采集时，为了做到溶液选取均匀，采样时千万不能加水。（　　）

147. 碘在碘量滴定法中，不但可以作氧化剂也可用作还原剂。（　　）

148. 银量法是络合滴定分析法中的一种。（　　）

149. 在实际应用中，酸碱指示剂的变色范围越宽越好。（　　）

150. 玻璃器皿不能用于盛氢氟酸等强烈腐蚀性能的化学药品，也不能长时间存放浓的或

热的强碱性溶液。（　　）

151. 在保存天平时,为了避免摆动,砝码放回砝码盒中,两个天平盘放在一边。（　　）

152. 在使用天平称量时,可以用洗干净的手直接拿取砝码。（　　）

153. 加砝码的顺序是从大的开始,偏重时更换小砝码。（　　）

154. 测量溶液 pH 值时,精密试纸比酸度计测量精度高。（　　）

155. pH 试纸会因长期保存及日晒等因素造成损失。（　　）

156. 测量电镀液分散能力可以用霍尔槽试验法。（　　）

157. 连续生产时可用霍尔槽试验来快速确定所需添加剂的种类和数量。（　　）

158. 不论电镀液 pH 值是否改变,均可利用霍尔槽试验快速调整添加剂含量。（　　）

159. 配制硫酸稀释溶液时,先加硫酸后加蒸馏水。（　　）

160. 电镀时,阳极的电流效率小于 100%。（　　）

161. 电流效率无论是对阴极或对阳极而言,都是小于 100%。（　　）

162. 使用铜库仑计测定电解液的电流效率时,应把铜库仑计并联在需要测量电荷量的电路中。（　　）

163. 在霍尔槽实验的同一试片上,不可能同时出现既有条纹又有雾膜或烧焦等镀层弊病。（　　）

164. 用霍尔槽测定电解液的分散能力时,T·P 值越大,分散能力越好。（　　）

165. 从霍尔槽试验样片可以看出有机杂质和金属杂质的准确含量。（　　）

166. 霍尔槽试验试片表面出现针孔,则说明镀液中缺少润湿剂或被污染了。（　　）

167. 霍尔槽试验槽温度应与电镀生产所用温度相同。（　　）

168. 霍尔槽结构中,阳极到阴极部分各部分的距离一定要保持一样,才能达到实验效果。（　　）

169. 霍尔槽实验仪是控制电镀质量和选择最佳电镀工艺条件的试验设备。（　　）

170. 电镀液的导电性能是以电导率来衡量的。（　　）

171. 配制电镀液时,一般要先将主盐溶解在镀槽中,然后再加入络合剂、导电盐、光亮剂等。（　　）

172. 电镀液中的有机杂质可以用过滤机直接分离除去。（　　）

173. 电镀液中的分散能力和覆盖能力相互关连,覆盖能力好的电镀液,其分散能力也一定好。（　　）

174. 镀银时,一般要求预镀铜的时间要比镀银的时间长很多。（　　）

175. 外观检验不合格零件可通过其他性能的检验变成合格零件。（　　）

176. 对于一部分不影响镀层使用性能的疵病,在检验时可视情况给予合格。（　　）

177. 外观检验为废品零件可经返工修复重新变为合格零件。（　　）

178. 钢铁氧化后外表应呈均匀的黑色或微带蓝色的黑色。（　　）

179. 合格钢铁磷化膜不允许有未磷化部位。（　　）

180. 合格铝及铝合金的化学保护膜的外观应致密均匀。（　　）

181. 锉刀试验适用于镀层较厚零件的结合力测试。（　　）

182. 弯曲试验时不管采用哪种弯曲方式,镀层有起皮、脱落现象就可判定结合力不合格。（　　）

183. 阳极溶解库仑法测厚时，镀层越厚误差越小。（　　）

184. 计时液流法通过测量被溶液溶解金属的质量来推算镀层厚度。（　　）

185. 使用金相显微镜测量镀层厚度时，应先制备镀层剖面的金相样品。（　　）

186. 使用金相显微镜测量镀层厚度时，要求显微镜带有游动测微计或目镜测微计。（　　）

187. 使用金相显微镜法可以实现非破坏性测厚。（　　）

188. 非破坏性测厚是指不用破坏镀覆层直接用仪器测量其厚度的方法。（　　）

189. 磁性测厚仪适用于测量磁性金属基体上非磁性覆盖层的厚度。（　　）

190. 涡流测量仪测厚时，厚度越小，测量精度越高。（　　）

191. 铝氧化膜厚度可用磁性测厚仪测量。（　　）

192. 由电击穿法评定氯氧化膜层的厚度时，击穿电压越高，膜层越厚。（　　）

193. 镀层孔隙率检验可用贴滤纸法。（　　）

194. 用弯曲阴极法测量电镀液分散能力时，阴极背面需要绝缘。（　　）

195. 直角阴极法是用试验阴极上镀层面积占阴极面积的百分比来评价电镀液深镀能力。（　　）

196. 镀层厚度对零件的耐蚀性、装配性等有很大影响，因此镀层厚度也是镀层质量的重要要素和控制指标。（　　）

197. 测量镀层厚度的溶解法只适用于测量整个零件镀层的平均厚度。（　　）

198. 由于溶解法测量镀层厚度方法古老且又破坏镀层，故国际标准中未被采用。（　　）

199. 贴滤纸法、浇筑法、涂膏法等测定镀层孔隙率的方法，其评定方法的共同之处都是根据有色斑点的数目来确定镀层的孔隙率。（　　）

200. 镀层的硬度取决于镀层金属的结晶组织。（　　）

201. 热震试验的原理，是利用镀层和基体之间的膨胀系数不同来检验镀层与基体之间的结合力强度的。（　　）

202. 大气暴露试验，应把暴露场选择在附近有工厂烟囱、通风口及能散发大量有害气体装置的场所。（　　）

203. 塑料件电镀层的质量检验、考核指标是耐蚀性和导电性。（　　）

204. 评定镀层与基体金属之间的结合力，通常都是采用定量测定方法。（　　）

205. 磁性测厚仪是利用磁性镀层能增加永久磁铁与基体之间的磁引力，以及其引力随着镀层厚度增加而增加的原理来测厚的。（　　）

206. 磁性测厚仪能对磁性基体上的磁性镀层厚度进行非破坏性测厚。（　　）

207. 库仑法可以作为其他镀层测厚方法的仲裁。（　　）

208. 在金属杯突试验时，杯突深度越大，则镀层脆性越小。（　　）

209. 采用显微硬度计测厚时，应根据镀层金属的性质和厚度，在可能的范围内，尽量选用大负荷。（　　）

210. 工艺规定的镀层厚度，就是工件主要表面上镀层的平均厚度。（　　）

211. 当测量经钝化或磷化过的锌（或镉）镀层的厚度时，应先用化学溶剂去除其钝化膜或磷化膜。（　　）

212. 缓慢弯曲试验主要用于弹簧垫圈检测氢脆。（　　）

213. 醋酸盐雾试验比中性盐雾试验的试验周期要短。（　　）

214. 内孔法测量电镀液深镀能力,镀入深度与内孔直径之比越大,深镀能力越好。(　　)

215. 电镀后立即检验孔隙度的样品可不进行脱脂处理。(　　)

216. 外层为铬的多层镀层孔隙率检验,应在镀铬 30 min 以内进行。(　　)

217. 通常测量镀层硬度时是做显微硬度试验。(　　)

218. 显微硬度是通过金刚石压头上负荷的大小换算出来的。(　　)

219. 化学保护层的点滴试验是根据保护层表面出现终点颜色的时间来判断其是否合格。(　　)

220. 钢铁氧化膜的耐磨性试验是使用落砂试验仪。(　　)

221. 流布面积法测试钎焊性能时其流布面积越大,表明镀层钎焊性越好。(　　)

222. 电镀废水允许排入废弃的田野、塘、沟及地下深井中去。(　　)

223. 处理含六价铬废水的还原反应要求在酸性条件下进行,而沉淀却要求在碱性条件下进行。(　　)

224. 采用不同的还原剂处理含六价铬废水时,其还原能力不同、且污泥性质也不同。(　　)

225. 由于二氧化硫法处理含铬废水的反应是在气相与液相之间进行,所以它的处理效果较差。(　　)

226. 电镀废水中含有大量有机物,但只要这些有机物不是含苯类、硝基、胺基类等有毒物质,允许直接排入江河。(　　)

227. 在处理含六价铬废水的常用的化学方法中,无论是钡盐法,还是亚硫酸氢钠法,都是利用氧化-还原反应。(　　)

228. 处理含铬废水所消耗的还原剂量,不仅与还原剂的性质有关,而且还与废水的 pH 值有关。(　　)

229. 采用亚硫酸钠-兰西法处理含铬废水时,最后一个水洗槽排出的水可回用到镀槽,作为蒸发水的补充。(　　)

230. 阴离子交换树脂一般是与废水中阳离子相互交换,而阳离子交换树脂与废水中阴离子相互交换。(　　)

231. 离子交换法处理含铬废水中,将两阴极柱串联起来使用,其树脂利用率可大大提高。(　　)

232. 气浮池内气泡越均匀,气浮效果越好。(　　)

233. 只要把电镀废水治理到国家规定的排放标准就达到治理的目的了。(　　)

## 五、简 答 题

1. 何谓电极的极化?

2. 金属的阳极过程有何特点? 影响金属阳极过程的因素有哪些?

3. 影响镀层性能的因素有哪些?

4. 有机添加剂的作用机理是什么?

5. 如何使用电镀添加剂?

6. 简述氰化镀锌工艺的优缺点。

7. 氰化镀锌工作条件的影响因素有哪些?

8. 镀银后为什么要进行防银变色处理？

9. 什么叫晶纹镀锡？

10. 简述仿金镀层的性质和用途。

11. 简述铜及其合金的钝化原理。

12. 什么是铜及其合金的氧化？

13. 简述钢铁件磷化过程的电化学成膜理论。

14. 铝件的脱脂和浸蚀与钢铁件有什么不同？

15. 为何二次浸锌获得的浸锌层比一次浸锌的质量好？

16. 铝件电镀前需要进行特殊处理，常用的特殊预处理工艺有哪些？

17. 铝及铝合金电镀的典型工艺有哪几种？

18. 不锈钢为何不容易电镀？

19. 去除不锈钢表面氧化皮的方法有哪些？

20. 常用的不锈钢浸蚀液有哪几种类型？

21. 不锈钢电镀前活化和预镀的方法有哪几种？

22. 锌合金压铸件的表面有何特点？

23. 粉末冶金零件表面有何特点？

24. 粉末冶金零件为何镀前要封孔？封孔的方法主要有几种？

25. 钢铁铸件有何特点？

26. 钢铁铸件电镀需要注意哪些方面的问题？

27. 什么是象形阳极？

28. 简述一种实现互相屏蔽保护的方法。

29. 简述涂蜡保护实现局部电镀的特点。

30. 简述胶带保护方法的优缺点。

31. 通用挂具由哪几部分组成？

32. 挂具挂钩一般有哪两种形式？

33. 简述设计内孔镀铬专用挂具时应注意的主要事项。

34. 简述设计体积较大工件用的镀铬专用挂具时应注意的主要事项。

35. 简述分析操作中应注意的操作要点。

36. 何为酸碱滴定分析法，请列举 4 种酸碱标准溶液。

37. 简述沉淀滴定法和其中的银量法。

38. 简述采用霍尔槽实验法分析、排除电镀故障的主要过程。

39. 用目力观察镀件的外观形貌可将镀件分为哪三类？

40. 钢铁材料氧化膜外观观察不合格的样品是如何判断的？

41. 钢铁材料磷化膜外观观察不允许有哪些疵病？

42. 检验镀层结合力的主要常用方法有几种？

43. 热震试验用于检验镀层的什么性能？

44. 简述测量镀层厚度有哪几种主要方法。

45. 简述计时液流法测量镀层厚度的基本原理。

46. 采用溶解法测量镀层厚度时表示镀层的平均厚度的两种方法是什么？

47. 一般对镀层厚度进行仲裁时用什么方法?

48. 阳极溶解库仑法的测量误差是多少?

49. 进行镀层孔隙率试验时如何准备试样?

50. 贴滤纸法的适用范围如何?

51. 测量金属化学保护层的耐磨性可用什么仪器?

52. 测量镀层的钎焊性有什么方法?

53. 测量电镀液 pH 值常用的方法有哪两种?

54. 简述测量电镀液深镀能力的主要方法。

55. 简述测量电镀液分散能力的主要方法。

56. 什么是水处理中的化学沉淀法?

57. 污水调节池的工作原理是什么?

58. 污水处理站处理污水中有哪些项目?

59. 污水站为什么要投加药剂?

60. 砂滤罐的工作原理是什么?

61. 溶气罐为什么要投加压缩空气?

62. 污水站投加什么药?

63. 水泵产生震动主要由哪些原因造成?

64. 水泵抽不上水主要由哪些原因造成?

65. 斜管沉淀池为什么要定期抽污泥?

66. 污水处理站采用哪些处理工艺?

67. 什么是水处理中的化学沉淀法?

68. 污水站气浮池的工作原理是什么?

69. 污水的 pH 值和酸度是否一样?

70. 什么叫缓冲溶液?

71. 污水站停运会造成什么危害?

72. 斜管沉淀池的工作原理是什么?

73. 什么是化合反应?

74. 污水站化验控制指标有哪些?

75. 如何提高斜管沉淀池的处理效果?

## 六、综 合 题

1. 已知弱酸性镀锌电解液效率为 95%,如果电流密度为 1.5 $A/dm^2$,镀 30 min 能得到镀层多厚?

　　(锌的密度:7.14 $g/cm^3$、电化当量:1.22 $g/(A·h)$)

2. 已知镀锡电解液的阴极电流效率为 98%,阴极电流密度为 2 $A/dm^2$,求通电 20 min 所得的锡镀层厚度为多少?

　　(锡的密度:7.3 $g/cm^3$、电化当量:1.107 $g/(A·h)$)

3. 在室温 20 ℃时用计时液流法测定铜镀层厚度,镀层溶解时间 12 s,查下表求 $\delta_t$。试计算该镀层厚度。

| 溶液温度/℃<br>镀层名称 | 锌镀层 | 镉镀层 | 铜镀层 | 镍镀层 | 银镀层 | 锡镀层 |
|---|---|---|---|---|---|---|
| 5 | 0.410 | — | 0.502 | — | — | — |
| 10 | 0.485 | 0.680 | 0.626 | 0.235 | 0.302 | 0.370 |
| 15 | 0.560 | 0.795 | 0.773 | 0.340 | 0.350 | 0.430 |
| 20 | 0.645 | 0.935 | 0.952 | 0.521 | 0.403 | 0.500 |
| 25 | 0.752 | 1.115 | 1.223 | 0.671 | 0.450 | 0.580 |

4. 已知镀镍溶液的电流效率为 95%，阴板电流密度为 $1.2 A/dm^2$，求镀镍层 $7 \mu m$ 所需用的时间？（镍的密度为：$8.8 g/cm^3$、电化当量：$1.095 g/(A \cdot h)$）

5. 写出普通镀镍主要成分和含量，现有一个 $2 000 mm \times 800 mm \times 1 200 mm$ 的镀槽，预配制普通电解液问需要每种成分多少？（含量配方取上限，溶液面距镀槽上边 200 mm）

6. 已知镀镍溶液的阴极电流效率为 85%，阴极电流密度为 $1.5 A/dm^2$，求 40 min 所得镀层的厚度是多少？（镍的密度：$8.8 g/cm^3$，镍的电化当量为 $K = 1.095 g/(A \cdot h)$，工件总面积是 $15 dm^2$）？

7. 已知镀铬电镀液的电流效率为 13.9%，通电电流为 40 A，在阴极上析出铬的质量为 3.6 g，试求需用的电镀时间（铬的电化当量为 $0.324 g/(A \cdot h)$）。

8. 通过电流 20 A，经 2 h 在阴极上析出铬的质量为 1.8 g，求镀铬的阴极电流效率。（铬的电化当量：$0.324 g/(A \cdot h)$）

9. 某镀铬现有 500 L 溶液，其中六价铬为含量为 340 g/L，硫酸的含量为 4.2 g/L，工艺规范要求六价铬的含量与硫酸含量的比值为 100:1 范围内，加多少克碳酸钡才使镀液符合工艺规范？（原子量：$H=1$、$S=32$、$O=16$、$Ba=137$、$C=12$）

10. 已知镀银溶液的阴极效率为 95%，电流密度 $0.25 A/dm^2$，试求镀 60 min 所得的镀层厚度。（银密度：$10.5 g/cm^3$、电化当量：$4.025 g/(A \cdot h)$）

11. 溶解法测量镍镀层（密度为 $8.9 g/cm^3$）厚度，化学分析法测得溶解镀层质量为 0.4 g，镀层表面积为 $80 cm^2$，镍的电化当量为 $1.0 mg/(A \cdot s)$。试计算镀层厚度。

12. 阳极库仑法测量镀铜层（密度为 $8.9 g/cm^3$，电化当量为 $0.329 mg/(A \cdot s)$）厚度，电流密度为 $1.5 A/dm^2$，溶解时间为 5 s，被溶解面积为 $0.5 dm^2$，电流效率为 100%。试计算镀层厚度。

13. 现有一磷化溶液 800 L，经分析硫酸根离子的含量为 2 g/L，若用碳酸钡去除，则需要多少克碳酸钡？（原子量：$Ba=137$、$N=14$、$O=16$、$S=32$）

14. 质量法测量铝氧化膜厚度，试片按 $50 mm \times 100 mm \times 1 mm$ 的试片，退除氧化膜前后质量时分别为溶解下氧化膜中 13.00 g 和 12.67 g。试计算氧化膜厚度。

15. 弯曲阴极法测量电镀液分散能力，试样 A、B、D、E 各面中央部位的镀层厚度分别为 $8.3 \mu m$、$4.3 \mu m$、$7.2 \mu m$、$6.5 \mu m$。试计算电镀液的分散能力。

16. 配制质量分数为 1% 的聚合氯化铝溶液 1 000 kg，需加入多少聚合氯化铝？

17. 污水站每小时投入 $3 m^3$ 质量分数为 1% 的聚合氯化铝溶液。试求污水站每天需要多少质量分数为 1% 的聚合氯化铝溶液？

18. 现有质量分数为 1% 的聚合氯化铝溶液 100 kg,欲配制成质量分数为 0.5% 的聚合氯化铝溶液需加多少水?

19. 现有镀硬铬溶液 500 L,经化验发现硫酸根离子含量高 0.2 g/L,问需要加入多少克碳酸钡才能去除多余的硫酸根?

20. 污水站每小时投入 4 m³ 质量分数为 1% 聚合氯化铝溶液,问污水站每天需要加入多少千克聚合氯化铝?

21. 1 000 L 某镀液中亚铁离子含量为 0.3 g/L,为了将镀液中的亚铁离子氧化成三价铁离子而除去,问需要质量分数为 30% 的过氧化氢多少克?(原子质量:Fe=56、O=16、H=1)

22. 何谓电极和电极反应?

23. 什么是电极电位?简述标准氢电极的概念。

24. 简述平衡电位与稳定电位的区别。

25. 何谓电化学电极和浓差极化?他们对电镀有何影响?电镀时采取何种措施影响电化学极化和浓差极化?

26. 何谓电极过程?电极过程包括哪些单元步骤?

27. 电极反应的速度控制步骤有何意义?如何改变速度控制步骤的速度?

28. 简述金属的阴极过程。影响金属离子阴极还原反应的因素有哪些。

29. 简述金属的电结晶过程。如何获得结晶细致的镀层。

30. 金属析氢对金属电沉积有什么影响?如何减少析氢的现象?

31. 影响镀层分布的主要原因有哪些?如何获得均匀镀层?

32. 电镀添加剂是如何分类的?

33. 简述缓冲剂的作用原理。

34. 如何选择电镀添加剂?

35. 什么是阳极性镀层?什么是阴极性镀层?试举例说明。

36. 氰化锌镀层发脆、电镀液分散能力差的原因是什么?如何解决?

37. 氰化镉镀层附着性不好、表面起泡的原因是什么?如何解决?

38. 氰化镀铜时电流密度正常,但工件局部或全部无镀层;镀层呈暗红色、阳极附近电镀液呈浅蓝色的原因是什么?如何解决?

39. 简述铝及其合金阳极氧化膜的生成机理。

40. 铝件为何不容易电镀?

41. 锌合金压铸件电镀的工艺过程如何?常用的预镀工艺有哪些?

42. 简述阴极电流效率对电镀的影响。

43. 简述分散能力、覆盖能力的概念和区分分散能力和覆盖能力的方法。

44. 镀件废品包括什么?

45. 简述整平剂、润湿剂的作用原理。

46. 什么叫保护层法?保护层有哪些?对保护层有哪些要求?

47. 选择镀层的依据是什么?选择镀层的方法有哪些?

48. 铝及铝合金电镀操作需要注意哪些细节?

49. 硫酸溶液浓度对铝及其合金的硫酸阳极氧化膜的质量有何影响?并分析其原因。

50. 玻璃和陶瓷上电镀可采用渗银然后再电镀的方法,简述其工艺。

51. 锌合金压铸件磨光和抛光时应注意什么？
52. 酸性镀锡有何特点？
53. 简述解决镀镍故障的步骤。
54. 镀铬工作条件对镀硬铬有什么影响？
55. 镀铬溶液中各组分的作用是什么？
56. 简述系统误差的产生原因和减免方法。
57. 简述用直接法配置标准溶液的基准物质必须具备哪些条件。
58. 简述电镀液常规维护的几个环节。

# 镀层工(高级工)答案

## 一、填空题

1. 两类
2. 离子
3. 电极
4. 双电层
5. 析氢
6. 电化学
7. 阳离子交换
8. 标准氢电极
9. 析出
10. 析出电位
11. 变负
12. 变正
13. 极化曲线
14. 极化
15. 还原反应
16. 搅拌
17. 临界电流
18. 阴极极化
19. 阴极极化
20. 均匀程度
21. 提高
22. 电阻率
23. 阳极
24. 同离子
25. 膨胀
26. 组成
27. 温度
28. 脆性和内应力
29. 氧化剂
30. 强电解质
31. 正常溶解
32. 主盐浓度
33. 显微凸起
34. 保护阴极
35. 电流
36. 加工精度
37. 300
38. 粗糙度
39. 磨料或油料
40. 40~60
41. 80
42. 镀后锈蚀
43. 悬浮
44. 霍尔槽
45. 磁性
46. 19
47. 三端子
48. 1/3~1/2
49. 0.5
50. 两性
51. 脱脂
52. 化学膜
53. 二次
54. 氢氟酸
55. 镀铜
56. 锌镍合金
57. 锌
58. 结合力
59. 氢氧化钠
60. 20~30
61. 碱
62. 铜或镍
63. 磷酸
64. 三氯化铁
65. 浸锌
66. 短
67. 严重腐蚀
68. 20~30
69. 镀镍
70. 7~8
71. 电镀锌
72. 特殊
73. 活化预处理
74. 氧化着色
75. 阴极
76. 清除挂灰
77. 氧化物着色膜
78. 氧化铁铬
79. 封孔处理
80. 预镀镍
81. 镀镍
82. 4%
83. 7 $\mu m$
84. 0.05~0.1
85. 浓
86. 腐蚀
87. 疏松多孔
88. 偏析
89. 起泡
90. 11
91. 1~1.5
92. 疏松多孔
93. 真空抽油
94. 封孔
95. 硅砂或游离石墨
96. 表面状况
97. 大电流密度
98. 弱酸性
99. 自动催化
100. 氢氟酸
101. 1/3~1/2
102. 游离石墨裸露
103. 碳和硅
104. 碱
105. 石墨
106. 银离子
107. 粗化
108. 结合力
109. 硬度
110. 1~2
111. 120~180 目
112. 导电
113. ABS
114. 金属镀层
115. 催化活性
116. 烧渗银
117. 金属化
118. 结构简单
119. $\phi 6$~$\phi 8$
120. $\phi 5$~$\phi 6$
121. 直径
122. 15~30
123. 绝缘处理
124. 电流

125. 弹性   126. 电镀液   127. 深凹或内孔   128. 绝缘物

129. 毛刺、结瘤   130. 60   131. 聚丙烯   132. 导电材料

133. 碰伤划伤   134. 电镀液   135. 涂蜡   136. 绝缘端边

137. 汽油   138. 相同   139. 生产条件   140. 分析

141. 过失误差   142. 硫酸   143. 反应类型   144. 两次分析结果之差

145. 0.5   146. 指示剂   147. 量杯或烧杯   148. 准确度

149. 有效数字   150. 甲基橙   151. 酚酞   152. 氧化剂和还原剂

153. 电子迁移   154. 物质的组成   155. 变色   156. 用量少一点

157. 酸性   158. 称量物   159. 小于   160. 距离

161. 同一种   162. 表面粗糙度   163. 5～10   164. 100×65

165. 267   166. 阳极钝化   167. 记录地带   168. 故障原因

169. 废品   170. 浅灰色   171. 浅黄   172. 破坏

173. 试验   174. 点滴法   175. 应力   176. 大于

177. 脆性   178. 氢脆   179. 自然环境   180. 正南方

181. 自然喷雾   182. 人工加速   183. 点滴法   184. 玫瑰红斑点

185. 镍、铬   186. 应达100%   187. 10   188. 压痕

189. 质量   190. 阳极   191. 阴极   192. 钎焊性

193. 时间越短   194. 含重金属的   195. 表面活性剂   196. 六价铬

197. 第二次污染   198. 离子交换法   199. 酸性   200. 纯水阴柱

201. 氯酸盐   202. $Cu^{2+}$、$Mg^{2+}$   203. 食盐   204. 还原

## 二、单项选择题

| | | | | | | | | |
|---|---|---|---|---|---|---|---|---|
| 1. C | 2. C | 3. A | 4. B | 5. B | 6. C | 7. D | 8. C | 9. D |
| 10. B | 11. D | 12. A | 13. A | 14. B | 15. C | 16. C | 17. C | 18. B |
| 19. C | 20. C | 21. B | 22. B | 23. A | 24. D | 25. B | 26. D | 27. C |
| 28. A | 29. C | 30. A | 31. C | 32. B | 33. A | 34. B | 35. A | 36. B |
| 37. A | 38. C | 39. C | 40. B | 41. C | 42. B | 43. D | 44. A | 45. B |
| 46. A | 47. D | 48. C | 49. A | 50. B | 51. C | 52. C | 53. A | 54. A |
| 55. B | 56. C | 57. D | 58. B | 59. B | 60. C | 61. B | 62. B | 63. D |
| 64. B | 65. B | 66. D | 67. B | 68. A | 69. B | 70. A | 71. B | 72. C |
| 73. C | 74. A | 75. B | 76. C | 77. B | 78. C | 79. A | 80. C | 81. D |
| 82. A | 83. C | 84. A | 85. C | 86. D | 87. B | 88. A | 89. B | 90. A |
| 91. C | 92. B | 93. C | 94. D | 95. A | 96. B | 97. A | 98. B | 99. D |
| 100. A | 101. D | 102. C | 103. B | 104. B | 105. B | 106. C | 107. B | 108. B |
| 109. D | 110. D | 111. D | 112. B | 113. A | 114. C | 115. D | 116. A | 117. B |
| 118. B | 119. A | 120. B | 121. A | 122. B | 123. B | 124. A | 125. A | 126. C |
| 127. D | 128. A | 129. B | 130. B | 131. B | 132. C | 133. A | 134. B | 135. C |
| 136. B | 137. A | 138. D | 139. D | 140. B | 141. C | 142. A | 143. D | 144. A |
| 145. C | 146. D | 147. D | 148. C | 149. D | 150. C | 151. A | 152. B | 153. C |

154. C　155. C　156. B　157. A　158. A　159. D　160. A　161. B　162. A
163. C　164. C　165. B　166. A　167. C　168. A　169. B　170. C　171. A
172. B　173. D　174. C　175. B　176. B　177. A　178. C　179. A　180. B
181. B　182. C　183. A　184. B　185. A　186. B　187. D　188. A　189. D
190. B　191. C　192. C　193. C　194. A　195. B　196. A　197. A　198. A
199. C　200. C　201. A　202. C　203. B　204. C　205. A　206. A　207. B
208. C

## 三、多项选择题

1. ABCD　2. ABC　3. BCD　4. ABD　5. BCD　6. ABC　7. ABC
8. ABD　9. ABC　10. ABD　11. ACD　12. AC　13. ABC　14. ABD
15. ABC　16. ABC　17. ABD　18. ABC　19. ABD　20. ABD　21. ACD
22. AD　23. BCD　24. ABD　25. ABCD　26. ABD　27. ABD　28. ABCD
29. ABCD　30. ABCD　31. BCD　32. ABD　33. ABD　34. ABC　35. BCD
36. ABC　37. ABCD　38. CD　39. ACD　40. ABC　41. ACD　42. ABC
43. ACD　44. ACD　45. ABC　46. ABD　47. CD　48. BCD　49. ACD
50. ABCD　51. BD　52. ABD　53. BCD　54. AB　55. ABD　56. ABC
57. BCD　58. AB　59. CD　60. ABCD　61. BCD　62. ABC　63. AB
64. BC　65. ABC　66. BC　67. AC　68. ABC　69. BC　70. ABD
71. BCD　72. ACD　73. BCD　74. BC　75. ABCD　76. BCD　77. ABCD
78. BCD　79. AB　80. AD　81. ABD　82. ABCD　83. ABCD　84. ABD
85. ABD　86. ACD　87. ABC　88. ABC　89. ACD　90. ABCD　91. ABC
92. ABC　93. ABC　94. ABCD　95. ACD　96. BCD　97. CD　98. AB
99. AB　100. AD　101. CD　102. ACD　103. ABC　104. ABC　105. ABC
106. ABC　107. ACD　108. AD　109. BC　110. ABC　111. ACD　112. BCD
113. ABC　114. ABD　115. ABC　116. ABCD　117. AB　118. ACD　119. ABC
120. BC　121. ABC　122. ABC　123. ABD　124. ABC　125. ABC　126. ABC
127. BCD　128. ABD　129. ABC　130. ABD　131. ABD　132. ACD　133. ABC
134. ABCD　135. AC　136. AB　137. ABCD　138. ABCD　139. AB　140. AB
141. ABD　142. ABC　143. ABC　144. ABCD　145. ABCD　146. AB　147. ABC
148. ABC　149. ABC　150. ABC　151. ABCD　152. BCD　153. ABC　154. ABD
155. AB　156. BC　157. ABCD　158. ABC　159. AB　160. ABD　161. ABD
162. ABCD　163. ABC　164. ABC　165. ACD　166. BCD　167. AB　168. BC
169. ABCD　170. ABC　171. BCD　172. ABC　173. ABCD　174. ABCD　175. ABCD
176. ABCD　177. ABC　178. ABCD　179. ABCD　180. AD　181. BCD　182. BC
183. ABCD　184. ABC　185. BC　186. CD　187. ABC　188. BC　189. BC
190. AC　191. ABD　192. AB　193. BD　194. CD　195. AC　196. ACD
197. ABCD　198. ACD　199. ABD　200. BCD　201. ABD　202. ABC　203. ACD
204. ABCD　205. BC　206. ACD

## 四、判 断 题

| | | | | | | | | |
|---|---|---|---|---|---|---|---|---|
| 1. × | 2. √ | 3. √ | 4. √ | 5. × | 6. √ | 7. × | 8. √ | 9. × |
| 10. √ | 11. √ | 12. √ | 13. √ | 14. √ | 15. × | 16. √ | 17. √ | 18. × |
| 19. × | 20. √ | 21. √ | 22. × | 23. √ | 24. √ | 25. √ | 26. √ | 27. × |
| 28. √ | 29. √ | 30. √ | 31. √ | 32. √ | 33. √ | 34. √ | 35. √ | 36. × |
| 37. × | 38. √ | 39. × | 40. × | 41. √ | 42. √ | 43. × | 44. √ | 45. √ |
| 46. √ | 47. √ | 48. × | 49. √ | 50. √ | 51. × | 52. √ | 53. √ | 54. √ |
| 55. × | 56. √ | 57. √ | 58. √ | 59. √ | 60. √ | 61. √ | 62. √ | 63. × |
| 64. √ | 65. √ | 66. √ | 67. √ | 68. √ | 69. √ | 70. √ | 71. √ | 72. √ |
| 73. √ | 74. √ | 75. √ | 76. √ | 77. √ | 78. √ | 79. √ | 80. √ | 81. √ |
| 82. √ | 83. √ | 84. × | 85. √ | 86. √ | 87. √ | 88. √ | 89. √ | 90. × |
| 91. √ | 92. × | 93. × | 94. √ | 95. √ | 96. √ | 97. √ | 98. √ | 99. × |
| 100. × | 101. × | 102. × | 103. √ | 104. √ | 105. √ | 106. × | 107. √ | 108. × |
| 109. √ | 110. √ | 111. √ | 112. √ | 113. √ | 114. √ | 115. √ | 116. √ | 117. √ |
| 118. √ | 119. √ | 120. √ | 121. √ | 122. √ | 123. √ | 124. √ | 125. √ | 126. √ |
| 127. √ | 128. √ | 129. √ | 130. √ | 131. √ | 132. √ | 133. √ | 134. √ | 135. √ |
| 136. √ | 137. √ | 138. √ | 139. √ | 140. √ | 141. √ | 142. √ | 143. √ | 144. √ |
| 145. × | 146. √ | 147. √ | 148. × | 149. × | 150. √ | 151. √ | 152. √ | 153. √ |
| 154. √ | 155. √ | 156. √ | 157. √ | 158. √ | 159. √ | 160. √ | 161. √ | 162. √ |
| 163. × | 164. √ | 165. √ | 166. √ | 167. √ | 168. √ | 169. √ | 170. √ | 171. × |
| 172. × | 173. √ | 174. × | 175. × | 176. √ | 177. √ | 178. √ | 179. √ | 180. × |
| 181. √ | 182. √ | 183. × | 184. √ | 185. √ | 186. √ | 187. √ | 188. √ | 189. √ |
| 190. × | 191. × | 192. √ | 193. √ | 194. √ | 195. √ | 196. √ | 197. √ | 198. √ |
| 199. √ | 200. √ | 201. √ | 202. × | 203. × | 204. √ | 205. √ | 206. √ | 207. √ |
| 208. √ | 209. √ | 210. × | 211. √ | 212. × | 213. √ | 214. √ | 215. √ | 216. × |
| 217. √ | 218. × | 219. √ | 220. √ | 221. √ | 222. √ | 223. √ | 224. √ | 225. × |
| 226. × | 227. × | 228. √ | 229. √ | 230. × | 231. √ | 232. √ | 233. √ | |

## 五、简 答 题

1. 答:当电极上有电流通过时,其电极电位偏离其起始的电位,这种现象叫做极化(5分)。

2. 答:随着阳极电流密度的增大,会出现阳极钝化现象。金属自溶解也是阳极过程的一个特点(2分)。影响阳极过程的主要因素有:金属本性、溶液成分、溶液酸碱性、工作条件、温度等(3分)。

3. 答:此因素主要有:添加剂、络合剂、缓冲剂、阳极去极化剂、导电盐、主盐等电镀液成分的影响(2分);阴极电流密度(1分);电镀液的温度及搅拌、电镀电源等工艺参数的影响(2分)。

4. 答:有机添加剂对金属电解析出过程的影响,都是通过在金属/溶液界面上的吸附作用来实现的。添加剂的吸附使过电位增大,金属析出困难,从而达到细化结晶的目的(5分)。

5. 答：在使用添加剂时，应当严格按照工艺规范来进行。补加添加剂时应当少加勤加、按比例添加或按照通过的电量（安时数）补加，有条件的可用霍尔槽进行试验，根据试验结果补加。

6. 答：氰化镀锌工艺的优点是：镀层结晶细致；镀液分散能力和覆盖能力较好；对钢铁设备无腐蚀作用（2分）。

其缺点是：电镀液废水中有剧毒氰化物；排出的废水需经治理，否则将严重污染水质，造成公害；生产过程中逸出的液雾对操作人员的健康有很大伤害（3分）。

7. 答：氰化镀锌时，阴极电流密度应控制在 $1\sim3$ A/dm$^2$，电流密度过低，锌镀层沉积慢，电流密度过高，锌镀层粗糙，工件边缘部位易烧焦，阴极电流效率下降（3分）。电镀液温度不宜超过 35 ℃，否则会加速氰化钠分解，降低阴极极化作用和分散能力（2分）。

8. 答：银镀层最大的缺点是易于与大气中的硫化物作用，生成黄色、褐色甚至黑色膜。它不仅影响零件或制品的外观质量和反光性能，更主要的是降低导电性能和钎焊性，从而影响产品质量，因此镀银后必须进行防银变色处理（5分）。

9. 答：利用锡的三种同素异形体，采用二次镀锡，使锡离子在不同的晶系沉积，从而获得有图案花纹、立体感强的锡镀层，然后涂上透明清漆，即可得到清亮的晶纹锡镀层，这种工艺称为晶纹镀锡，也称为冰花镀锡（5分）。

10. 答：仿金镀层，按铜、锌或铜、锌、锡成分比例，可获得光泽鲜艳柔和的金色镀层，常用作装饰镀层来代替镀金（3分）。适用于家用电器、灯具、钟表、工艺品、美术品、装饰五金、皮革五金和电工产品上，用途广泛（2分）。

11. 答：铜及其合金的钝化处理，是将工件浸入一种酸性溶液中，即可使其表面生成一层具有一定耐蚀性能的彩虹色或古铜色的钝化膜。

12. 答：铜及其合金的氧化，就是将铜工件进入碱性溶液里，借助化学氧化或电化学氧化的方法，将工件表面生成一层氧化膜（5分）。

13. 答：磷化膜的生成是钢铁件在磷化溶液中其表面发生微电池作用的结果（2分）。钢铁件表面上的铁是微电池的阳极，而杂质或其他成分则是微电池的阴极（1分）。在微电池的阳极区，发生铁的溶解并随之生成难溶于水的磷酸盐形成磷化膜（1分）；在阴极区，则发生析氢反应（1分）。

14. 答：由于铝是两性金属，所以脱脂溶液的碱性不应过高，化学、电化学脱脂一般不加氢氧化钠（2分）。铝的浸蚀剂可以用酸也可以用碱，除一般浸蚀外，还有光泽浸蚀、化学砂面处理等特殊的浸蚀工艺（2分）。酸浸蚀多用硝酸、氢氟酸（1分）。

15. 答：第一次浸锌层粗糙多孔，结合力不良，铝基体表面还残留部分氧化膜。将第一次浸锌层在硝酸中退除，活化了基体表面，将残留的部分氧化膜溶解，第二次浸锌可生成均匀、致密的锌层（5分）。

16. 答：铝件电镀前常用的特殊预处理工艺有喷砂（1分）、浸锌（1分）、盐酸浸蚀（1分）、磷酸阳极氧化（1分）、浸重金属等（1分）。

17. 答：铝合金电镀的典型工艺有：浸锌合金（0.5分）、阳极氧化后直接电镀（0.5分）、化学镀镍（1分）、镀薄层锌（1分）、喷砂＋活化＋直接电镀（1分）、盐酸浸蚀＋预镀（1分）。

18. 答：不锈钢表面有一层自然生成的氧化膜，此膜去除后又会迅速生成并使不锈钢表面钝化，因此按一般钢铁工件的电镀工艺不能获得附着力好的镀层（5分）。

19. 答:喷砂、喷丸等机械方法可以有效地去除不锈钢表面的氧化皮(3分);若采用化学浸蚀方法,则应先松动氧化皮,再在酸性溶液中浸蚀,然后去除腐蚀残渣(2分)。

20. 答:常用的不锈钢浸蚀液有:盐酸-硫酸型(1分)、盐酸-硝酸型(1分)、硝酸-氢氟酸型(1分)、高铁盐型(1分)、硝酸-氢氟酸-盐酸型(1分)。

21. 答:不锈钢电镀前活化和预镀的方法有:不锈钢浸渍活化(1分)、不锈钢阴极电解活化(1分)、不锈钢同时活化和预镀(1分)、不锈钢分别活化和预镀(1分)、镀锌活化(1分)等方法。

22. 答:锌合金压铸件表面是一层致密的表层(2分),而其下则是疏松多孔的结构(2分),表面的不同部位存在富铝相或富锌相(1分)。

23. 答:粉末冶金零件表面粗糙、疏松多孔(3分),基体内部均含油,不易清洗(2分)。

24. 答:粉末冶金零件表面的特点是疏松多孔,在脱脂、酸洗和电镀过程中,会渗入大量的酸、碱溶液或电镀液,造成镀后镀层泛点腐蚀,甚至造成镀层鼓泡脱落。因此,粉末冶金零件镀前必须封孔(3分)。封孔的方法主要有沸水封孔、石蜡封孔、硬脂酸锌封孔(2分)。

25. 答:钢铁铸件含碳量(1分)和含硅量(1分)较高,表面大都有较厚的氧化皮和残存硅砂等杂质(1分),表面粗糙(1分),基体疏松多孔(1分)。

26. 答:钢铁铸件经过脱脂、浸蚀等前处理工序后,即可直接电镀(2分)。电镀时,无论是镀何镀种均应采用2倍左右的电流密度冲击镀3~5 min,再转入正常电流密度下电镀(3分)。

27. 答:把阳极的形状尽量做得与阴极相似,使两极上各对应部位距离相等,两极间的电力线分布均匀,因而电流在阴极上变得均匀分布,这种阳极叫做象形阳极(5分)。

28. 答:将有尖端或突出部位的工件,通过装挂位置的安排,改善尖端和突出部位的电流密度分布,可以实现互相屏蔽保护(5分)。

29. 答:采用涂蜡保护的特点是蜡与工件的黏接性好,绝缘层的端边不会翘起,适合于对绝缘端边尺寸公差要求高的工件电镀(3分),同时电镀后蜡剂容易去除,可以回收再利用(2分)。

30. 答:胶带保护的优点是实现容易(1分),其缺点是形状复杂的工件包扎困难,而且包扎缝隙中容易残留电镀液,造成电镀工序间的污染(4分)。

31. 答:通用挂具由吊钩(1分)、提杆(1分)、主杆(1分)、支杆(1分)、挂钩(1分)五部分组成。

32. 答:一般按镀件与挂钩连接方式,将挂钩分为悬挂式(2.5分)和夹紧式(2.5分)两种。

33. 答:设计内孔镀铬挂具时,应注意使内孔与阳极同心(3分),并保证内孔中气体和电镀液流的顺利流通(2分)。

34. 答:设计体积较大镀铬工件专用挂具时应有较多电接触点(5分)。

35. 答:分析操作中应注意一下四点(1分):①标准溶液的配置要准(1分);②滴定分析终点时看得要准(1分);③溶液取样时要准(1分);④计算数据要准(1分)。

36. 答:酸碱滴定法是以酸碱中和反应为基础,利用酸或碱标准溶液进行滴定的一种滴定分析方法(1分)。常用的酸碱标准溶液有:HCl 标准溶液(1分)、$H_2SO_4$ 标准溶液(1分)、NaOH 标准溶液(1分)、KOH 标准溶液(1分)等。

37. 答:沉淀滴定法是以沉淀反应为基础的一种滴定分析方法(2.5分)。银量法是利用生成难溶性银盐反应的一种测量方法(2.5分)。

38. 答:主要过程有:①制取故障电镀液的镀层试片。②制取正常电镀液的镀层试片。③验证电镀液故障产生的原因。④对故障电镀液进行处理(答对一项的 2 分,多对一项加 1 分)。

39. 答:用目力观察镀件的外观形貌时,可将镀件分为合格、有疵病镀件和废品三类(答对一项得 2 分,两项得 4 分,三项得 5 分)。

40. 答:钢铁材料氧化膜外观观察不合格是指工件表面有为氧化的部位、有未洗净的盐迹和红色附着物、出现过腐蚀(答对一项得 2 分,两项得 4 分,三项得 5 分)。

41. 答:钢铁材料磷化膜外观观察不允许有未磷化部位(1 分)、花斑(1 分)、锈迹(1 分)、损坏磷化膜完整性的擦伤碰伤(1 分)、未洗净的沉淀物(1 分)等疵病。

42. 答:检查镀层结合力的主要常用方法有弯曲法、锉刀法、划痕法、热震试验法(答对一项的 2 分,多对一项加 1 分)。

43. 答:热震试验主要用于检验镀层结合力(5 分)。

44. 答:测量镀层厚度的方法主要有计时液流法,溶解法,阳极溶解库仑法,金相法(答对一项的 2 分,多对一项加 1 分)。

45. 答:计时液流法是以一定速度的细流状试液溶解局部镀层,根据镀层溶解完毕所需要的时间来推算镀层厚度(5 分)。

46. 答:采用溶解法测量镀层厚度时,镀层的平均厚度是用化学分析法(2.5 分)和称重法(2.5 分)测量的。

47. 答:一般对镀层厚度进行仲裁时使用金相法(5 分)。

48. 答:阳极溶解库仑法的测量误差是在 ±10% 以内(5 分)。

49. 答:进行镀层孔隙率试验时,其受检试样应用有机溶剂或氧化镁脱脂,然后用蒸馏水洗净,再用滤纸吸干或放在洁净的空气中晾干。镀后立即进行检验的样品可不脱脂(5 分)。

50. 答:贴滤纸法适用于检验钢件和铜合金上的铜、镍、铬、镍/铬、铜/镍、铜/镍/铬、锡等镀层的孔隙率检验(答出其中五项即可得 5 分)。

51. 答:测量金属化学保护层的耐磨性可用落砂试验仪(5 分)。

52. 答:测量镀层的钎焊性的方法有:流布面积法、润湿考验法和蒸汽考验法(答对一项得 2 分,两项 4 分,三项 5 分)。

53. 答:测量电镀液 pH 值的常用方法是用 pH 试纸法测量(2.5 分)和酸度计测量(2.5 分)。

54. 答:测量电镀液深镀能力的主要方法有:直角阴极法、内孔法和凹穴试验法(答对一项得 2 分,两项 4 分,三项 5 分)。

55. 答:测量电镀液分散能力的主要方法有:远近阴极法、弯曲阴极法和霍尔槽试验法(答对一项得 2 分,两项 4 分,三项 5 分)。

56. 答:就是往水中加入某些化学药剂,使水中溶解物质发生置换反应,生成难溶解的盐类沉淀,从而降低水中溶解物质含量的方法(5 分)。

57. 答:污水调节池的作用是储存调节污水流量(1 分),当污水排水量大于污水处理站处理水量时,多余的水量储存于水池内(2 分);当污水排水量小于污水站处理水量时,调节池内所储存水可补充不足部分,保证污水处理工作正常运行(2 分)。

58. 答:污水站主要处理污水中所含的油脂、悬物和 COD(答对一项得 2 分,两项 4 分,三项5分)。

59. 答:因为污水中含有大量的油脂,投药后可使水中的油脂聚结成大颗粒物质,通过气浮池去除,使污水得到净化(5分)。

60. 答:水通过砂滤罐时,水中的杂质被截留在砂层内,砂滤罐出水变清,从而污水达到回用标准(5分)。

61. 答:往溶气罐送水的同时还往溶气罐送压缩空气,从而使溶气罐出水中含有大量的气体,以满足气浮池的需要(5分)。

62. 答:污水站投加聚合氯化铝(5分),聚合氯化铝是一种高分子化合物,具有较高的絮凝作用。

63. 答:水泵产生震动的主要原因有:地角螺栓松动(2.5分);水泵轴与电动机轴不同心(2.5分)。

64. 答:水泵抽不上水的主要原因有:底阀堵塞,使水泵夹气造成真空(5分)。

65. 答:斜管沉淀池在运行中,不断有大颗粒杂质沉淀在池底,如果沉积污泥过多会直接影响斜管沉淀池的运行效果,所以要定期抽污泥(5分)。

66. 答:污水站是采用沉淀、加药、气浮的工艺(答对一项得2分,两项4分,三项5分)。

67. 答:就是往水中加入某些化学药剂,使水中溶解物质发生置换反应,生成难溶解的盐类沉淀,从而降低水中溶解物质含量(5分)。

68. 答:在往溶气罐内送水的同时加入压缩空气,使水中含有大量的气体,这些水与处理水混合后,使处理水中细小的油滴和杂物黏附在气泡上,随气泡一起上浮到水面形成浮渣去除掉(5分)。

69. 答:不一样(1分)。污水的 pH 值是指水中氢氧离子的负对数,pH 值的大小影响许多化学反应和生化反应(2分);酸度是指水中含有能与强碱作用的所有物质的含量(2分)。

70. 答:具有保持 pH 值相对稳定性能的溶液叫缓冲溶液(5分)。

71. 答:因调节池水位太低而使污水站停运会造成以下危害:(1)控制不好调节池的水位,造成污水站溢流(2.5分)。(2)水站起动后,初运水不合格,会造成污水站 1～2 h 内出水均匀不合格(2.5分)。

72. 答:当水进入斜管底部沿斜管向上流动,清水即流出斜管池,水中的杂质则沿斜管壁沉淀下来,沉淀下来的杂质应定期抽出(5分)。

73. 答:一种物质与另一种物质相反应,生成一种新物质的反应过程叫做化合反应(5分)。

74. 答:污水站化验控制的出水指标有:油脂 9.8 mg/L;悬浮物 99 mg/L;COD 75 mg/L(答对一项得2分,两项4分,三项5分)。

75. 答:提高斜管沉淀池的处理效果的措施有:①定期抽斜管沉淀下来的污泥。②调节进水量,使每个斜管沉淀池的进水量相等。③定期清洗斜管沉淀池,防止污垢吸附在斜管的管壁上(答对一项得2分,两项4分,三项5分)。

## 六、综合题

1. 解:计算公式为 $\delta = \dfrac{D_K \cdot t \cdot K \cdot \eta}{1\,000 \cdot \rho}$　　(5分)

电流密度 $D_K = 1.5(\text{A/dm}^2)$　时间 $t = \dfrac{30}{60}(\text{h}) = 0.5(\text{h})$　电化当量 $K = 1.22(\text{g/(A·h)})$

电流效率 $\eta = 95$　锌的密度 $\rho = 7.14(\text{g/cm}^3)$

$$\delta = \frac{1.5 \times 0.5 \times 1.22 \times 95}{1\,000 \times 7.14} = 0.012(\text{mm}) = 12(\text{cm})　（5分）$$

2. 解:计算公式为 $\delta = \dfrac{D_K · t · K · \eta}{1\,000 · \rho}$　（5分）

电流密度 $D_K = 2(\text{A/dm}^2)$　时间 $t = \dfrac{20}{60}(\text{h})$　电化当量 $K = 1.107(\text{g/(A·h)})$

电流效率 $\eta = 98$　锡密度 $\rho = 7.3(\text{g/cm}^3)$

$$\delta = \frac{2 \times \dfrac{20}{60} \times 1.107 \times 98}{1\,000 \times 7.3} = 0.009\,9(\text{mm}) = 9.9(\mu\text{m})　（5分）$$

3. 解:查表得 $\delta_t = 0.952\ \mu\text{m/s}$（5分）,镀层厚度 $= \delta_t \times 12 = 0.952\ \mu\text{m/s} \times 12\ \text{s} = 11.4\ \mu\text{m}$
（5分）

4. 解:计算公式 $t = \dfrac{1\,000 · \delta}{D_K · K}$　（5分）

其中:$t$ 为电镀时间,镍的密度 $\rho = 8.8(\text{g/cm}^3)$

镀层厚度 $\delta = 7\ \mu\text{m} = 0.007(\text{mm})$,电流密度 $D_K = 1.2(\text{A/dm}^2)$

镍的电化当量 $K = 1.095(\text{g/(A·h)})$,电流效率 $\eta = 95$

所以,所需电镀时间 $t = \dfrac{1\,000 \times 0.007 \times 8.8}{1.2 \times 95 \times 1.095} = 0.48\ \text{h} = 29(\text{min})$（5分）

5. 解:普通镍配方:硫酸镍:150~200 g/L

氯化钠:8~10 g/L

硼　酸:30~35 g/L

硫酸钠:40~80 g/L

十二烷基硫酸钠:0.05~0.1 g/L

配制体积 $V = \dfrac{2\,000}{100} \times \dfrac{800}{100} \times \dfrac{1\,200 - 200}{100} = 1\,600(\text{L})$　（5分）

需用硫酸镍　$200 \times 1\,600 = 320\,000\ \text{g} = 320\ \text{kg}$（5分）

氯化钠:16 kg、硼酸:55 kg、硫酸钠:128 kg、十二烷基硫酸钠:0.16 kg

6. 解:由 $\eta = m/ItK$　（2分）

可知:$m = \eta ItK = 0.85 \times 1.5 \times 15 \times 40/60 \times 1.095\ \text{g} = 13.96\ \text{g}$（3分）

镀层厚度 $= 13.96/(8.8 \times 1\,000 \times 15)\text{dm} = 0.000\,106\ \text{dm} = 0.010\,6\ \text{mm}$（5分）

答:所得镀层的厚度为 0.010 6 mm,即 10.6 $\mu$m。

7. 解:由 $\eta = m/ItK \times 100\%$　（5分）

可知　$t = m/\eta IK \times 100\% = 3.6/(0.139 \times 40 \times 0.324)\text{h} = 2\ \text{h}$　（5分）

答:需要的时间为 2 h。

8. 解:理论析出的铬为 $m_{理} = K · I · T = 0.324\ \text{g/(A·h)} \times 20\ \text{A} \times 2\ \text{h} = 12.96\ \text{g}$（3分）

实际析出的铬为　$m_{实} = 1.8\ \text{g}$（3分）

则电流效率 $\eta=\dfrac{m_{普}}{m_{现}}=\dfrac{1.8}{12.96}\times100\%=13.9\%$（4分）

9. 解：由题意知，每升镀液中多含硫酸是 $4.2-3.4=0.8$ g（2分），500 L 镀液中共多含硫酸重量是 $500\times0.8=400$ g（2分）

碳酸钡与硫酸的反应方程式为：

$$H_2SO_4+BaCO_3 =\!\!=\!\!= BaSO_4\downarrow+H_2O+CO_2\uparrow$$

$$\begin{array}{cc} 98 & 197 \\ 400 & x \end{array}\quad(3分)$$

需加碳酸钡量 $x=\dfrac{400\times197}{98}=804$ g（3分）

10. 解：计算公式为 $\delta=\dfrac{D_K\cdot t\cdot K\cdot\eta}{1\,000\cdot\rho}$（5分）

电流密度 $D_K=0.25(A/dm^2)$、时间 $t=\dfrac{60}{60}(h)=1(h)$、电化质量 $K=4.025(g/A\cdot h)$

电流效率 $\eta=95$ 　　　　银密度 $\rho=10.5(g/cm^3)$

镀银厚度 $\delta=\dfrac{0.25\times1\times4.025\times95}{1\,000\times10.5}=0.009\,1(mm)=9.1(\mu m)$（5分）

11. 解：镀层厚度 $=\delta\times10^4/(A\rho)$（5分）

$$=0.4\text{ g}\times10\,000/(80\text{ cm}^2\times8.9\text{ g/cm}^3)=5.6\ \mu m$$（5分）

12. 解：镀层厚度 $=\eta KIt\times10/(A\rho)$（5分）

$$=0.329\times1.5\times5\times100\%\times10/(0.5\times8.9)\ \mu m=5.5\ \mu m$$（5分）

13. 解：800 L 溶液含硫酸根量 $=2$ g$/L\times800$ L$=1\,600$ g$=1.6$ kg（2分）

依化学反应方程式：$Ba(NO_3)_2+SO_4^{2-}=\!\!=\!\!=BaSO_4\downarrow+2NO_3$

$$\begin{array}{cc} 261 & 96 \\ x & 1.6 \end{array}\quad(3分)$$

需硝酸钡量 $x=\dfrac{261\times1.6}{96}=4.35$ kg　（5分）

14. 解：氧化膜厚度 $=40\ \rho$（5分）

$$=40\times(13-12.67)\mu m=13.2\ \mu m$$（5分）

15. 解：分散能力 $T=(\delta_B/\delta_A+\delta_C/\delta_A+\delta_D/\delta_A)/3\times100\%$（5分）

$$=(4.3/8.3+7.2/8.3+6.5/8.3)/3\times100\%=73.2\%$$（5分）

16. 解：$m=1\,000\times1\%=10$ kg（10分）

答：需加 10 kg 聚合氯化铝。

17. 解：$3$ m$^3\times24=72$ m$^3$（10分）

答：每天需要质量分数为 1% 的聚合氯化铝 72 m$^3$。

18. 解：$100\times1\%/0.5\%$kg$-100$ kg（5分）$=100$ kg（5分）

答：需加 100 kg 水。

19. 解：根据反应式　　　$BaCO_3\longrightarrow SO_4^{2-}$

$$\begin{array}{cc} 197 & 96 \\ x & 500\times0.2 \end{array}\quad(5分)$$

$$x = 197 \times 500 \times 0.2/96 \text{ g} = 205.2 \text{ g} \quad (5 \text{ 分})$$

答：需要加入 205.2 g 碳酸钡。

20. 解：$4 \times 1\text{‰} \times 24 \times 1\,000 = 960 \text{ kg} \quad (10 \text{ 分})$

答：污水站每天需要加入 960 kg 聚合氯化铝。

21. 解：$H_2O_2 + 2FeSO_4 + H_2SO_4 = Fe_2(SO_4)_3 + 2H_2O$

根据反应式　　　$H_2O_2$　　　　　$2Fe^{2+}$

　　　　　　　　　34　　　　　　　$2 \times 56$

　　　　　　　$x \times 30\%$　　　$0.3 \times 1\,000$　　（5 分）

$$x = 34 \times 0.3 \times 1\,000/(2 \times 56 \times 30\%) \text{ g} = 303.57 \text{ g} \quad (5 \text{ 分})$$

答：需要质量分数为 30% 的过氧化氢 303.57 g。

22. 答：所谓电极指的是第一类导体与电解质溶液所组成的整个体系，任何金属浸在它的盐的电解质溶液中即组成电极（5 分）。当电流通过电极时，在两类导体的界面上必然要有电荷的传输，即发生得电子或失电子的化学反应。这种在两类导体界面间进行的有电子参加的化学反应，叫做电极反应（5 分）。

23. 答：由于双电层的存在，电极与溶液界面间存在着电位差，称为电极电位（4 分）。

标准氢电极（标准氢电极是由分压为 1 个大气压的氢气饱和的镀铂黑的铂电极浸入 $\alpha_H = 1$ 的溶液中构成的）为负极组成的原电池的电动势，称为该电极的氢标准电极电位（也叫标准电极电位），简称电极电位（6 分）。

24. 答：没有电流通过时，可逆电极所具有的电极电位叫做平衡电极电位，简称平衡电位（3 分）。不可逆电极在没有电流通过时所具有的电极电位称为非平衡电位（3 分）。非平衡电位一般随着电极过程的进行而变化，如果最后达到一个完全稳定的数值，则该非平衡电位叫做稳定电位（4 分）。

25. 答：浓差极化是由于反应物或反应产物在溶液中的扩散过程受到阻滞而引起的极化（2 分）。电化学极化是由于电极过程中电化学反应收到阻滞而引起的极化（2 分）。在电镀中，使阴极发生较大的电化学极化作用，有助于获得高质量的细晶镀层。而浓差极化使阴极电流密度范围减小，当阴极电流密度超过极限电流密度时，还会形成不合格的镀层（3 分）。在一些电镀液中加入络合剂和添加剂，以及在一定的范围内提高他们的浓度，都会不同程度的增加阴极的电化学极化作用；而升高电镀液的温度，却会降低电化学极化作用。采用机械搅拌或压缩空气搅拌电镀液可加强电镀液的对流，可以减低浓差极化，从而提高极限电流密度，扩大允许使用的电流密度范围（3 分）。

26. 答：通常将电流通过电极与溶液界面时所发生的一连串变化的总和，称为电极过程（1 分）。电极过程主要包括三个单元步骤：

反应物粒子自溶液内部或自液态电极内部向电极表面附近输送的单元步骤，称为液相传质步骤（3 分）。

反应物粒子在电极与溶液两相界面间得电子或失电子的单元步骤，称为电子转移步骤（3 分）。

产物粒子自电极表面向溶液内部或向液态电极内部疏散的单元步骤（这是一个液相传质步骤），或者是电极反应生成气态或晶态的产物（例如形成金属晶体、析出氢气），称为新相生成步骤（3 分）。

27. 答：速度控制步骤限制了整个电极过程的反应速度，改变速度控制步骤的速度，就可以改变整个电极过程的速度，所以在电极过程中找出它的速度控制步骤，显然具有很重要的意义（6分）。

为了使电极过程得以在我们所要求的速度下进行，必须增加对电极过程的推动力，即需要一定的过电位（4分）。

28. 答：金属的阴极过程一般应包括一下几个单元步骤：反应物粒子由溶液内部向电极表面附近传送——液相传质步骤（2分）；反应物粒子在电极表面上得电子的反应——电子转移步骤（2分）；产物形成新相——电结晶步骤（2分）。

金属本性的影响、溶液组成的影响，包括有机表面活性物质、络合剂、溶剂性质、局外电解质的影响（4分）。

29. 答：金属的电结晶过程：首先是水化的金属离子失去部分水化膜，在晶面的任意地点与电子结合，形成部分失水并带有部分电荷的吸附原子（或叫吸附离子）——电子转移步骤。随后是吸附原子进行表面扩散，到达生长点或生长线，失去剩余的水化膜并进入晶格（7分）。提高金属电结晶时的阴极极化作用，可以提高晶核的生成速度，便于获得结晶细致的镀层（3分）。

30. 答：析氢易造成氢脆、镀层鼓泡、针孔（3分）。

减少析氢现象的办法有：在电镀开始时采用冲击电流，使阴极表面迅速镀上一层氢过电位较高的镀层；磨光抛光零件；在电镀液中加入络合剂；提高电镀液的温度；加速电镀液的搅拌（7分）。

31. 答：影响镀层分布的主要原因是：电镀液的阴极极化度、电导率、阴极电流效率、电极和镀槽的几何因素以及基本基体金属的表面状态等（4分）。

获得均匀镀层的措施主要有：选择理想的络合剂和添加剂，以提高阴极极化度；添加碱金属盐类或其他强电解质，以提高电镀液的导电性（1分）；加大镀件与阳极的距离（1分）；设计挂具时，使工件主要受镀面与阳极面对并且平行（1分）；采用象形阳极（1分）；采用辅助阳极和保护阴极（1分）；零件在镀槽中应均匀布置（1分）。

32. 答：电镀添加剂按其组成可分为无机添加剂和有机添加剂（1分）。无机添加剂包括导电盐、阳极活化剂、辅助络合剂、缓冲剂等（2分）；有机添加剂包括光亮剂、整平剂、润湿剂、应力消除剂、晶粒细化剂等（2分）。

电镀添加剂按其作用可分为整平剂、光亮剂、晶粒细化剂、应力消除剂、润湿剂、缓冲剂、阳极活化剂、辅助络合剂、导电盐等（答出其中五项即可得5分）。

33. 答：缓冲剂通常是弱酸、弱碱或弱酸、弱碱的盐，在电镀液中的电离程度比较小，存在包括 $H^+$、$OH^-$ 的电离平衡。pH 值反生变化时，$H^+$、$OH^-$ 的浓度发生变化，电离平衡被打破，向左或向右移动，从而抵消 $H^+$、$OH^-$ 的浓度变化，在一定的范围内避免 pH 值的剧烈波动（10分）。

34. 答：选择电镀添加剂时应遵循下列原则：所选的有机物质必须能被吸附在电极表面，有较宽的吸附电位范围（3分）；分子内的疏水、亲水部分应有适当的比例，使得在能溶于水的情况下有尽可能高的活性（3分）；最好是中性有机分子或有机阳离子（2分）；若采用高分子表面活性剂，其相对分子质量应适当，不宜过大（2分）。

35. 答：阳极性镀层是指在一定的条件下，镀层的电位负于基体金属电位的一种镀层

（3分）。例如，大气条件下工作的铁制品的锌镀层，海洋条件下工作的铁制品的镉镀层（2分）。阴极性镀层是指在一定条件下，镀层的电位正于基体金属电位的一种镀层（3分）。例如，大气条件下工作的铁制品的镀铜、镀镍、镀铬、镀金、镀银等镀层（2分）。

36. 答：氰化锌镀层发脆，是由于电镀液中含有有机杂质（2分）。可过滤电镀液或通电处理电镀液来排除（2分）。

电镀液分散能力差，其原因和解决方法有：锌离子浓度高，可采用不溶性阳极或减少阳极板来排除（2分）；氰化钠和氢氧化钠浓度低，可添加氰化钠和氢氧化钠来排除（2分）；电镀液温度高，可降低电镀液温度来排除（2分）。

37. 答：其原因和解决方法有：氰化物不足，可按照电镀液的化学分析结果补加氰化物（2分）；电镀液碱度过高，应补充铬盐或过滤电镀液（2分）；工件镀前处理不良，应加强镀前处理（2分）；工件在酸洗时吸有氢气，应注意淬火工件酸洗时间不能过长（2分）；件电解脱脂时，先阴极处理后转阳极处理，阳极处理时间应稍短些（2分）。

38. 答：氰化镀铜时，电流密度正常，但阴极局部或全部无镀层的原因和解决方法有：工件装挂不当，应改进挂具（2分）；游离氰化钠含量太高，应补充氰化亚铜（2分）；电镀液中六价铬杂质过多，可采用保险粉去除六价铬（2分）。

镀层呈暗红色、阳极附近电镀液呈浅蓝色的原因是氰化钠含量不足，应分析电镀液，补充氰化钠（4分）。

39. 答：阳极氧化膜的生成机理，一般认为是由两种不同的化学反应同时进行的结果。即一种是电化学反应，铝与阳极析出的氧生成 $Al_2O_3$，构成氧化膜的主要成分；另一种是化学反应，电镀液将 $Al_2O_3$ 溶解。只有当生成速度大于溶解速度时，氧化膜才能顺利生长并保持一定厚度（10分）。

40. 答：铝是两性金属，化学性质很活泼，与酸、碱均可发生反应。铝件上电镀比在其他金属上电镀要困难的多，主要是镀层结合力不良。究其原因主要是：

①铝的化学性能活泼，表面总有一层氧化膜存在（2分）。

②铝是两性金属，没有适合直接电镀的电镀液（2分）。

③铝的化学性能活泼，能与许多金属发生置换反应（2分）。

④铝的线胀系数大（2分）。

⑤铝基体与镀层之间常有氢气存在，容易产生鼓泡（2分）。

41. 答：锌合金压铸件的电镀工艺过程为经过磨光和抛光、脱脂、浸蚀后进行预镀后，可在常规工艺下电镀所需电镀层（5分）。

预镀一般采用氰化镀铜与柠檬酸盐中性镀铜的方法，有时也采用氰化镀黄铜、焦磷酸盐镀铜或者 HEDP 镀铜。为可靠起见，还可采用先预镀氰化铜，再预镀中性镍的联合预镀方式（5分）。

42. 答：影响有如下几点：

①阴极电流效率影响到镀层的沉积速度，对于同一镀种，在相同的电流和相同的通电时间条件下，电流效率越高得到的镀层质量越多，说明沉积速度越快（5分）。

②阴极电流效率对电镀液的分散能力也产生影响，其影响的程度主要取决于阴极电流效率随阴极电流密度的变化情况（5分）。

43. 答：分散能力是指电镀液使工件表面镀层厚度均匀分布的能力（3分）。覆盖能力是指电镀液使工件深凹处沉积金属镀层的能力(3分)。区分分散能力和覆盖能力的比较简单的方法是:分散能力说明金属在阴极表面上分布均匀程度的问题,而覆盖能力说明的是镀层金属在工件深凹处是否沉积的问题(4分)。

44. 答:镀件废品包括以下情况:①过腐蚀镀件(2分);②有机械损坏的镀件(2分);③具有大量孔隙,而且只能用机械方法破坏其尺寸才能消除孔隙的铸件、焊接件及钎焊件(2分);④发生短路被烧坏的镀件(2分);⑤不允许去除不合格镀层的镀件(2分)(如多层防护装饰电镀时的锌合金镀件、松孔镀铬时的活塞环等)。

45. 答:有机添加剂的整平原理为,在阴极局部位置吸附较多,而在其他部位吸附较少,造成局部的阴极极化增大,从而达到整平效果。通常在金属阴极的表面是不平整的,存在许多"峰"和"谷",作为整平剂的有机添加剂,在"峰"上的吸附大于在"谷"上的吸附,使得在"峰"处的阴极极化大于"谷"处,因而降低了该处金属离子的电沉积反应速度,使析出的晶粒变细,促使"峰"、"谷"处的电流分布趋于均匀,是电镀液的均一性和整平能力得到改善,从而获得光亮、平整、细致的镀层(5分)。

润湿剂的原理为,在电镀过程中,或多或少的伴随着析氢反应,由于氢气泡在阳极表面滞留,造成镀层产生针孔、麻点等缺陷。为了克服这种缺陷,在电镀液中加入表面活性剂作为润湿剂,润湿剂一般由两部分组成,一部分为疏水基团,另一部分为亲水基团。当表面活性剂在阴极表面吸附时,其亲水基团排列在阴极表面,达到润湿的目的;当氢气泡在阴极表面析出时,由于疏水基团对气体有良好的亲和力,使液-固界面上的张力减小,氢气泡难以滞留,从而减少了镀层针孔、麻点等缺陷(5分)。

46. 答:保护层法是在金属表面覆盖一层保护层,使金属不和周围的介质接触,减小腐蚀作用,以达到保护的目的(3分)。保护层包括金属保护层、非金属保护层和化学保护层(3分)。为了达到保护的目的,保护层必须满足下列要求:

①与基体金属结合牢固,附着力大(1分)。

②保护层完整,孔隙率小(1分)。

③良好的物理、化学及力学性能(1分)。

④有一定的厚度,质地均匀(1分)。

47. 答:选择镀层的依据是:①覆盖金属的种类和性质。②金属工件的结构、形状和尺寸公差。③金属工件的用途和工作条件(即使用环境和接触偶)。④镀层的性质和用途(5分)。

选择镀层的方法有:①按使用环境选择。②按镀层用途选择。③按基体材料选择。④按金属接触偶原则选择(5分)。

48. 答:铝合金电镀时应注意:铝及铝合金经过浸蚀后的各道工序必须迅速进行,工序之间的间歇时间越短越好,以免表面氧化(2分);铝件与挂具必须接触良好,材料宜用铝合金,氧化的挂具可用钛,其他挂具也可用铜(1分);铝进入酸浸蚀之前应将水尽可能甩干,以免产生局部过腐蚀现象(1分);铝及铝合金二次浸锌时,第二次浸锌时间不宜过长,以免生成一层结合力良好的均匀的薄锌层(1分);水洗必须彻底,必要时要洗涤数次或浸一定时间,尤其不要将重金属离子带入电镀液之中(1分);在热电镀液中电镀铝件时,铝件应在热水槽中进行预热处理(1分);铝及铝合金化学镀镍时,为了获得良好的镀镍结合力和耐蚀性,往往也需要二次浸锌并预镀镍(1分);电镀过程中要防止中途断电(1分);铝上电镀均需带电入槽,防止置换层的产生(1分)。

49. 答:当其他条件不变时,提高硫酸溶液浓度,氧化膜的生长速度减慢(2分)。这是因为生长中的氧化膜在较浓的硫酸溶液中溶解速度加快的结果。如果硫酸溶液浓度太低,导电性能将下降,氧化时间将延长,影响正常的氧化速度。在氧化膜的厚度相同时,硫酸溶液的浓度提高,所得的氧化膜孔隙多,吸附能力强,弹性好。因此,对于防护装饰性氧化膜,多采用允许浓度上限的硫酸溶液。为了获得硬而耐磨性好的,氧化膜,应选用浓度下线的硫酸溶液(8分)。

50. 答:将玻璃和陶瓷先在表面活性剂脱脂液中浸泡(2分),清洗干净后,再在浓硫酸1 000 mL+重铬酸钾 30 g 的溶液中浸渍处理 3~5 min(2分),然后用清水洗净后涂银浆,涂覆银浆的玻璃制品现在 80~100 ℃ 温度下预烘 10 min 左右(2分),然后按 100~150 ℃/h 的速度缓慢升温至 200 ℃,保温 15 min,再继续升温至 520 ℃,保温 30 min(2分),然后随炉冷却至室温,渗银后的玻璃制品即可按常规电镀工艺镀覆其他金属(2分)。

51. 答:锌合金压铸件在磨光和抛光时表层去除量不能过大,不要超过 0.05~0.1 mm,以免露出疏松的底层造成电镀困难(4分)。抛光时应注意少用、勤用抛光膏,因为抛光膏多时会使抛光膏粘在工件的凹处,给脱脂带来困难;抛光膏少时,会使工件表面局部过热而出现密集的细麻点,镀后麻点处易产生气泡(4分)。布轮抛光一般用整体布轮,抛光轮的直径不宜太大,转速也不宜太高(2分)。

52. 答:酸性镀锡可在室温下进行操作,并且不需要像碱性镀锡那样难于控制阳极;溶液稳定,分散能力好,电流效率高,阴阳级效率都接近 100%;酸性镀锡所沉积的锡是碱性镀锡沉积量的两倍,因此,酸性镀锡沉积速度快,工作电流密度大,从而生产效率高;特别是可以进行光亮电镀可得到光滑细致、耐蚀性能好的镀层,这是酸性镀锡的最大特点(答对一项得 3 分,两项 5 分,三项 8 分,四项 10 分)。

53. 答:镀镍故障的原因往往是多方面的,首先应分清主次,在分析电镀液成分的基础上,排除次要因素,然后对主要因素逐个分析予以解决。例如,镀镍后镀铬层结合力不好。对此,第一步,取样分析检查电镀液的主要成分是否符合工艺要求(2.5分);第二步,测量电镀液的pH 值是否适当(2.5分);第三步检查移动装置、电流密度、电镀液温度、导电情况以及是否有中间断电现象等(2.5分);第四步,进行电镀液杂质分析和处理,找出最终原因,解决故障(2.5分)。

54. 答:镀铬工作条件对镀硬铬的影响有如下几点:

①镀硬铬工作后,应将阳极从镀槽中取出,防止其长时间浸在电镀液中生成铬酸铅,使电流难以通过。

②对于特殊的工件镀硬铬,必须配用象形阳极和辅助阳极后进行电镀,以确保电镀质量。

③电镀液温度和电流密度对铬镀层的性质起决定性作用,在不同的电镀液温度和电流密度下所镀得铬镀层的亮度、硬度不同,必须严格控制。

④挂具(夹具)设计合理,选用适当,也是保证硬铬镀层质量的决定性条件之一(答对一项得 3 分,两项 5 分,三项 8 分,四项 10 分)。

55. 答:铬酐:是电镀液的主要成分,供给放电而析出铬镀层的铬酸根离子,其浓度一般为150~400 g/L 之间、铬酐浓度提高。电镀液的导电性提高,但阴极电流效率则下降(3分)。

硫酸:由于析氢,使 pH 值升高,生成胶体膜,只有当硫酸根存在时才与电镀液中的三价铬生成硫酸铬阳离子,这种阳离子移向阴极,促使碱式铬酸铬的薄膜溶解,使铬酸氢根能在阴极上放电而析出铬镀层。当硫酸根含量过高时,生成的硫酸铬阳离子过多,跑向阴极的硫酸铬阳离子多,胶体膜的溶解速度大于膜的生成速度,造成膜层不连续。大面积露出基体金属的地方电流密度较小,阴极极化小,不能析出铬镀层。只有在电流密度大的区域才能获得铬镀层,但有时铬镀层发花,当硫酸根含量过低时,由于硫酸铬阳离子少,移向阴极的硫酸铬阳离子少,只有很小的局部阴极胶体膜被溶解而析出铬镀层,晶体在局部区域长大,因而得到的镀层粗糙、色灰、光泽差(4分)。

氟硅酸:氟硅酸起作用的部分是氟硅酸根离子,其作用与硫酸根相似。但以氟硅酸根代替部分硫酸根的电镀液,其深镀能力较普通铬电镀液好,即使在较低的阴极电流密度下也能获得光亮铬镀层(3分)。

56. 答:系统误差是指由于分析过程中某些经常性的原因所造成的误差。主要有以下几个方面:①所使用的试剂或蒸馏水不纯;②仪器精密度不够;③分析方法本身有缺陷;④分析人员的主管因素较差(5分)。

系统误差的减免方法有:①使用比较纯的试剂或做空白实验;②对分析中所使用的测量仪器进行定期校正,并将校正值运用到分析结果中;③选择合适的分析方法,或用标准样品做对照实验,得出校正系数,并将校正系数应用到分析结果中;④加强操作人员的基本功训练,减少操作误差(5分)。

57. 答:用直接法配置标准溶液的基准物质必须符合以下四个条件:

①该物质必须有足够的纯度,其杂质含量应少到滴定分析所允许的误差限度以下。一般可用基准试剂或者优级纯试剂。

②该物质的组成与化学式应完全符合。若含结晶水、其含量也应与化学式相符。

③该物质在环境中要稳定,不易吸潮,不吸收空气中的二氧化碳,不风化失水,不易被空气氧化等。

④该物质容易潮解,并且具有较大的摩尔质量(答对一项得3分,两项5分,三项8分,四项10分)。

58. 答:电镀液常规维护的环节有以下四个:

①定期分析电镀液,根据分析结果对电镀液进行调整(2.5分)。

②电镀液使用过程中必须定期过滤,排除各种有害杂质(2.5分)。

③光亮剂等添加剂的添加量可以用霍尔槽实验的方法或根据生产消耗定量添加(2.5分)。

④为了减少阳极过量溶解对电镀液造成的伤害,电镀过程中应使用阳极套。电镀结束后,阳极板必须及时取出(2.5分)。

# 镀层工(初级工)技能操作考核框架

## 一、框架说明

1. 依据《国家职业标准》<sup>注</sup>，以及中国北车确定的"岗位个性服从于职业共性"的原则，提出镀层工(初级工)技能操作考核框架(以下简称:技能考核框架)。

2. 本职业等级技能操作考核评分采用百分制。即:满分为 100 分,60 分为及格,低于 60 分为不及格。

3. 实施"技能考核框架"时,考核制件(活动)命题可以选用本企业的加工件(活动项目),也可以结合实际另外组织命题。

4. 实施"技能考核框架"时,考核的时间和场地条件等应依据《国家职业标准》,并结合企业实际确定。

5. 实施"技能考核框架"时,其"职业功能"的分类按以下要求确定:

(1)"镀层操作"属于本职业等级技能操作的核心职业活动,其"项目代码"为"E"。

(2)"工艺准备"、"镀层检测及故障分析"、"工装设备的维护保养"属于本职业等级技能操作的辅助性活动,其"项目代码"分别为"D"和"F"。

6. 实施"技能考核框架"时,其"鉴定项目"和"选考数量"按以下要求确定:

(1)按照《国家职业标准》有关技能操作鉴定比重的要求,本职业等级技能操作考核制件的"鉴定项目"应按"D"+"E"+"F"组合,其考核配分比例相应为:"D"占 20 分,"E"占 65,"F"占 15 分(其中:镀层检测及故障分析 10 分,工装设备的维护保养 5 分)。

(2)依据本职业等级《国家职业标准》的要求,"化学沉积与腐蚀"、"物理镀"、"化学腐蚀与化学镀膜"、"热涂覆"为四个独立考核模块,技能考核时,任选其一进行考核。

(3)依据中国北车确定的"核心职业活动选取 2/3,并向上取整"的规定,在"E"类鉴定项目——"镀层操作"的全部 3 项中,至少选取 2 项。

(4)依据中国北车确定的"其余'鉴定项目'的数量可以任选"的规定,"D"和"F"类鉴定项目——"工艺准备"、"镀层检测及故障分析"、"工装设备的维护保养"中,至少分别选取 1 项。

(5)依据中国北车确定的"确定'选考数量'时,所涉及'鉴定要素'的数量占比,应不低于对应'鉴定项目'范围内'鉴定要素'总数的 60%,并向上取整"的规定,考核制件的鉴定要素"选考数量"应按以下要求确定:

①在"D"类"鉴定项目"中,在已选定的 1 个或全部鉴定项目中,至少选取已选鉴定项目所对应的全部鉴定要素的 60%项,并向上保留整数。

②在"E"类"鉴定项目"中,在已选定的至少 2 个鉴定项目所包含的全部鉴定要素中,至少选取总数的 60%项,并向上保留整数。

③在"F"类"鉴定项目"中,对应"镀层检测及故障分析"的 3 个鉴定要素,至少选取 2 项;对应"工装设备的维护保养",在已选定的 1 个或全部鉴定项目中,至少选取已选鉴定项目所对

应的全部鉴定要素的 60％项，并向上保留整数。

举例分析：

按照上述"第 6 条"要求，若命题时按最少数量选取，即：在"D"类鉴定项目中的选取了"识图"1 项，在"E"类鉴定项目中选取了"镀前处理"、"物理镀"2 项，在"F"类鉴定项目中分别选取了"镀层检测及故障分析"、"工装的维护保养"2 项，则：

此考核制件所涉及的"鉴定项目"总数为 5 项，具体包括："识图""物理镀"、"镀前处理"、"镀层检测及故障分析"、"工装的维护保养"；

此考核制件所涉及的鉴定要素"选考数量"相应为 11 项，具体包括："识图"鉴定项目包含的全部 3 个鉴定要素中的 2 项，"镀前处理"、"物理镀"2 个鉴定项目包括的全部 8 个鉴定要素中的 5 项，"镀层检测及故障分析"鉴定项目包含的全部 3 个鉴定要素中的 2 项，"工装的维护保养"鉴定项目包含的全部 3 个鉴定要素中的 2 项。

7. 本职业等级技能操作需要两人及以上共同作业的，可由鉴定组织机构根据"必要、辅助"的原则，结合实际情况确定协助人员的数量。在整个操作过程中，协助人员只能起必要、简单的辅助作用。否则，每违反一次，至少扣减应考者的技能考核总成绩 10 分，直至取消其考试资格。

8. 实施"技能考核框架"时，应同时对应考者在质量、安全、工艺纪律、文明生产等方面行为进行考核。对于在技能操作考核过程中出现的违章作业现象，每违反一项(次)至少扣减技能考核总成绩 10 分，直至取消其考试资格。

注：按照中国北车规定，各《职业技能操作考核框架》的编制依据现行的《国家职业标准》或现行的《行业职业标准》或现行的《中国北车职业标准》的顺序执行。

## 二、镀层工(初级工)技能操作鉴定要素细目表

| 职业功能 | 鉴定项目 | | | | 鉴定要素 | | |
|---|---|---|---|---|---|---|---|
| | 代码 | 名　　称 | 鉴定比重(％) | 选考方式 | 要素编码 | 名　　称 | 重要程度 |
| 工艺准备 | D | 识图 | 20 | 任选 | 001 | 识别简单零件图及基体材料 | X |
| | | | | | 002 | 识别镀层基本符号 | X |
| | | | | | 003 | 识别表面镀层技术要求 | X |
| | | 工件外观检查 | | | 001 | 检查工件表面油污 | Y |
| | | | | | 002 | 检查工件表面锈蚀或毛刺等 | Y |
| | | | | | 003 | 工件镀前验收 | Y |
| | | 操作前的准备 | | | 001 | 常用电工工具的正确使用 | X |
| | | | | | 002 | 常用机械工具的正确使用 | X |
| 镀层操作 | E | 电化学沉积与腐蚀 | 65 | 四项任选一项 | 001 | 能识别和区分所用设备 | X |
| | | | | | 002 | 能读取电流、电压表数值 | X |
| | | | | | 003 | 能对零件进行镀锌操作 | X |
| | | | | | 004 | 能对零件进行钝化处理 | X |
| | | | | | 005 | 能对钢铁件电化学抛光 | X |
| | | | | | 006 | 能计算镀槽所用化学药品用量 | X |

| 职业功能 | 鉴定项目 | | | | 鉴定要素 | | |
|---|---|---|---|---|---|---|---|
| | 代码 | 名　称 | 鉴定比重（%） | 选考方式 | 要素编码 | 名　称 | 重要程度 |
| 镀层操作 | E | 物理镀 | 65 | 四项任选一项 | 001 | 能进行机械镀操作 | X |
| | | | | | 002 | 能配制机械镀锌溶液 | X |
| | | | | | 003 | 能选配冲击介质 | X |
| | | | | | 004 | 能计算各成分的用量 | X |
| | | 化学腐蚀与化学镀膜 | | | 001 | 能计算所使用化学药品的用量 | X |
| | | | | | 002 | 能对槽液进行加热 | X |
| | | | | | 003 | 能对槽液温度测量 | X |
| | | | | | 004 | 能确定装载量 | X |
| | | | | | 005 | 确定正确的装挂工装 | X |
| | | | | | 006 | 能对钢铁件进行化学镀膜 | X |
| | | | | | 007 | 能对钢铁作进行化学抛光 | X |
| | | 热涂覆 | | | 001 | 能预热涂覆工件 | X |
| | | | | | 002 | 能测量工件表面温度 | X |
| | | | | | 003 | 能选用护目镜滤色片 | X |
| | | | | | 004 | 识别喷涂材料毒性 | X |
| | | | | | 005 | 能选择防护用具 | X |
| | | | | | 006 | 能操作热涂覆设备 | X |
| | | 镀前处理 | | 任选 | 001 | 对工件简单机械处理 | X |
| | | | | | 002 | 识别机械处理的质量缺陷 | X |
| | | | | | 003 | 对零件进行化学处理 | X |
| | | | | | 004 | 识别预处理质量缺陷 | X |
| | | 镀后处理 | | | 001 | 能清洗、干燥工件 | X |
| | | | | | 002 | 对工件正确装卸、运送 | X |
| | | | | | 003 | 能退除铁基不合格镀层 | X |
| | | | | | 004 | 能处理废水 | X |
| 镀层检测及故障分析 | F | 镀层检测及故障分析 | 10 | 任选 | 001 | 能根据技术要求判定镀层是否合格 | X |
| | | | | | 002 | 能分析镀层常见质量缺陷产生的原因 | X |
| | | | | | 003 | 能用目测法区分镀层常见缺陷 | X |
| 工装设备的维护保养 | | 工装维护与保养 | 5 | | 001 | 能正确选用工装 | Y |
| | | | | | 002 | 能正确使用工装 | X |
| | | | | | 003 | 能正确维护和保养工装 | X |
| | | 设备维护与保养 | | | 001 | 熟悉设备操作规程 | X |
| | | | | | 002 | 根据维护保养手册维护保养设备 | X |
| | | | | | 003 | 现场管理 | Y |

注：重要程度中 X 表示核心要素，Y 表示一般要素，Z 表示辅助要素。下同

# 镀层工（初级工）
# 技能操作考核样题与分析

职 业 名 称：_____

考 核 等 级：_____

存 档 编 号：_____

考核站名称：_____

鉴定责任人：_____

命题责任人：_____

主管负责人：_____

中国北车股份有限公司劳动工资部制

## 职业技能鉴定技能操作考核制件图示及内容

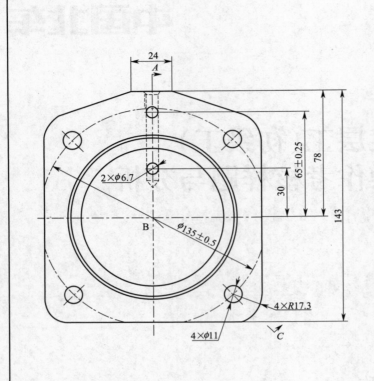

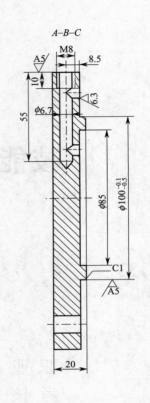

| 职业名称 | 镀层工 |
|---|---|
| 考核等级 | 初级工 |
| 试题名称 | 缸盖镀锌 |
| 镀层技术要求等信息 | |

**职业技能鉴定技能操作考核准备单**

| 职业名称 | 镀层工 |
|---|---|
| 考核等级 | 初级工 |
| 试题名称 | 缸盖镀锌 |

### 一、材料准备

1. 基体材料：$A_3F$。
2. 零件尺寸：如图。
3. 镀层技术要求：Fe/Ep. Zn12. c2C。

### 二、设备、工、量、卡具准备清单

| 序号 | 名称 | 规格 | 数量 | 备注 |
|---|---|---|---|---|
| 1 | 手钳 | | | |
| 2 | 扳手 | | | |
| 3 | 千分卡 | | | |

### 三、考场准备

1. 相应的公用设备、钛框、钛蓝与挂具及镀液等；
2. 相应的场地及安全防范措施；
3. 其他准备。

### 四、考核内容及要求

1. 考核内容
1.1　看懂图纸等技术要求；
1.2　对工件施镀前做好外观检查；
1.3　能正确执行工艺流程：镀锌操作、镀后处理；
1.4　锌镀层完整、结合牢固，色泽及厚度符合工艺要求；
1.5　工装设备的正确使用与维护保养；
1.6　严格遵守安全操作规程和文明生产规章制度；
1.7　按企业文明生产的规定，做到工作场地整洁。
2. 考核时限
2.1　准备时间：30 min；
2.2　操作时间：60 min。
3. 考核评分（表）

| 职业名称 | | 镀层工 | | 考核等级 | 初级工 | |
|---|---|---|---|---|---|---|
| 试题名称 | | 缸盖镀锌 | | 考核时限 | 90 min | |
| 鉴定项目 | 考核内容 | | 配分 | 评分标准 | 扣分说明 | 得分 |
| 识图 | 读懂零件图及基材 | | 3 | 每项错误扣1分 | | |
| | 据尺寸链算出受镀面积 | | | | | |
| | 确定镀层类别 | | 3 | 错误扣1.5分 | | |
| | 识别镀层厚度 | | | 错误扣1.5分 | | |
| | 读懂技术要求 | | 4 | 错误扣2分 | | |
| | 确定操作工艺流程 | | | 错误扣2分 | | |
| 工件外观检查 | 检查工件表面油污是否符合镀前处理要求 | | 4 | 错误不得分 | | |
| | 检查工件表面锈蚀或毛刺等是否符合镀前处理要求 | | 4 | 错误不得分 | | |
| | 区分新制件与修复件 | | 2 | 每项错误扣1分 | | |
| | 工件镀前核对工件数量 | | | | | |
| 电化学沉积与腐蚀（镀锌） | 识别清洗槽 | | 5 | 每有一处错误扣2分 | | |
| | 识别镀槽 | | | | | |
| | 识别过滤设备 | | | | | |
| | 根据总受面积定出工作电流 | | 5 | 每有一处错误扣1分 | | |
| | 正确使用电流、电压表 | | | | | |
| | 口述工艺参数：温度、时间、电流密度、pH值 | | 5 | 每有一处错误扣1分 | | |
| | 正确测定pH值 | | 5 | 错误不得分 | | |
| | 正确测定测温度 | | 5 | 错误不得分 | | |
| | 观察液面及工件受镀状况及时调整电流 | | 5 | 每有一处错误扣1分 | | |
| | 钝化前测定温度 | | 5 | 未测定或测定错误扣2.5分 | | |
| | 钝化前测定pH值 | | | 未测定或测定错误扣2.5分 | | |
| | 口述镀锌液主要成分 | | 5 | 错误扣2.5分 | | |
| | 算出各成分用量 | | | 错误扣2.5分 | | |
| 镀后处理 | 正确漂洗工件、不得跳槽操作 | | 5 | 错误扣2.5分 | | |
| | 吹干或风干工件 | | | 错误扣2.5分 | | |
| | 需戴细纱手套下挂 | | 5 | 错误扣2.5分 | | |
| | 确定是否需驱氢、送检 | | | 错误扣2.5分 | | |
| | 口述铁基退锌溶液配方 | | 5 | 错误扣5.5分 | | |
| | 对不合格品退镀 | | | 错误扣2.5分 | | |
| | 口述预处理酸碱废水的中和处理方法 | | 10 | 每错误一处扣2分 | | |
| 镀层检测及故障分析 | 镀层连续均匀完整、结合牢固、镀层呈银灰色 | | 4 | 每不符合一处扣1分，最多扣2分 | | |
| | 钝化膜彩色不欠色，不掉膜 | | | 不符合扣1分 | | |
| | 镀层厚度符合图纸 | | | 不符合扣1分 | | |

| 鉴定项目 | 考核内容 | 配分 | 评分标准 | 扣分说明 | 得分 |
|---|---|---|---|---|---|
| 镀层检测及故障分析 | 对钝化膜脱落原因进行分析 | 2 | 分析错误不得分 | | |
| | 目测法区分镀锌层允许缺陷 | 4 | 分析错误每项扣2分 | | |
| | 目测法区分镀锌层不允许缺陷 | | | | |
| 工装维护与保养 | 根据工件大小、形状、数量选用合理挂具 | 2 | 选用错误不得分 | | |
| | 检查导电座与挂具接触是否良好 | 3 | 未检查扣1.5分 | | |
| | 检查工件与挂钩接触是否良好 | | 未检查扣1.5分 | | |
| 质量、安全、工艺纪律、文明生产等综合考核项目 | 考核时限 | 不限 | 超时停止操作 | | |
| | 工艺纪律 | 不限 | 依据企业有关工艺纪律管理规定执行，每违反一次扣10分 | | |
| | 劳动保护 | 不限 | 依据企业有关劳动保护管理规定执行，每违反一次扣10分 | | |
| | 文明生产 | 不限 | 依据企业有关文明生产管理规定执行，每违反一次扣10分 | | |
| | 安全生产 | 不限 | 依据企业有关安全生产管理规定执行，每违反一次扣10分，有重大安全事故，取消成绩 | | |

## 职业技能鉴定技能考核制件（内容）分析

| 职业名称 | 镀层工 |
|---|---|
| 考核等级 | 初级工 |
| 试题名称 | 缸盖镀锌 |
| 职业标准依据 | 国家职业标准 |

### 试题中鉴定项目及鉴定要素的分析与确定

| 分析事项＼鉴定项目分类 | 基本技能"D" | 专业技能"E" | 相关技能"F" | 合计 | 数量与占比说明 |
|---|---|---|---|---|---|
| 鉴定项目总数 | 3 | 3 | 3 | 9 | 核心技能"E"鉴定项目选取应满足占比高于2/3的要求 |
| 选取的鉴定项目数量 | 2 | 2 | 2 | 6 | |
| 选取的鉴定项目数量占比（%） | 66.7 | 66.7 | 66.7 | 66.7 | |
| 对应选取鉴定项目所包含的鉴定要素总数 | 6 | 10 | 6 | 22 | 鉴定要素数量占比大于60% |
| 选取的鉴定要素数量 | 6 | 9 | 5 | 20 | |
| 选取的鉴定要素数量占比（%） | 100 | 90 | 83.3 | 90.9 | |

### 所选取鉴定项目及相应鉴定要素分解与说明

| 鉴定项目类别 | 鉴定项目名称 | 国家职业标准规定比重（%） | 《框架》中鉴定要素名称 | 本命题中具体鉴定要素分解 | 配分 | 评分标准 | 考核难点说明 |
|---|---|---|---|---|---|---|---|
| D | 识图 | 20 | 识别简单零件图及基体材料 | 读懂零件图及基材 | 3 | 每项错误扣1分 | |
| | | | | 据尺寸链算出受镀面积 | | | |
| | | | 识别镀层基本符号 | 确定镀层类别 | 3 | 错误扣1.5分 | |
| | | | | 镀层厚度 | | 错误扣1.5分 | |
| | | | 识别表面镀层技术要求 | 读懂技术要求 | 4 | 错误扣2分 | |
| | | | | 确定操作工艺流程 | | 错误扣2分 | |
| | 工件外观检查 | | 检查工件表面油污 | 是否符合镀前处理要求 | 4 | 错误不得分 | |
| | | | 检查工件表面锈蚀或毛刺等 | 是否符合镀前处理要求 | 4 | 错误不得分 | |
| | | | 工件镀前验收 | 区分新制件与修复件 | 2 | 每项错误扣1分 | |
| | | | | 核对工件数量 | | | |
| E | 电化学沉积与腐蚀（镀锌） | 65 | 识别和区分所用设备 | 识别清洗槽 | 5 | 每有一处错误扣2分 | |
| | | | | 识别镀槽 | | | |
| | | | | 识别过滤设备 | | | |
| | | | 能读取电流、电压表数值 | 根据总受面积定出工作电流 | 5 | 每有一处错误扣1分 | |
| | | | | 正确使用电流、电压表 | | | |
| | | | 能对零件进行镀锌操作 | 口述工艺参数：温度、时间、电流密度、pH值 | 5 | 每有一处错误扣1分 | |

续上表

| 鉴定项目类别 | 鉴定项目名称 | 国家职业标准规定比重(%) | 《框架》中鉴定要素名称 | 本命题中具体鉴定要素分解 | 配分 | 评分标准 | 考核难点说明 |
|---|---|---|---|---|---|---|---|
| E | 电化学沉积与腐蚀(镀锌) | 65 | 能对零件进行镀锌操作 | 正确测定 pH 值 | 5 | 错误不得分 | |
| | | | | 正确测定测温度 | 5 | 错误不得分 | |
| | | | | 观察液面及工件受镀状况及时调整电流 | 5 | 每有一处错误扣 1 分 | |
| | | | 能对零件进行钝化处理 | 钝化前测定温度 | 5 | 未测定或测定错误扣 2.5 分 | |
| | | | | 钝化前测定 pH 值 | | 未测定或测定错误扣 2.5 分 | |
| | | | 能计算镀槽所用化学药品投料量 | 口述镀锌液主要成分 | 5 | 错误扣 2.5 分 | |
| | | | | 算出各成分用量 | | 错误扣 2.5 分 | |
| | 镀后处理 | | 能清洗、干燥工件 | 正确漂洗工件、不得跳槽操作 | 5 | 错误扣 2.5 分 | |
| | | | | 吹干或风干工件 | | 每有一处不符合扣 2.5 分 | |
| | | | 对工件正确装卸、运送 | 需戴细纱手套下挂 | 5 | 错误扣 2.5 分 | |
| | | | | 确定是否需驱氢、送检 | | 错误扣 2.5 分 | |
| | | | 能退除铁基不合格镀层 | 口述铁基退锌溶液配方 | 5 | 错误扣 2.5 分 | |
| | | | | 对不合格品退镀 | | 错误扣 2.5 分 | |
| | | | 能处理废水 | 口述预处理酸碱废水的中和处理方法 | 10 | 每错误一处扣 2 分 | |
| F | 镀层检测与故障分析 | 15 | 能根据技术要求判定镀层是否合格 | 镀层连续均匀完整、结合牢固、镀层呈银灰色 | 4 | 每不符合一处扣 1 分,最多扣 2 分 | |
| | | | | 钝化膜彩色不欠色、不掉膜 | | 不符合扣 1 分 | |
| | | | | 镀层厚度符合图纸 | | 不符合扣 1 分 | |
| | | | 能分析镀层常见质量缺陷产生的原因 | 对钝化膜脱落原因进行分析 | 2 | 分析错误不得分 | |
| | | | 能用目测法区分镀层常见缺陷 | 镀锌层允许缺陷 | 4 | 分析错误每项扣 2 分 | |
| | | | | 镀锌层不允许缺陷 | | | |
| | 工装维护与保养 | | 能正确选用工装 | 根据工件大小、形状、数量选用合理挂具 | 2 | 选用错误不得分 | |
| | | | 能正确使用工装 | 检查导电座与挂具接触是否良好 | 3 | 未检查扣 1.5 分 | |
| | | | | 检查工件与挂钩接触是否良好 | | 未检查扣 1.5 分 | |

| 鉴定项目类别 | 鉴定项目名称 | 国家职业标准规定比重(%) | 《框架》中鉴定要素名称 | 本命题中具体鉴定要素分解 | 配分 | 评分标准 | 考核难点说明 |
|---|---|---|---|---|---|---|---|
| 质量、安全、工艺纪律、文明生产等综合考核项目 | | | | 考核时限 | 不限 | 超时停止操作 | |
| | | | | 工艺纪律 | 不限 | 依据企业有关工艺纪律管理规定执行,每违反一次扣10分 | |
| | | | | 劳动保护 | 不限 | 依据企业有关劳动保护管理规定执行,每违反一次扣10分 | |
| | | | | 文明生产 | 不限 | 依据企业有关文明生产管理规定执行,每违反一次扣10分 | |
| | | | | 安全生产 | 不限 | 依据企业有关安全生产管理规定执行,每违反一次扣10分,有重大安全事故,取消成绩 | |

# 镀层工(中级工)技能操作考核框架

## 一、框架说明

1. 依据《国家职业标准》<sup>注</sup>，以及中国北车确定的"岗位个性服从于职业共性"的原则，提出镀层工(中级工)技能操作考核框架(以下简称:技能考核框架)。

2. 本职业等级技能操作考核评分采用百分制。即:满分为 100 分,60 分为及格,低于 60 分为不及格。

3. 实施"技能考核框架"时,考核制件(活动)命题可以选用本企业的加工件(活动项目),也可以结合实际另外组织命题。

4. 实施"技能考核框架"时,考核的时间和场地条件等应依据《国家职业标准》,并结合企业实际确定。

5. 实施"技能考核框架"时,其"职业功能"的分类按以下要求确定:

(1)"镀层操作"属于本职业等级技能操作的核心职业活动,其"项目代码"为"E"。

(2)"工艺准备"、"镀层检测及故障分析"、"工装设备的维护保养"属于本职业等级技能操作的辅助性活动,其"项目代码"分别为"D"和"F"。

6. 实施"技能考核框架"时,其"鉴定项目"和"选考数量"按以下要求确定:

(1)按照《国家职业标准》有关技能操作鉴定比重的要求,本职业等级技能操作考核制件的"鉴定项目"应按"D"+"E"+"F"组合,其考核配分比例相应为:"D"占 20 分,"E"占 65,"F"占 15 分(其中:镀层检测及故障分析 10 分,工装设备的维护保养 5 分)。

(2)依据本职业等级《国家职业标准》的要求,"化学沉积与腐蚀"、"物理镀"、"化学腐蚀与化学镀膜"、"热涂覆"为四个独立考核模块,技能考核时,任选其一进行考核。

(3)依据中国北车确定的"核心职业活动选取 2/3,并向上取整"的规定,在"E"类鉴定项目——"镀层操作"的全部 3 项中,至少选取 2 项。

(4)依据中国北车确定的"其余'鉴定项目'的数量可以任选"的规定,"D"和"F"类鉴定项目——"工艺准备"、"镀层检测及故障分析"、"工装设备的维护保养"中,至少分别选取 1 项。

(5)依据中国北车确定的"确定'选考数量'时,所涉及'鉴定要素'的数量占比,应不低于对应'鉴定项目'范围内'鉴定要素'总数的 60%,并向上取整"的规定,考核制件的鉴定要素"选考数量"应按以下要求确定:

①在"D"类"鉴定项目"中,在已选定的 1 个或全部鉴定项目中,至少选取已选鉴定项目所对应的全部鉴定要素的 60%项,并向上保留整数。

②在"E"类"鉴定项目"中,在已选定的至少 2 个鉴定项目所包含的全部鉴定要素中,至少选取总数的 60%项,并向上保留整数。

③在"F"类"鉴定项目"中,对应"镀层检测及故障分析"的 3 个鉴定要素,至少选取 2 项;对应"工装设备的维护保养",在已选定的 1 个或全部鉴定项目中,至少选取已选鉴定项目所对

应的全部鉴定要素的 60% 项,并向上保留整数。

举例分析:

按照上述"第 6 条"要求,若命题时按最少数量选取,即:在"D"类鉴定项目中的选取了"测量与识图"1 项,在"E"类鉴定项目中选取了"化学腐蚀与化学镀膜"、"镀后处理"2 项,在"F"类鉴定项目中分别选取了"镀层检测及故障分析"、"工装的维护保养"2 项,则:

此考核制件所涉及的"鉴定项目"总数为 5 项,具体包括:"测量与识图"、"化学腐蚀与化学镀膜"、"镀后处理"、"镀层检测及故障分析"、"工装的维护保养";

此考核制件所涉及的鉴定要素"选考数量"相应为 12 项,具体包括:"测量与识图"鉴定项目包含的全部 4 个鉴定要素中的 3 项,"化学腐蚀与化学镀膜"、"镀后处理"2 个鉴定项目包括的全部 8 个鉴定要素中的 5 项,"镀层检测及故障分析"鉴定项目包含的全部 3 个鉴定要素中的 2 项,"工装的维护保养"鉴定项目包含的全部 3 个鉴定要素中的 2 项。

7. 本职业等级技能操作需要两人及以上共同作业的,可由鉴定组织机构根据"必要、辅助"的原则,结合实际情况确定协助人员的数量。在整个操作过程中,协助人员只能起必要、简单的辅助作用。否则,每违反一次,至少扣减应考者的技能考核总成绩 10 分,直至取消其考试资格。

8. 实施"技能考核框架"时,应同时对应考者在质量、安全、工艺纪律、文明生产等方面行为进行考核。对于在技能操作考核过程中出现的违章作业现象,每违反一项(次)至少扣减技能考核总成绩 10 分,直至取消其考试资格。

注:按照中国北车规定,各《职业技能操作考核框架》的编制依据现行的《国家职业标准》或现行的《行业职业标准》或现行的《中国北车职业标准》的顺序执行。

## 二、镀层工(中级工)技能操作鉴定要素细目表

| 职业功能 | 鉴定项目 | | 鉴定比重(%) | 选考方式 | 鉴定要素 | | 重要程度 |
| | 代码 | 名　称 | | | 要素编号 | 名　称 | |
| --- | --- | --- | --- | --- | --- | --- | --- |
| 工艺准备 | D | 测量与识图 | 20 | 任选 | 001 | 能读懂一般的零件图纸 | X |
| | | | | | 002 | 核对图样与工艺文件 | Y |
| | | | | | 003 | 能绘制工装夹具草图 | X |
| | | | | | 004 | 能测量并计算受镀表面积 | X |
| | | 操作前的准备 | | | 001 | 常用电工工具的正确使用 | Y |
| | | | | | 002 | 常用机械工具的正确使用 | Y |
| | | 选定镀前工艺(工步) | | | 001 | 能选定工件机械处理工艺 | X |
| | | | | | 002 | 能选定工件除油工艺 | X |
| | | | | | 003 | 能选定工件除锈工艺 | X |
| | | | | | 004 | 能选定表面粗化工艺 | X |
| 镀层操作 | E | 电化学沉积与腐蚀 | 65 | 必选一项 | 001 | 能进行难镀金属的电镀 | X |
| | | | | | 002 | 能计算镀液电流效率 | X |
| | | | | | 003 | 能对槽液成分进行调整 | X |

续上表

| 职业功能 | 鉴定项目 | | 鉴定比重（%） | 选考方式 | 鉴定要素 | | |
|---|---|---|---|---|---|---|---|
| | 代码 | 名　称 | | | 要素编码 | 名　称 | 重要程度 |
| 镀层操作 | E | 电化学沉积与腐蚀 | 65 | 必选一项 | 004 | 能对常用滤材进行清洗 | X |
| | | | | | 005 | 能对酸、碱雾进行抑制和处理 | X |
| | | 物理镀 | | | 001 | 能对真空镀膜工艺参数进行调整 | X |
| | | | | | 002 | 能测量调整涂料黏度 | X |
| | | | | | 003 | 能进行塑料真镀膜涂装施工 | X |
| | | | | | 004 | 能根据产品选择真空镀膜基体塑料 | X |
| | | 化学腐蚀与化学镀膜 | | | 001 | 能选定并操作化学镀 | X |
| | | | | | 002 | 能进行有色金属的化学镀膜操作 | X |
| | | | | | 003 | 能配制镀液 | X |
| | | | | | 004 | 能对酸、雾碱进行抑制和处理 | X |
| | | 热涂覆 | | | 001 | 能对预处理过的表面进行保护 | X |
| | | | | | 002 | 能对工件采用电弧喷涂 | X |
| | | | | | 003 | 能对工件采用热浸镀施工 | X |
| | | | | | 004 | 能选择封孔剂对涂层进行封孔处理 | X |
| | | 镀前处理 | | 任选 | 001 | 能对常用金属（铜及铜合金、铝及铝合金、铸铁、不锈钢）进行机械处理 | X |
| | | | | | 002 | 能对常用金属进行除油处理 | X |
| | | | | | 003 | 能对常用金属进行除锈处理 | X |
| | | | | | 004 | 能进行超声波除油处理 | X |
| | | 镀后处理 | | | 001 | 能清洗、干燥工件 | X |
| | | | | | 002 | 能进行常用金属基体上镀层退镀 | X |
| | | | | | 003 | 能对工件正确装卸、包装、运送 | Y |
| | | | | | 004 | 能对电镀"三废"正确处理 | X |
| 镀层检测及故障分析 | | 镀层检测及故障分析 | 10 | | 001 | 能根据技术要求判定镀层是否合格 | X |
| | | | | | 002 | 能分析处理镀层常见故障并排除 | X |
| | | | | | 003 | 能区分镀层常见缺陷 | X |
| 工装设备的维护与保养 | F | 工装维护与保养 | 5 | 任选 | 001 | 能正确选择使用工装夹具 | Y |
| | | | | | 002 | 能判定工装的常见故障并做简易处理 | X |
| | | | | | 003 | 能正确维护和保养工装 | X |
| | | 设备维护与保养 | | | 001 | 熟悉使用设备的操作规程 | X |
| | | | | | 002 | 能根据维护保养手册维护保养设备 | X |
| | | | | | 003 | 现场管理 | X |

# 镀层工(中级工)
# 技能操作考核样题与分析

职 业 名 称：_____

考 核 等 级：_____

存 档 编 号：_____

考核站名称：_____

鉴定责任人：_____

命题责任人：_____

主管负责人：_____

中国北车股份有限公司劳动工资部制

**职业技能鉴定技能操作考核制件图示及内容**

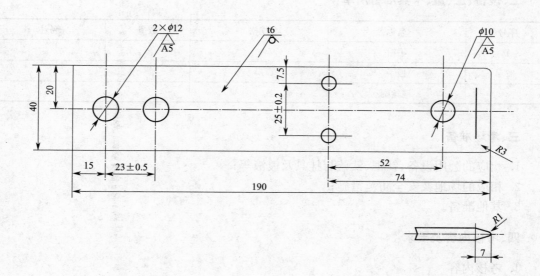

| 职业名称 | 镀层工 |
|---|---|
| 考核等级 | 中级工 |
| 试题名称 | 导电片镀银 |
| 镀层技术要求等信息 | |

**职业技能鉴定技能操作考核准备单**

| 职业名称 | 镀层工 |
|---|---|
| 考核等级 | 中级工 |
| 试题名称 | 导电片镀银 |

## 一、材料准备

1. 基体材料:6 铜板 $T_2$-Y。
2. 零件尺寸:如图。
3. 镀层技术要求:Cu/Ep. Ag10b. At。

## 二、设备、工、量、卡具准备清单

| 序号 | 名称 | 规格 | 数量 | 备注 |
|---|---|---|---|---|
| 1 | 手钳 | | | |
| 2 | 扳手 | | | |
| 3 | 铜丝刷 | | | |

## 三、考场准备

1. 相应的公用设备、钛框、钛蓝与挂具及镀液等;
2. 相应的场地及安全防范措施;
3. 其他准备。

## 四、考核内容及要求

1. 考核内容
1.1　通过测量与识图,对图样、工艺文件和工件校核;
1.2　对工件施镀前做好外观检查;
1.3　能正确执行工艺流程:镀银操作、镀后处理;
1.4　银镀层结晶细致平滑、结合力好、镀层呈略带浅黄色的银白色及厚度符合工艺要求;
1.5　工装设备的正确使用与维护保养;
1.6　严格遵守安全操作规程和文明生产规章制度;
1.7　按企业文明生产的规定,做到工作场地整洁。
2. 考核时限
2.1　准备时间:30 min;
2.2　操作时间:120 min。
3. 考核评分(表)

| 职业名称 | 镀层工 | | 考核等级 | 中级工 | |
|---|---|---|---|---|---|
| 试题名称 | 导电片镀银 | | 考核时限 | 150 min | |
| 鉴定项目 | 考核内容 | 配分 | 评分标准 | 扣分说明 | 得分 |
| 测量与识图 | 能查阅零件图基材 | 2 | 每项错误扣1分 | | |
| | 读懂基本技术要求 | | | | |
| | 确定图样与工艺文件是否一致 | 2 | 错误扣2分 | | |
| | 确定工装夹具的结构 | 4 | 错误扣2分 | | |
| | 绘制工装夹具的草图 | | 错误扣2分 | | |
| | 正确计算受镀面积 | 2 | 错误扣2分 | | |
| 选定镀前工艺(工步) | 能选定铜材的抛磨方法 | 2 | 错误不得分 | | |
| | 能选定铜材的除油方法 | 4 | 错误扣2分 | | |
| | 能回答铜材除油液主要成分 | | 错误扣2分 | | |
| | 能选定铜材除锈方法 | 4 | 错误扣2分 | | |
| | 能回答铜材除锈液主要成分 | | 错误扣2分 | | |
| 电化学沉积与腐蚀(镀银) | 口述预镀银的方法 | 5 | 错误扣2分 | | |
| | 操作温度、时间 | | 错误扣3分 | | |
| | 口述镀银层工艺参数:温度、电流密度、pH值 | 5 | 每错误1项扣1分 | | |
| | 运用法拉第定律确定电流计实镀时间 | 5 | 错误扣5分 | | |
| | 运用比重计观察槽液是否正常 | 5 | 错误扣5分 | | |
| | 正确测量镀液温度、pH值 | 5 | 错误1项扣2.5分 | | |
| | 口述防变色的方法 | 5 | 错误扣2分 | | |
| | 操作温度、时间 | | 错误扣3分 | | |
| | 据分析及工艺配方计算补加量 | 5 | 每有一处错误扣1分 | | |
| | 正确使用过滤设备 | 2 | 操作不当扣2分 | | |
| | 正确开启抽风设备 | 3 | 未开启扣3分 | | |
| 镀后处理 | 正确漂洗、干燥工件 | 5 | 错误扣5分 | | |
| | 对铜基不合格镀层退镀 | 5 | 错误扣5分 | | |
| | 正确送检后包装 | 5 | 错误扣5分 | | |
| | 说出含银废水的去向 | 10 | 回答错误扣3分 | | |
| | 含银废渣的存放与处置 | | 存放或处置错误扣7分 | | |
| 镀层检测与故障分析 | 结晶细致平滑、结合力好、镀层呈略带浅黄色的银白色 | 3 | 判定错误每处扣1分 | | |
| | 缺镀、起泡原因分及防治措施 | 3 | 分析错误不得分 | | |
| | 区分银镀层粗糙、斑点、条纹、起泡、脱落 | 3 | 分析错误不得分 | | |
| 设备维护与保养 | 整流柜的链接、过滤设备的使用保养等 | 2 | 错误不得分 | | |
| | 能判定过滤机故障并做处理 | 2 | 错误不得分 | | |
| | 完工后,应清理现场,保持整洁 | 2 | 未清理不得分 | | |

| 鉴定项目 | 考核内容 | 配分 | 评分标准 | 扣分说明 | 得分 |
|---|---|---|---|---|---|
| 质量、安全、工艺纪律、文明生产等综合考核项目 | 考核时限 | 不限 | 超时停止操作 | | |
| | 工艺纪律 | 不限 | 依据企业有关工艺纪律管理规定执行,每违反一次扣10分 | | |
| | 劳动保护 | 不限 | 依据企业有关劳动保护管理规定执行,每违反一次扣10分 | | |
| | 文明生产 | 不限 | 依据企业有关文明生产管理规定执行,每违反一次扣10分 | | |
| | 安全生产 | 不限 | 依据企业有关安全生产管理规定执行,每违反一次扣10分,有重大安全事故,取消成绩 | | |

## 职业技能鉴定技能考核制件(内容)分析

| 职业名称 | 镀层工 |
|---|---|
| 考核等级 | 中级工 |
| 试题名称 | 导电片镀银 |
| 职业标准依据 | 国家职业标准 |

### 试题中鉴定项目及鉴定要素的分析与确定

| 分析事项＼鉴定项目分类 | 基本技能"D" | 专业技能"E" | 相关技能"F" | 合计 | 数量与占比说明 |
|---|---|---|---|---|---|
| 鉴定项目总数 | 3 | 3 | 3 | 9 | 核心技能"E"鉴定项目选取应满足占比高于2/3的要求 |
| 选取的鉴定项目数量 | 2 | 2 | 2 | 6 | |
| 选取的鉴定项目数量占比(%) | 66.7 | 66.7 | 66.7 | 66.7 | |
| 对应选取鉴定项目所包含的鉴定要素总数 | 8 | 9 | 6 | 23 | 鉴定要素数量占比大于60% |
| 选取的鉴定要素数量 | 7 | 8 | 6 | 21 | |
| 选取的鉴定要素数量占比(%) | 87.5 | 88.9 | 100% | 91.3 | |

### 所选取鉴定项目及相应鉴定要素分解与说明

| 鉴定项目类别 | 鉴定项目名称 | 国家职业标准规定比重(%) | 《框架》中鉴定要素名称 | 本命题中具体鉴定要素分解 | 配分 | 评分标准 | 考核难点说明 |
|---|---|---|---|---|---|---|---|
| D | 测量与识图 | 20 | 能读懂一般的零件图纸 | 查阅零件图基材 | 2 | 每项错误扣1分 | |
| | | | | 读懂基本技术要求 | | | |
| | | | 核对图样与工艺文件 | 确定是否一致 | 2 | 错误扣2分 | |
| | | | 能绘制工装夹具草图 | 确定工装夹具的结构 | 4 | 错误扣2分 | |
| | | | | 绘制工装夹具的草图 | | 错误扣2分 | |
| | | | 能测量计算受镀表面积 | 正确计算受镀面积 | 2 | 错误扣2分 | |
| | 选定镀前工艺(工步) | | 能选定工件机械处理工艺 | 铜材的抛磨方法 | 2 | 错误不得分 | |
| | | | 能选定工件除油工艺 | 铜材的除油方法 | 4 | 错误扣2分 | |
| | | | | 铜材除油液主要成分 | | 错误扣2分 | |
| | | | 能选定工件除锈工艺 | 铜材除锈方法 | 4 | 错误扣2分 | |
| | | | | 铜材除锈液主要成分 | | 错误扣2分 | |
| E | 电化学沉积与腐蚀(镀银) | 65 | 能进行难镀金属的电镀 | 口述预镀银的方法 | 5 | 错误扣2分 | |
| | | | | 操作温度、时间 | | 错误扣3分 | |
| | | | | 口述镀银层工艺参数:温度、电流密度、pH值 | 5 | 每错误1项扣1分 | |
| | | | | 运用法拉第定律确定电流计实镀时间 | 5 | 错误扣5分 | |
| | | | | 运用比重计观察槽液是否正常 | 5 | 错误扣5分 | |
| | | | | 正确测量镀液温度、pH值 | 5 | 错误1项扣2.5分 | |

| 鉴定项目类别 | 鉴定项目名称 | 国家职业标准规定比重（%） | 《框架》中鉴定要素名称 | 本命题中具体鉴定要素分解 | 配分 | 评分标准 | 考核难点说明 |
|---|---|---|---|---|---|---|---|
| E | 电化学沉积与腐蚀（镀银） | 65 | 能进行难镀金属的电镀 | 口述防变色的方法 | 5 | 错误扣2分 | |
| | | | | 操作温度、时间 | | 错误扣3分 | |
| | 镀后处理 | | 能对槽液成分进行调整 | 据分析及工艺配方正确计算补加量 | 5 | 每有一处错误扣1分 | |
| | | | 能对常用滤材进行清洗 | 正确使用过滤设备 | 2 | 未测定或清洗方法错误扣2分 | |
| | | | 能对酸碱、雾进行抑制和处理 | 正确开启抽风设备 | 3 | 未开启扣3分 | |
| | | | 能清洗、干燥工件 | 正确漂洗、干燥工件 | 5 | 错误扣5分 | |
| | | | 能进行常用金属基体上镀层退镀 | 对铜基不合格镀层退镀 | 5 | 错误扣5分 | |
| | | | 能对工件正确装卸、包装、运送 | 正确送检后包装 | 5 | 错误扣5分 | |
| | | | 能对电镀"三废"正确处理 | 说出含银废水的去向 | 10 | 回答错误扣3分 | |
| | | | | 含银废渣的存放与处置 | | 存放或处置错误扣7分 | |
| F | 镀层检测与故障分析 | 15 | 能根据技术要求判定镀层是否合格 | 结晶细致平滑、结合力好、镀层呈略带浅黄色的银白色 | 3 | 判定错误每处扣1分 | |
| | | | 能分析处理镀层常见故障并排除 | 缺镀、起泡原因分及防治措施 | 3 | 分析错误不得分 | |
| | | | 能区分镀层常见缺陷 | 区分银镀层粗糙、斑点、条纹、起泡、脱落 | 3 | 分析错误不得分 | |
| | 设备维护与保养 | | 能根据维护保养手册维护保养设备 | 整流柜的链接、过滤设备的使用保养等 | 2 | 错误不得分 | |
| | | | 熟悉使用设备的操作规程 | 能判定过滤机故障并做处理 | 2 | 错误不得分 | |
| | | | 现场管理 | 完工后，应清理现场，保持整洁 | 2 | 未清理不得分 | |
| | 质量、安全、工艺纪律、文明生产等综合考核项目 | | | 考核时限 | 不限 | 超时停止操作 | |
| | | | | 工艺纪律 | 不限 | 依据企业有关工艺纪律管理规定执行，每违反一次扣10分 | |
| | | | | 劳动保护 | 不限 | 依据企业有关劳动保护管理规定执行，每违反一次扣10分 | |
| | | | | 文明生产 | 不限 | 依据企业有关文明生产管理规定执行，每违反一次扣10分 | |
| | | | | 安全生产 | 不限 | 依据企业有关安全生产管理规定执行，每违反一次扣10分，有重大安全事故，取消成绩 | |

# 镀层工(高级工)技能操作考核框架

## 一、框架说明

1. 依据《国家职业标准》<sup>注</sup>,以及中国北车确定的"岗位个性服从于职业共性"的原则,提出镀层工(高级工)技能操作考核框架(以下简称:技能考核框架)。

2. 本职业等级技能操作考核评分采用百分制。即:满分为 100 分,60 分为及格,低于 60 分为不及格。

3. 实施"技能考核框架"时,考核制件(活动)命题可以选用本企业的加工件(活动项目),也可以结合实际另外组织命题。

4. 实施"技能考核框架"时,考核的时间和场地条件等应依据《国家职业标准》,并结合企业实际确定。

5. 实施"技能考核框架"时,其"职业功能"的分类按以下要求确定:

(1)"镀层操作"属于本职业等级技能操作的核心职业活动,其"项目代码"为"E"。

(2)"工艺准备"、"镀层检测及故障分析"、"工装设备的维护保养"属于本职业等级技能操作的辅助性活动,其"项目代码"分别为"D"和"F"。

6. 实施"技能考核框架"时,其"鉴定项目"和"选考数量"按以下要求确定:

(1)按照《国家职业标准》有关技能操作鉴定比重的要求,本职业等级技能操作考核制件的"鉴定项目"应按"D"+"E"+"F"组合,其考核配分比例相应为:"D"占 15 分,"E"占 65,"F"占 20 分(其中:镀层检测及故障分析 15 分,工装设备的维护保养 5 分)。

(2)依据本职业等级《国家职业标准》的要求,"化学沉积与腐蚀"、"物理镀"、"化学腐蚀与化学镀膜"、"热涂覆"为四个独立考核模块,技能考核时,任选其一进行考核。

(3)依据中国北车确定的"核心职业活动选取 2/3,并向上取整"的规定,在"E"类鉴定项目——"镀层操作"的全部 3 项中,至少选取 2 项。

(4)依据中国北车确定的"其余'鉴定项目'的数量可以任选"的规定,"D"和"F"类鉴定项目——"工艺准备"、"镀层检测及故障分析"、"工装设备的维护保养"中,至少分别选取 1 项。

(5)依据中国北车确定的"确定'选考数量'时,所涉及'鉴定要素'的数量占比,应不低于对应'鉴定项目'范围内'鉴定要素'总数的 60%,并向上取整"的规定,考核制件的鉴定要素"选考数量"应按以下要求确定:

①在"D"类"鉴定项目"中,在已选定的 1 个或全部鉴定项目中,至少选取已选鉴定项目所对应的全部鉴定要素的 60%项,并向上保留整数。

②在"E"类"鉴定项目"中,在已选定的至少 2 个鉴定项目所包含的全部鉴定要素中,至少选取总数的 60%项,并向上保留整数。

③在"F"类"鉴定项目"中,对应"镀层检测及故障分析"的 3 个鉴定要素,至少选取 2 项;对应"工装设备的维护保养",在已选定的 1 个或全部鉴定项目中,至少选取已选鉴定项目所对

应的全部鉴定要素的60％项,并向上保留整数。

举例分析:

按照上述"第6条"要求,若命题时按最少数量选取,即:在"D"类鉴定项目中的选取了"领会图纸等技术资料"1项,在"E"类鉴定项目中选取了"化学腐蚀与化学镀膜"、"镀后处理"2项,在"F"类鉴定项目中分别选取了"镀层检测及故障分析"、"工装的维护保养"2项,则:

此考核制件所涉及的"鉴定项目"总数为5项,具体包括:"领会图纸等技术资料"、"化学腐蚀与化学镀膜"、"镀后处理"、"镀层检测及故障分析"、"工装的维护保养";

此考核制件所涉及的鉴定要素"选考数量"相应为11项,具体包括:"领会图纸等技术资料"鉴定项目包含的全部3个鉴定要素中的2项,"化学腐蚀与化学镀膜"、"镀后处理"2个鉴定项目包括的全部7个鉴定要素中的5项,"镀层检测及故障分析"鉴定项目包含的全部3个鉴定要素中的2项,"工装的维护保养"鉴定项目包含的全部3个鉴定要素中的2项。

7. 本职业等级技能操作需要两人及以上共同作业的,可由鉴定组织机构根据"必要、辅助"的原则,结合实际情况确定协助人员的数量。在整个操作过程中,协助人员只能起必要、简单的辅助作用。否则,每违反一次,至少扣减应考者的技能考核总成绩10分,直至取消其考试资格。

8. 实施"技能考核框架"时,应同时对应考者在质量、安全、工艺纪律、文明生产等方面行为进行考核。对于在技能操作考核过程中出现的违章作业现象,每违反一项(次)至少扣减技能考核总成绩10分,直至取消其考试资格。

注:按照中国北车规定,各《职业技能操作考核框架》的编制依据现行的《国家职业标准》或现行的《行业职业标准》或现行的《中国北车职业标准》的顺序执行。

## 二、镀层工(高级工)技能操作鉴定要素细目表

| 职业功能 | 鉴定项目 | | 鉴定比重(％) | 选考方式 | 鉴定要素 | | 重要程度 |
| --- | --- | --- | --- | --- | --- | --- | --- |
| | 代码 | 名　　称 | | | 要素编码 | 名　　称 | |
| 工艺准备 | D | 领会图纸等技术资料 | 15 | 任选 | 001 | 能读懂复杂零件图纸 | X |
| | | | | | 002 | 能读懂工艺文件 | Y |
| | | | | | 003 | 能设计特殊工装夹具 | X |
| | | 操作前的准备 | | | 001 | 熟练使用常用工具 | Y |
| | | | | | 002 | 能正确使用器具、检测设备 | Y |
| | | 编制工件的镀前工艺 | | | 001 | 能编制工件机械整平工艺文件 | X |
| | | | | | 002 | 能编制工件除油(脱脂)工艺文件 | X |
| | | | | | 003 | 能编制工件及除锈(浸蚀)工艺文件 | X |
| | | | | | 004 | 能编制表面粗化工艺文件 | X |
| 镀层操作 | E | 电化学沉积与腐蚀 | 65 | 必选一项 | 001 | 能根据防护要求确定工艺 | X |
| | | | | | 002 | 能实施多层镍电镀 | X |
| | | | | | 003 | 能对银镀层进行防变色处理 | X |
| | | | | | 004 | 能对废水进行化学法处理 | X |

| 职业功能 | 鉴定项目 | | 鉴定比重（%） | 选考方式 | 鉴定要素 | | 重要程度 |
| | 代码 | 名　称 | | | 要素编码 | 名　称 | |
|---|---|---|---|---|---|---|---|
| 镀层操作 | E | 物理镀 | 65 | 必选一项 | 001 | 能选择真空镀膜的基体塑料 | X |
| | | | | | 002 | 能选用底涂层和外涂层涂料 | X |
| | | | | | 003 | 能进行外涂层的调色 | X |
| | | | | | 004 | 能确定镀膜工艺条件 | X |
| | | 化学腐蚀与化学镀膜 | | | 001 | 能根据公差检测工件预留尺寸 | X |
| | | | | | 002 | 能对铝材实施化学镀 | X |
| | | | | | 003 | 能配制化学镀镍液 | X |
| | | | | | 004 | 能配制化学镀铜液 | X |
| | | 热涂覆 | | | 001 | 能制定热涂覆作业规范 | X |
| | | | | | 002 | 能进行现场热喷涂作业 | X |
| | | | | | 003 | 能进行自溶性涂层的重熔操作 | X |
| | | | | | 004 | 能对涂层进行加热重熔工艺操作 | X |
| | | | | | 005 | 能对涂层进行精加工 | X |
| | | 镀前处理 | | | 001 | 能配制预处理溶液 | X |
| | | | | | 002 | 能分析预处理液主要成分 | X |
| | | | | | 003 | 能对常用金属（铜及铜合金、铝及铝合金、不锈钢）进行预处理 | X |
| | | | | | 004 | 能对预处理质量缺陷提出改进措施 | X |
| | | 镀后处理 | | | 001 | 能进行常见镀层退镀 | X |
| | | | | | 002 | 能实施清洁生产 | X |
| | | | | | 003 | 合格品正确运输装卸 | Y |
| 镀层检测及故障分析 | | 镀层检测及故障分析 | 15 | | 001 | 能根据技术要求判定镀层是否合格 | X |
| | | | | | 002 | 能用测定分析镀液并进行调整 | X |
| | | | | | 003 | 对镀层故障进行处理 | X |
| | | | | | 004 | 能进行镀层性能的检测 | X |
| 工装设备的维护与保养 | F | 工装维护与保养 | 5 | 任选 | 001 | 能制定专用工装夹具的方案 | Y |
| | | | | | 002 | 能分析工装的常见故障并做处理 | X |
| | | | | | 003 | 能正确维护和保养工装 | X |
| | | 设备维护与保养 | | | 001 | 熟悉设备操作规程 | X |
| | | | | | 002 | 能根据维护保养手册维护保养设备 | X |
| | | | | | 003 | 能判定设备的常见故障并做简易处理 | X |
| | | | | | 004 | 现场管理 | Y |

# 镀层工(高级工)
# 技能操作考核样题与分析

职 业 名 称: _____

考 核 等 级: _____

存 档 编 号: _____

考核站名称: _____

鉴定责任人: _____

命题责任人: _____

主管负责人: _____

中国北车股份有限公司劳动工资部制

## 职业技能鉴定技能操作考核制件图示及内容

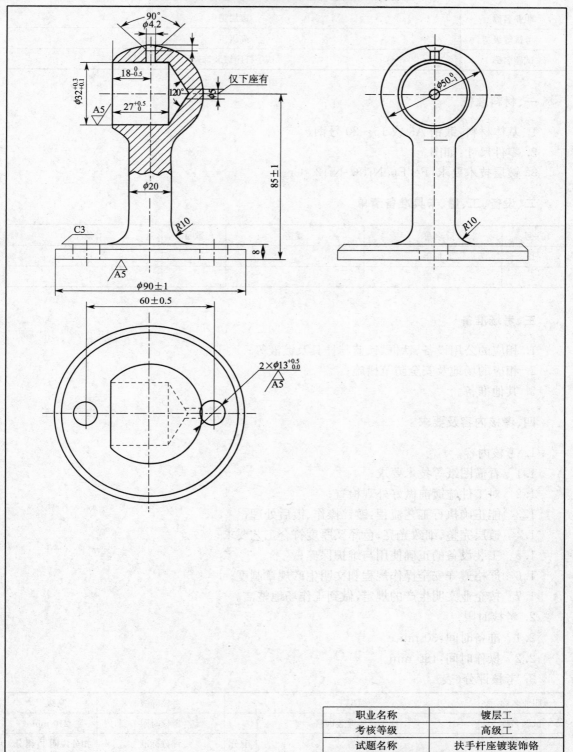

| 职业名称 | 镀层工 |
|---|---|
| 考核等级 | 高级工 |
| 试题名称 | 扶手杆座镀装饰铬 |
| 镀层技术要求等信息 | |

### 职业技能鉴定技能操作考核准备单

| 职业名称 | 镀层工 |
|---|---|
| 考核等级 | 高级工 |
| 试题名称 | 扶手杆座镀装饰铬 |

## 一、材料准备

1. 基体材料:锻钢 A3 或 15～20 号钢。
2. 零件尺寸:如图。
3. 镀层技术要求:Fe/Ep. Ni18. Ni12. Cr。

## 二、设备、工、量、卡具准备清单

| 序号 | 名称 | 规格 | 数量 | 备注 |
|---|---|---|---|---|
| 1 | 扳手 | | | |
| 2 | 手钳 | | | |

## 三、考场准备

1. 相应的公用设备、钛框、钛蓝与挂具及镀液等;
2. 相应的场地及安全防范措施;
3. 其他准备。

## 四、考核内容及要求

1. 考核内容
1.1　看懂图纸等技术要求;
1.2　对工件施镀前做好外观检查;
1.3　能正确执行工艺流程:镀锌操作、镀后处理;
1.4　镀层完整、细致光亮,色泽及厚度符合工艺要求;
1.5　工装设备的正确使用与维护保养;
1.6　严格遵守安全操作规程和文明生产规章制度;
1.7　按企业文明生产的规定,做到工作场地整洁。
2. 考核时限
2.1　准备时间:30 min;
2.2　操作时间:180 min。
3. 考核评分(表)

| 职业名称 | 镀层工 | | 考核等级 | 高级工 |
|---|---|---|---|---|
| 试题名称 | 扶手杆座镀装饰铬 | | 考核时限 | 210 min |
| 鉴定项目 | 考核内容 | 配分 | 评分标准 | 扣分说明 | 得分 |
| 操作前的准备 | 口述量杯的使用方法 | 5 | 每项错误一处扣 1 分 | | |

| 鉴定项目 | 考核内容 | 配分 | 评分标准 | 扣分说明 | 得分 |
|---|---|---|---|---|---|
| 编制工件的镀前工艺 | 口述工件抛光流程 | 5 | 每错误一处扣1分 | | |
| | 口述钢铁件除锈液的配方 | 5 | 每错误一处扣1分 | | |
| | 口述钢铁件酸洗液的配方 | 5 | 每错误一处扣1分 | | |
| 能根据防护要求选择工艺 | 口述多层镀工艺流程 | 5 | 每错误一处扣1分 | | |
| | 口述多层镀注意事项 | | 每错误一处扣1分 | | |
| 电化学沉积与腐蚀(镀铬) | 镀半光亮镍工艺参数:温度、时间、电流密度、pH值 | 5 | 每有一处不符合扣1分 | | |
| | 镀光亮镍工艺参数:温度、时间、电流密度、pH值 | 5 | 每有一处不符合扣1分 | | |
| | 镀装饰铬工艺参数:温度、时间、电流密度、pH值 | 5 | 每有一处不符合扣1分 | | |
| | 口述镀铬液:$CrO_3$:$H_2SO_4$值 | 5 | 每处错误扣1分 | | |
| | 开启阴极移动 | 5 | 错误扣2.5分 | | |
| | 开启抽风设备 | | 错误扣2.5分 | | |
| | 口述镀铬后三级逆流漂洗的目的 | 5 | 错误扣2.5分 | | |
| | 第三级漂洗加焦亚硫酸钠的作用 | | 错误扣2.5分 | | |
| 镀后处理 | 口述不合格铬镀层如何退镀 | 10 | 每有一处错误扣2分 | | |
| | 口述不合格镍镀层如何退镀 | | 每有一处错误扣2分 | | |
| | 口述含铬废水的化学处理方法 | 10 | 错误扣5分 | | |
| | 口述含重金属废渣的处理方法 | | 错误扣5分 | | |
| | 卸挂应戴细纱手套 | 5 | 错误扣2.5分 | | |
| | 卸挂不允许有磕碰、划伤 | | 错误扣2.5分 | | |
| 镀层检测及故障分析 | 口述检测结合力的方法 | 2 | 错误扣1分 | | |
| | 口述检测硬度的方法 | | 错误扣1分 | | |
| | 镍层结晶细致 | 6 | 每项未达到要求扣2分 | | |
| | 铬镀层细致光亮 | | | | |
| | 镀层厚度符合图纸 | | 不符合扣2分 | | |
| | 口述 $Cr^{3+}$ 的含量及调整方法 | 5 | 错误不得分 | | |
| | 口述如何修复铬层缺镀 | 2 | 分析错误不得分 | | |
| | 口述铬层起皮的分析 | | | | |
| 工装维护与保养 | 设计辅助阳极的思路 | 2 | 错误扣1分 | | |
| | 设计保护阴极的思路 | | 错误扣1分 | | |
| | 对挂具进行绝缘处理方案设计 | 1 | 错误扣1分 | | |
| | 能分析工装的常见故障并做处理 | 2 | 错误扣2分 | | |

续上表

| 鉴定项目 | 考核内容 | 配分 | 评分标准 | 扣分说明 | 得分 |
|---|---|---|---|---|---|
| 质量、安全、工艺纪律、文明生产等综合考核项目 | 考核时限 | 不限 | 超时停止操作 | | |
| | 工艺纪律 | 不限 | 依据企业有关工艺纪律管理规定执行,每违反一次扣 10 分 | | |
| | 劳动保护 | 不限 | 依据企业有关劳动保护管理规定执行,每违反一次扣 10 分 | | |
| | 文明生产 | 不限 | 依据企业有关文明生产管理规定执行,每违反一次扣 10 分 | | |
| | 安全生产 | 不限 | 依据企业有关安全生产管理规定执行,每违反一次扣 10 分,有重大安全事故,取消成绩 | | |

**职业技能鉴定技能考核制件(内容)分析**

| 职业名称 | 镀层工 |
|---|---|
| 考核等级 | 高级工 |
| 试题名称 | 扶手杆座镀装饰铬 |
| 职业标准依据 | 国家职业标准 |

<table>
<tr><td colspan="6">试题中鉴定项目及鉴定要素的分析与确定</td></tr>
<tr><td>　　　　鉴定项目分类<br>分析事项</td><td>基本技能"D"</td><td>专业技能"E"</td><td>相关技能"F"</td><td>合计</td><td>数量与占比说明</td></tr>
<tr><td>鉴定项目总数</td><td>3</td><td>3</td><td>3</td><td>9</td><td rowspan="3">核心技能"E"鉴定项目<br>选取应满足占比高于2/3<br>的要求</td></tr>
<tr><td>选取的鉴定项目数量</td><td>2</td><td>2</td><td>2</td><td>6</td></tr>
<tr><td>选取的鉴定项目<br>数量占比(%)</td><td>66.7</td><td>66.7</td><td>66.7</td><td>66.7</td></tr>
<tr><td>对应选取鉴定项目所<br>包含的鉴定要素总数</td><td>6</td><td>7</td><td>7</td><td>20</td><td rowspan="3">鉴定要素数量占比大<br>于60%</td></tr>
<tr><td>选取的鉴定要素数量</td><td>4</td><td>6</td><td>6</td><td>16</td></tr>
<tr><td>选取的鉴定要素<br>数量占比(%)</td><td>66.7</td><td>85.7</td><td>85.7</td><td>80</td></tr>
</table>

<table>
<tr><td colspan="8">所选取鉴定项目及相应鉴定要素分解与说明</td></tr>
<tr><td>鉴定<br>项目<br>类别</td><td>鉴定项目名称</td><td>国家职业<br>标准规定<br>比重(%)</td><td>《框架》中<br>鉴定要素名称</td><td>本命题中具体<br>鉴定要素分解</td><td>配分</td><td>评分标准</td><td>考核<br>难点<br>说明</td></tr>
<tr><td rowspan="5">D</td><td>操作前的准备</td><td rowspan="5">20</td><td>能正确使用器具、检测<br>设备</td><td>口述量杯的使用方法</td><td>5</td><td>每项错误一<br>处扣1分</td><td></td></tr>
<tr><td rowspan="4">编制工件的镀<br>前工艺</td><td>能编制工件机械整平工<br>艺文件</td><td>口述工件抛光流程</td><td>5</td><td>每错误一处<br>扣1分</td><td></td></tr>
<tr><td>能编制工件除油(脱脂)<br>工艺文件</td><td>口述钢铁件除油液的配方</td><td>5</td><td>每错误一处<br>扣1分</td><td></td></tr>
<tr><td>能编制工件除锈(浸蚀)<br>工艺文件</td><td>口述钢铁件酸洗液的配方</td><td>5</td><td>每错误一处<br>扣1分</td><td></td></tr>
<tr><td rowspan="11">E</td><td rowspan="11">电化学沉积与<br>腐蚀(镀铬)</td><td rowspan="11">65</td><td rowspan="2">能根据防护要求选择工艺</td><td>口述多层镀工艺流程</td><td rowspan="2">5</td><td>每错误一处<br>扣1分</td><td></td></tr>
<tr><td>口述多层镀注意事项</td><td>每错误一处<br>扣1分</td><td></td></tr>
<tr><td rowspan="6">能实施多层镍电镀</td><td>镀半光亮镍工艺参数:温<br>度、时间、电流密度、pH值</td><td>5</td><td>每有一处不符<br>合扣1分</td><td></td></tr>
<tr><td>镀光亮镍工艺参数:温度、<br>时间、电流密度、pH值</td><td>5</td><td>每有一处不符<br>合扣1分</td><td></td></tr>
<tr><td>镀装饰铬工艺参数:温度、<br>时间、电流密度、pH值</td><td>5</td><td>每有一处不符<br>合扣1分</td><td></td></tr>
<tr><td>口述镀铬液:$CrO_3$:$H_2SO_4$<br>值</td><td>5</td><td>每处错误扣<br>1分</td><td></td></tr>
<tr><td>开启阴极移动</td><td rowspan="2">5</td><td>错误扣2.5分</td><td></td></tr>
<tr><td>开启抽风设备</td><td>错误扣2.5分</td><td></td></tr>
<tr><td rowspan="2">能对废水进行化学法<br>处理</td><td>口述镀铬后三级逆流漂洗<br>的目的</td><td rowspan="2">5</td><td>错误扣2.5分</td><td></td></tr>
<tr><td>第三级漂洗加焦亚硫酸钠<br>的作用</td><td>错误扣2.5分</td><td></td></tr>
</table>

| 鉴定项目类别 | 鉴定项目名称 | 国家职业标准规定比重(%) | 《框架》中鉴定要素名称 | 本命题中具体鉴定要素分解 | 配分 | 评分标准 | 考核难点说明 |
|---|---|---|---|---|---|---|---|
| E | 镀后处理 | 65 | 能进行常见镀层退镀 | 口述不合格铬镀层如何退镀 | 10 | 每有一处错误扣5分 | |
| | | | | 口述不合格镍镀层如何退镀 | | 每有一处错误扣5分 | |
| | | | 能实施清洁生产 | 口述含铬废水的化学处理方法 | 10 | 错误扣5分 | |
| | | | | 口述含重金属废渣的处理方法 | | 错误扣5分 | |
| | | | 合格品正确运输装卸 | 卸挂应戴细纱手套 | 5 | 错误扣2.5分 | |
| | | | | 卸挂不允许有磕碰、划伤 | | 错误扣2.5分 | |
| F | 镀层检测及故障分析 | 15 | 能进行镀层性能的检测 | 口述检测结合力的方法 | 2 | 错误扣1分 | |
| | | | | 口述检测硬度的方法 | | 错误扣1分 | |
| | | | 能根据技术要求判定镀层是否合格 | 镍层结晶细致 | 6 | 每项未达到要求扣2分 | |
| | | | | 铬镀层细致光亮 | | | |
| | | | | 镀层厚度符合图纸 | | 不符合扣2分 | |
| | | | 能测定分析镀液并进行调整 | 口述 $Cr^{3+}$ 的含量及调整方法 | 5 | 错误不得分 | |
| | | | 对镀层故障进行处理 | 口述如何修复铬层缺镀 | 2 | 分析错误不得分 | |
| | | | | 口述铬层起皮的分析 | | | |
| | 工装维护与保养 | | 能制定专用工装夹具的方案 | 设计辅助阳极的思路 | 2 | 错误扣1分 | |
| | | | | 设计保护阴极的思路 | | 错误扣1分 | |
| | | | | 对挂具进行绝缘处理方案设计 | 1 | 错误扣1分 | |
| | | | 能分析工装的常见故障并做处理 | 能分析工装的常见故障并做处理 | 2 | 错误扣2分 | |
| | 质量、安全、工艺纪律、文明生产等综合考核项目 | | | 考核时限 | 不限 | 超时停止操作 | |
| | | | | 工艺纪律 | 不限 | 依据企业有关工艺纪律管理规定执行,每违反一次扣10分 | |
| | | | | 劳动保护 | 不限 | 依据企业有关劳动保护管理规定执行,每违反一次扣10分 | |
| | | | | 文明生产 | 不限 | 依据企业有关文明生产管理规定执行,每违反一次扣10分 | |
| | | | | 安全生产 | 不限 | 依据企业有关安全生产管理规定执行,每违反一次扣10分,有重大安全事故,取消成绩 | |